馬良坤　編著

寫在最前面 我的二胎手記

二胎政策來了，我做的第一件事就是取環，後來就順其自然地懷上了，真的很驚喜！我是在母親節那天知道懷孕這個消息的，感覺沒有甚麼比這個禮物更好的了。

懷上二胎，我過得更健康了

我是北京協和醫院的一名產科醫生。不少人覺得我因為是醫生的緣故，更懂得如何調理身體，所以懷孕過程就很順利。其實很長時間以來，我都沒有注意管理自己的健康。醫生的工作非常忙，經常半天就要看 50 多個病人，忙起來抓到甚麼吃甚麼，也沒有時間鍛煉身體，我長時間處於一種壓力性肥胖的超重狀態。

我第一次懷孕是 28 歲，孕期一直在準備婦產科博士學位的考試，因為醫院日常工作和學習任務的繁忙，根本沒時間顧及自己的飲食營養、健康護理，也很少運動。

我這次 43 歲懷孕比 28 歲的時候感覺還要好，那時候不是感冒就是胃腸道有問題；這次反而一直都穩穩當當的。這和我準備要二胎時就對自己做了完善的健康管理有關。

吃飯不必兩人份，有的放矢補充營養

當發現懷孕時，我就做了一系列營養指標的檢查，按照孕期營養的要求來調整飲食結構。許多人都有認知謬誤，認為懷孕了就要進補，但實際上孕期熱量標準並沒有提高多少，只是對某些營養素的需求會增大，例如鐵和碘，需要有的放矢地進行補充。為了孕期營養健康知識的普及，我和我的團隊一起研發了手機應用程式，將營養師和孕婦對接起來。同樣我也在這個平台上做試驗，將每日飲食傳在上面，由營養師來給建議。我家有高血壓和糖尿病病史，我從懷孕開始飲食就小心翼翼。

大家一起做運動

備孕期間，我就讓運動成為日常。如果你的體重超標，也不要把自己當成一個胖子來減肥，這樣會比較消極；應該是為了更健康、更有活力而運動。早上我 5 點多就起床，為的是能給全家人做上一頓營養均衡的早餐。中午抽出時間我會去做瑜伽、舉啞鈴。中午做運動比不做運動好。我發現中午運動一下，反而要比午睡更能讓我下午精力充沛。一年間我的體重減了 4 公斤，也慢慢容光煥發。我還發動全家人一起來做運動，家庭關係也得到了改善。我丈夫一年也減掉了 10 公斤體重，全家人一起健康，我們都要做老了時不給孩子找麻煩的人。

揣着二胎去坐診

在協和醫院，每位醫生都要經過 15 年的輪轉，再來定專業組。最後我選擇產科定崗，因為我喜歡迎來生命的那份喜悅感。但在產科容易出現兩個極端：一方面，順利生產的媽媽一直記得醫生的好，逢年過節就帶着孩子過來問候；另一方面，因為孕婦生產是一個生理過程，人們不能接受任何關於母親以及孩子的一點意外。

懷孕生產儘管是一個生理過程，但還是存在風險的。醫生的角色是讓分娩過程更加順暢，但也無法做到百分之百絕對安全。我懷孕後遇到過一個病人——產程中宮縮過強，緊接着出現了羊水栓塞和大出血。羊水栓塞是產科最兇險的病症，羊水突然進入母體血液循環，瞬間就會奪去病人的生命。它的發生率雖然很低，但孕婦和胎兒的死亡率高達 80%。

我參與了搶救，身心俱疲。目睹這樣突然的病症，也許受了些刺激，當天我就出現了先兆流產的症狀。後來做超聲波，好在孩子沒事。婦產科是女醫生多，碰到生育的情況，就是 28 周後不值夜班，其他照舊。「在其位，謀其政」，其他同事會體諒你，可碰到緊急情況肯定是要參加的。我第二次懷孕之後照常工作。我是個愛折騰的人，不光是本醫院的門診和手術，還到處做科普講座。我的觀點就是：千萬別把懷孕當生病，它就是正常生活的一部分。

說說學霸姐姐

孕 12 周的檢查過後，我和先生決定把懷二胎的消息告訴老大。我們老大就是那個「別人家的孩子」，在重點學校讀書，從小就自覺上進，讓我們很放心。

我們跟她許諾父母的愛不會變少，她會從圓心的一個點變成橢圓兩點中的一點，也和她強調了相互陪伴的重要性，尤其是在父母百年之後，身邊還能有一位至親，能一起分享喜怒哀樂。懷孕時，晚上我女兒彈鋼琴我就練瑜伽，她會幫我講故事，做各種各樣的胎教，我感覺非常幸福。在醫院，老大第一眼看到老二時，所有的拒絕都消失了，這是最好的禮物。現在，老大放了學，就顧着逗老二玩兒了，哄孩子比我還在行。要知道老大進入青春期之後，就有意獨立起來，不願和父母有親暱的舉動了。二寶的來臨，讓全家的關係再次親密起來。我抱完老二，再親親老大，這樣的感覺特別溫暖、幸福。

「養兒防老」新解

這個年紀當媽，除了懷孕生產的挑戰之外，養孩子的精力和體力是重要的考驗。我認為生二胎是「養兒防老」。甚麼叫養兒防老呢？就是你要當一個孩子的媽，你必須不能老，也不敢老，必須讓自己精力充沛，陪着孩子再次跑鬧、再次長大。我跟我先生説，我倆得繼續鍛煉身體。年輕人最好早要孩子，我這樣高齡要寶寶是不得已的，不是提倡大家都等到年紀大再要孩子。

有很多想説但在門診中沒空細説的話，有很多要告誡孕媽媽和準爸爸的話，也有要安撫孕媽媽的話，千言萬語沒辦法一一當面説，忙裏偷閒付諸筆端，匯成了這本書。懷孕是人生的一個階段，輕鬆、愉悦的心態是必需的，希望大家都能成功升級！如果孕期真的遇到了困難，寶貝出現了問題，也不要灰心、不要失望，畢竟生活是多面的，我們同樣可以從挫折中找到自己的快樂。

備孕

孕早期

孕中期

孕晚期

產後

目錄

備孕篇 準備充分，安心懷上寶寶

PART 2

懷孕 1 個月（孕 1 至 4 周）
橫看豎看都不像孕婦，的確懷上了寶寶

懷孕 2 個月（孕 5 至 8 周）
一邊享受，一邊難受

懷孕 3 個月（孕 9 至 12 周）
即將告別早孕反應，記得去醫院建檔

懷孕 4 個月（孕 13 至 16 周）進入舒服的孕中期，提前預約唐氏綜合症篩查

PART 6

懷孕 5 個月（孕 17 至 20 周）感受到胎動了

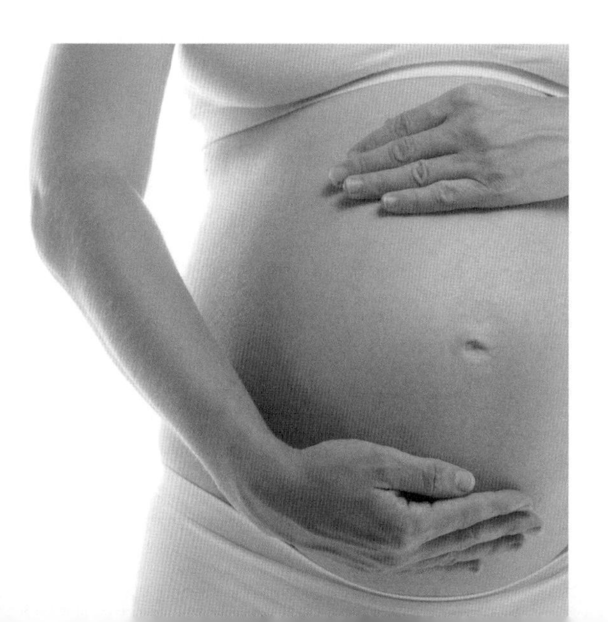

懷孕 6 個月（孕 21 至 24 周）注意補鐵補血，應對四肢腫脹

懷孕 7 個月（孕 25 至 28 周）數胎動，做妊娠糖尿病篩查

懷孕 8 個月（孕 29 至 32 周）孕期不適又來了

懷孕 9 個月（孕 33 至 36 周）做好分娩準備

懷孕 10 個月（孕 37 至 40 周）親愛的寶寶，歡迎你的到來

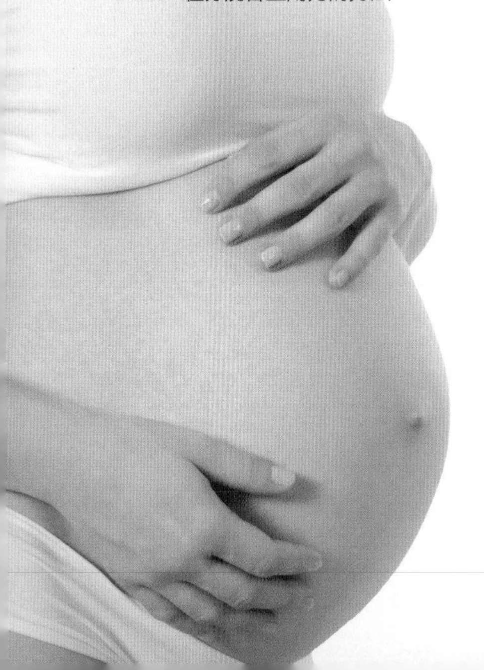

PART 12

產後
科學護理，快快恢復

備孕篇
準備充分，安心懷上寶寶

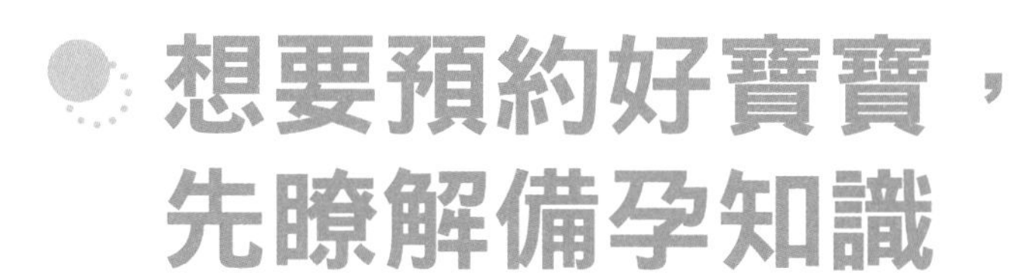

想要預約好寶寶，先瞭解備孕知識

權威解讀

《中國居民膳食指南 2016（備孕婦女膳食指南）》

備孕關鍵提示

- 調整孕前體重至適宜水平。
- 常吃含鐵豐富的食物；孕前 3 個月開始補充葉酸。
- 禁煙酒，保持健康生活方式。

備孕能提高優生率

備孕指的是孕前保健，「過去的人沒備孕，小孩都活蹦亂跳」，說得沒錯，不過，需要提醒的是：你只想到了活蹦亂跳的孩子，卻忘記了過去生孩子導致的生離死別比現在多得多。

做好備孕計劃，做好孕前檢查，根據孕前檢查的結果，由專業醫生指導備孕女性適當補充缺乏的物質，並對有基礎疾病的進行有效的治療，治癒或穩定後再懷孕。換言之，孕前檢查還可以有效提高優生率。

科學備孕 4 要素

1. 保持健康的生活方式：吃得健康、規律運動、不要有太大的壓力。
2. 不要想靠試管嬰兒懷雙胞胎：雙胎甚至多胎對孕媽媽有很大風險，可導致母胎意外、疾病和死亡。
3. 不要總覺得身體狀態不夠理想：孕前找相關專科醫生諮詢，進行系統檢查，確保疾病狀態可以懷孕，並調整到合適妊娠的用藥。
4. 不要過度期待以技術方法懷孕：要自己先積極嘗試性生活，只有在出現不育或者卵巢功能有問題時才需要借助試管嬰兒技術。

葉酸怎樣補

權威解讀

《中國居民膳食指南 2016（備孕婦女膳食指南）》

關於備孕補葉酸

葉酸缺乏可影響胚胎細胞增殖、分化，增加神經管畸形及流產的風險，備孕婦女應從準備懷孕前 3 個月開始每天補充 400 微克葉酸，並持續整個孕期。

葉酸能預防胎兒神經管畸形

葉酸可以預防胎兒神經管畸形，即胎兒大腦和脊柱的嚴重畸形。胎兒的神經系統在懷孕的第一個月開始發育，也就是說，在你還不知道自己懷孕的時候，胎兒已經開始發育了，所以懷孕前 3 個月補充葉酸很重要。

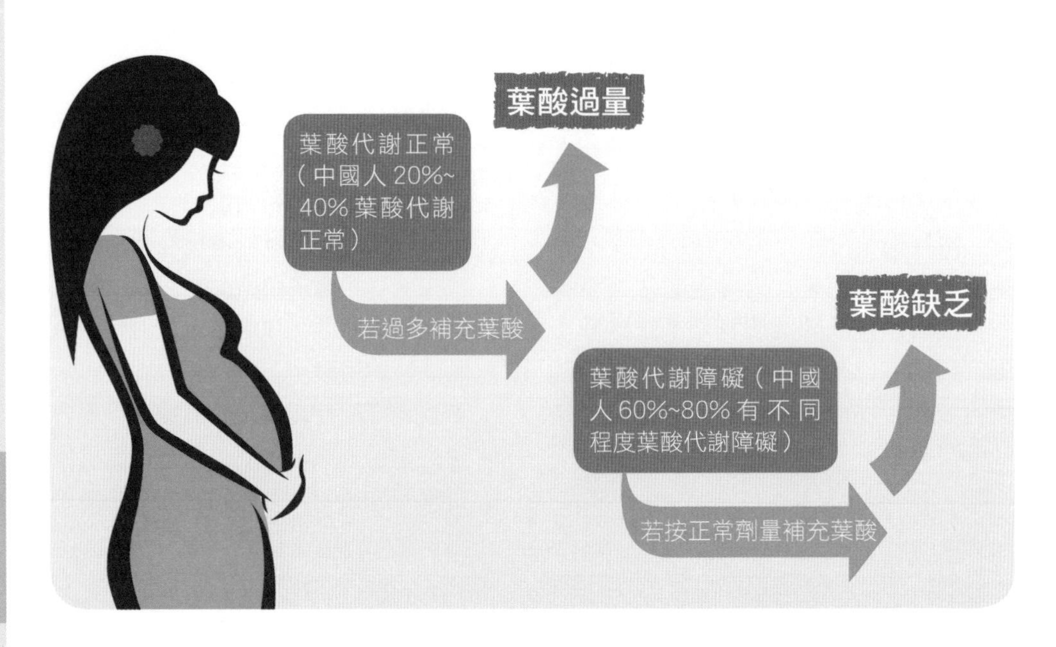

葉酸不足的原因

導致機體缺乏葉酸有兩方面的原因：一是葉酸攝入量不足；二是葉酸的吸收、代謝障礙，這多與遺傳有關，存在個體差異。由於遺傳（基因）缺陷導致機體對葉酸的利用能力低下（葉酸代謝通路障礙）。

基因正常人群

服用葉酸 800 微克／天＋日常飲食補充，可能超過安全劑量（1 毫克）

基因缺陷人群

服用葉酸 400 微克／天＋日常飲食補充，仍可能缺乏葉酸

這樣補充葉酸更有效

如果經濟條件不寬裕的話，可以補充單獨的葉酸片。如果經濟條件允許，就補充複合維他命製劑，在說明書上都會標明葉酸含量，推薦的服用量是每日 0.4 ～ 0.8 毫克。

膳食中的葉酸來源

人體不能自己合成葉酸，天然葉酸只能從食物中攝取，因此應該牢記這些高葉酸含量的食物，讓它們經常出現在你的餐桌上。

種 類	食 物
柑橘類水果	橘子、橙子、檸檬、西柚等
深綠色蔬菜	菠菜、西蘭花、蘆筍、萵筍、油菜等
豆類、堅果類	黃豆及豆製品、花生（花生醬）、葵花籽等
穀類	大麥、米糠、小麥胚芽、糙米等
動物肝臟	豬膶、雞膶等
乳類及乳製品	牛奶、芝士等

關注葉酸攝入過量

葉酸是一種維他命 B 雜，為水溶性。通常認為，水溶性維他命在體內無法儲存，每天需要補充，即使天天過量食用也無大礙，反正也無法儲備。然而，葉酸的問題似乎比較特殊，血清葉酸水平受進食的影響顯著，而紅血球葉酸則能反映一段時間內的葉酸營養狀況，這説明甚麼？説明葉酸是可以在細胞內蓄積的，至少在紅血球內是可以的。如果一段時間內過量補充葉酸，會造成紅血球葉酸濃度過高！

《中國居民膳食指南 2016》告訴我們，懷孕前 3 個月應該補充葉酸以避免缺乏，推薦量為 400 微克膳食葉酸當量／天。問題是，誰能準確預測 3 個月後懷孕？實際的結果往往是萌生要孩子的念頭後就開始吃，三五個月，甚至經年不斷地補葉酸製劑，其中的葉酸含量多為 400 ～ 800 微克／天（相當於 680 ～ 1360 微克膳食葉酸當量／天），如果再加上膳食來源的葉酸，則容易過量。《中國居民膳食營養素參考攝入量速查手冊》中載明，葉酸的可耐受最高量是 1000 微克／天。

舉個例子：一個北方女士，她的葉酸代謝能力正常，愛吃青菜和肉類，還經常整點兒炒肝或鹵煮，她可能根本就不缺葉酸；但為了要孩子，也跟着姐妹們一起在海外網站上購物了不少孕期維他命來加強營養，就容易出現葉酸過量的問題。

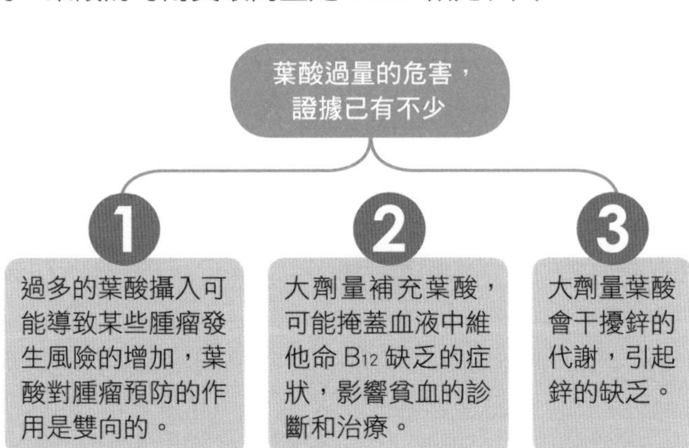

建議去醫院做個葉酸水平評估

為了搞清楚體內的葉酸是不足還是過量，建議備孕女性去營養科門診。醫生會給你做個營養攝入的評估，同時建議你空腹抽個血，查查是否有貧血，以及血清葉酸和紅血球葉酸的水平，必要時做葉酸代謝障礙基因檢測（MTHFR），之後制訂一個合理的膳食建議。至於製劑，醫生會幫你選，該補的補，該停的停，並定期複查。

馬醫生小貼士

這些高危孕婦需每日攝入 4 ～ 5 毫克的葉酸補充劑

在這裏，需要特別提醒大家注意的是高危孕婦，如有無腦兒、脊柱裂患兒分娩歷史，糖尿病、癲癇、重度肥胖、鐮狀細胞貧血病史或家族史的患者，最好在懷孕前 3 個月至孕 12 周每日葉酸補充劑量提高到 4 ～ 5 毫克。

補鐵應從計劃懷孕開始

權威解讀

《中國居民膳食指南 2016（備孕、孕期婦女膳食指南）》

備孕女性應注意補鐵

育齡婦女是鐵缺乏和缺鐵性貧血患病率較高的人群，懷孕前如果缺鐵，可導致早產、胎兒生長受限，新生兒低體重以及妊娠期缺鐵性貧血。因此，備孕女性應經常攝入含鐵豐富、利用率高的動物性食物，鐵缺乏或缺鐵性貧血者應糾正貧血後再懷孕。孕前，正常女性鐵的推薦攝入量為每天 20 毫克。

懷孕期間仍需補鐵

孕中期和孕晚期每天鐵的推薦攝入量比孕前分別增加 4 毫克和 9 毫克，達到 24 毫克和 29 毫克。由於動物血、肝臟及紅肉中含鐵量較為豐富，且鐵的吸收率較高，孕中、晚期每天增加 20 ～ 50 克紅肉可提供鐵 1 ～ 2.5 毫克，每周攝入 1 ～ 2 次動物血和肝臟，每次 20 ～ 50 克，可提供鐵 7 ～ 15 毫克，以滿足孕期對鐵的需要。

為甚麼在孕前就要開始補鐵

中國育齡女性幾乎有一半人存在缺鐵問題，孕前缺鐵不及時補充糾正，孕期及產後缺鐵情況會更加嚴重。補鐵是孕前營養儲備的基礎之一，中國人均鐵攝入量不達標，食補無法滿足孕產期女性鐵的需求。孕前及孕產期最容易缺乏的就是鐵，其次才是鈣。

世界衛生組織認為，妊娠期血紅蛋白濃度 $<$110 克／升時，可診斷為貧血。疲勞是最常見的症狀，貧血嚴重者有臉色蒼白、乏力、心悸、頭暈、呼吸困難和煩躁等表現。

注重從飲食中補鐵

動物血、肝臟及紅肉中鐵含量及鐵的吸收率均較高，一日三餐中應該有瘦畜肉 40 ～ 75 克，每周食用 1 次動物血或畜禽肝腎 25 ～ 50 克。此外，在攝入富含鐵的畜肉或動物血和肝臟時，應同時攝入含維他命 C 較多的蔬菜和水果，以提高膳食鐵的吸收和利用。

達到鐵推薦量一日膳食舉例

餐次	菜譜	主要原料及重量
早餐	肉末花卷	麵粉 50 克，豬瘦肉 10 克
	煮雞蛋	雞蛋 50 克
	牛奶	鮮牛奶 200 克
	水果	橘子 150 克
午餐	米飯	大米 150 克
	青椒炒肉絲	豬瘦肉 50 克，甜椒 100 克
	清炒油菜	油菜 150 克
	鴨血粉絲湯	鴨血 50 克，粉絲 10 克
晚餐	牛肉餃子	麵粉 50 克，牛肉 50 克，韭菜 50 克
	芹菜炒香乾	芹菜 100 克，香乾（豆腐乾）15 克
	煮番薯	番薯 25 克
	水果	蘋果 150 克
加餐	乳酪	乳酪 100 克

註：依據《中國食物成分表 2002》計算。三餐膳食鐵攝入量 32.2 毫克，其中動物性食物來源鐵 20.4 毫克；維他命 C190 毫克。

馬醫生小貼士　**在醫生的指導下補充鐵劑**

確定為缺鐵性貧血的女性應在醫生的指導下補充鐵劑。在補鐵後要定期進行血常規和體內鐵含量（如血清鐵或血清鐵蛋白）的檢查，以便調整補鐵劑量。醫生會根據孕媽媽貧血症狀的輕重確認複查的間隔時間和次數，遵照醫囑執行即可。另外，需要提醒的是，待血紅蛋白指標恢復正常後繼續補充鐵劑至少 4 ～ 6 個月，這樣是為了補足體內的鐵儲備。

精子很脆弱，備育男性要精心呵護

遠離桑拿浴和緊身褲

睾丸產生精子的適宜溫度要比體溫低 1～2℃，桑拿浴破壞了陰囊的保溫和溫度調節功能，損害睾丸產精和精子發育。因此，我們的觀點是：要享受，洗桑拿；要孩子，洗淋浴。

穿緊身內褲與桑拿浴有着「異曲同工」的後果，同樣也會干擾陰囊的正常溫度調節功能。而且平時工作生活和運動時也應避免穿緊身褲。因為睾丸在工作過程中更喜歡溫度較低的環境，其在產生精子的時候要求周圍溫度要略低於身體溫度，但穿緊身褲會導致睾丸局部溫度增高，進而影響精子生成；因而我們建議穿平角棉線褲，以提供睾丸適宜的生精溫度。同時，熱水浴、久坐、日光浴等均會導致睾丸局部溫度升高，不建議進行。

精子先生不耐熱，高溫下會中暑。

精神不要過於緊張

工作生活中的精神壓力過大可通過影響下丘腦、垂體分泌的性激素水平來影響男性生育。

避免經常服用藥物

睾丸十分脆弱敏感，藥物尤其是抗生素、抗腫瘤和精神類藥物均會對睾丸產生毒副作用，影響睾丸的生精功能。

不接觸重金屬、毒害物質、放射線污染的環境

家庭裝修中產生的有害物質，如甲醛、二甲苯、大理石釋放的超標射線均會損害睾丸生精功能。

遠離煙酒

吸煙、酗酒都可以直接損害睾丸功能，導致精子的畸形率增加、密度減少、活力降低。有試驗證明，在戒除煙酒一段時間後，精液質量會有較明顯的提高。所以，為了自己、家人和下一代的健康，請遠離煙酒。

來一次
意料之中的意外懷孕

我們在臨床上經常遇到一類患者，起初由於各方面的原因一直避孕，但到了想生育的時候就如臨大敵，全家總動員，各種補品，各種檢查，結果反而遲遲沒消息。他們往往存在以下兩方面的謬誤：

謬誤一：為保證精子質量在排卵期前 20 天就開始禁慾

過度的性生活和過少的性生活都會影響精液質量。過度的性生活會導致成熟精子偏少，而過少的性生活則會導致精液中有大量衰老凋亡的精子。一般來説，合理的性生活頻率一般為每周 1 ～ 2 次，這樣既可以保證精液質量，同時也不會使雙方承受過大的心理壓力。

謬誤二：自測排卵期，到了排卵期必須「交作業」

這是不可取的，每天監測體溫可以很好地預測排卵期，但僅僅是預測排卵期可能在哪幾天，而非絕對在那幾天。女性的排卵期受個人身體條件、環境因素和心理因素等多方面的影響，沒有那麼絕對，尤其是每天都把監測體溫當成首要任務的備孕女性往往心理壓力比較大，這會影響她的整個內分泌環境，從而影響排卵。

食色，性也。吃飯和性生活都是人生的平常事，是日常生活的一部分，孩子是偶然就得到了，這樣是最好的，建議大家做一次意料之中的意外懷孕。備孕夫妻甚麼都準備好了，不用刻意在排卵這天才同房，願意哪天同房，興致來了，就同房一次，過度糾結哪天同房，會造成心理壓力過大。周圍有不少人，做十年的試管嬰兒都懷不上，不管這件事情反而有了。孩子的事情是自然而然的，是偶然的、巧合的，不要太刻意！

馬醫生小貼士　排卵期前後隔天同房一次

由於精子進入女性體內可存活大約 48 小時，因此，科學的辦法是在排卵期前後隔一天同一次房，這樣既覆蓋了女性的排卵期，同時也不至於給雙方造成太大的生理和心理壓力。

計劃懷孕，孕前檢查不可少

準備應從懷孕前的 3 ～ 6 個月開始。備孕夫妻應在孕前 3 ～ 6 個月進行一次全面的醫學檢查，這對沒有做過婚檢的夫妻尤為必要。即使做過婚前檢查，但婚後多年避孕者，或近一年未體檢者，均應在孕前進行檢查。懷孕是兩個人的事，缺一不可。

夫妻雙方檢查的項目

夫妻雙方應進行孕前檢查，包括血壓，血、尿常規，血型，肝腎功能等基本檢查。

女性增加盆腔檢查以判斷有無盆腔炎、陰道炎，宮頸癌篩查，盆腔超聲檢查，以及可能引起流產、影響胎兒生長發育的甲狀腺功能檢查，可能引起胎兒先天性疾病的感染檢查包括梅毒、TORCH 等，進行口腔體檢，篩查可能與早產相關的牙周病。通過這些檢查還可以降低很多孕期不良妊娠的風險。

男性的精液常規檢查項目目前還沒有放到孕前檢查中，但是，對於試孕半年以上未成功者，此乃推薦檢查的相關項目。

高齡備孕女性及月經不規律的女性要評估卵巢功能

高齡備孕女性以及月經不規律的女性可以測量基礎體溫，或者在月經第 2 ～ 4 天測定性激素水平（促卵泡素、黃體生成素、泌乳素、雌激素、雄激素），來評估卵巢功能。

馬醫生小貼士　**孕前檢查掛甚麼科**

一般只要去醫院的服務台諮詢一下，就知道掛哪一科了。有些醫院還設立了孕前檢查專科門診，專門提供孕前檢查服務。也有些醫院會把孕前檢查設在內科，而有的醫院會把孕前檢查設在婦科或計劃生育科。不同的醫院有不同的規定，最好先到醫院服務台進行詳細詢問再排隊掛號，以免浪費精力，耽誤時間。

「熊貓血」女性備孕，生寶寶你該知道甚麼

血型系統是這樣分的

人類有兩種血型系統：一種是「ABO 血型系統」，也就是我們常說的 A 型、B 型、O 型和 AB 型；另一種是「Rh 血型系統」，即 Rh 陽性和 Rh 陰性。

ABO 血型是按照人類血液中的抗原、抗體所組成的血型的不同而分為 A 型、B 型、AB 型、O 型，其中 O 型血的人被譽為「萬能捐血者」，AB 型血的人則是「萬能受血者」。

凡是血液中紅血球上有 Rh 凝集原者，為 Rh 陽性，反之為陰性。這樣就使 A、B、O、AB 四種主要血型，分別被劃分為 Rh 陽性和 Rh 陰性兩種血型。

Rh 陰性血——珍貴而神秘的「熊貓血」

據有關資料介紹，Rh 陽性血型在中國漢族及大多數少數民族人口中約佔 99.7%，個別少數民族中約為 90%。而 Rh 陰性血型比較稀有，在中國總人口中只佔 0.3% ～ 0.4%，由於實在太難找到此類血源，就像大熊貓一樣珍貴，所以被稱為「熊貓血」。其中 AB 型 Rh 陰性血更加罕見，僅佔中國總人口的 0.034%。平時這種血型的人和正常血型的人沒有區別，但一旦遇到危險和疾病需要輸血時就會很難找到血源。

馬醫生小貼士

加入專門收集統籌稀有血型的機構——「稀血網」

Rh 陰性的女性備孕時就需要瞭解這方面的知識，可以加入「稀血網」（中國稀有血型之家）學習一下。網站為全國稀有血型朋友提供稀有血型獻血互助平台，為稀有血型女性提供稀有血型生育諮詢服務，是國內最大的以稀有血型為主題的民間公益門戶網站。

Rh 陰性血，備孕懷孕要瞭解的幾件事

1 Rh 陰性確實是稀有血型，但是國家的血庫是有血源保障的。
2 Rh 陰性的媽媽有可能會找到 Rh 陰性的爸爸，所以準爸爸也一定要檢查下血型，如果倆人都是 Rh 陰性，就沒關係。
3 Rh 陰性的媽媽懷第一胎通常都不會有甚麼問題，但如果生產、流產，甚至宮外孕，需要注射抗 D 免疫球蛋白。
4 Rh 陰性的孕媽媽要定期查自己的抗體情況，瞭解體內有沒有會危害寶寶的抗體，可以做抗人球蛋白試驗（間接 Coomb's 試驗）。如果間接 Coomb's 試驗結果為陽性，就必須檢查血中抗 D 抗體滴度，同時進行胎兒的檢測，胎兒發生溶血的機率很大。一旦證實有抗體存在，應立即到對稀有血型生育有經驗的醫院進行治療。如果間接 Coomb's 試驗結果為陰性，應在孕 28 周左右注射抗 D 免疫球蛋白，用來預防新生兒溶血。
5 Rh 陰性的孕媽媽在懷孕期間要特別注意營養均衡，要補鐵，避免自己貧血。自己的血特別珍貴，不要吃得太多，避免巨大兒，否則會被判定為產後出血的高危因素。請努力從自身的角度去降低產後出血的可能。
6 如果想生二孩，產後 72 小時內需再注射抗 D 免疫球蛋白。需要注意的是，這個抗體針要在體內沒有抗體的時候注射，有抗體了就不用再注射了。

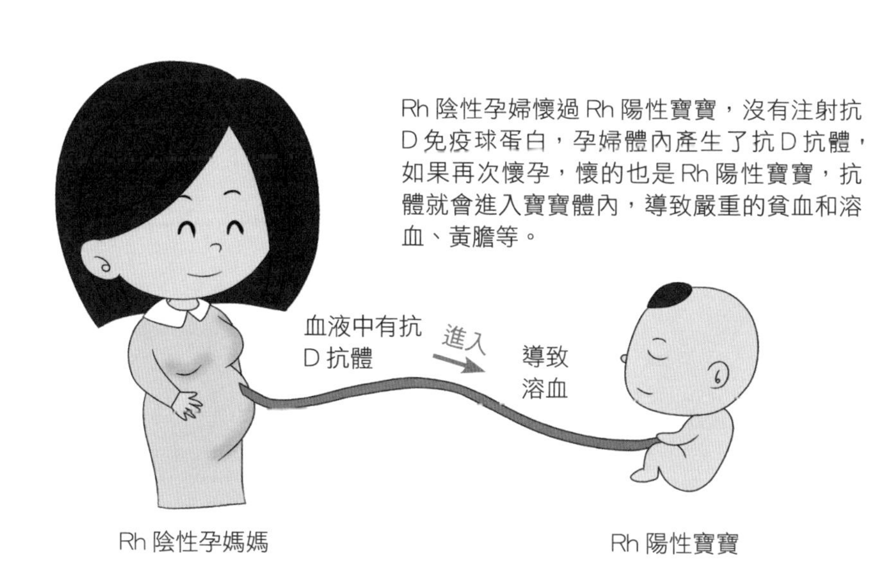

準備懷孕，要去口腔科報到

孕期的雌激素會加重口腔問題

在孕期，孕媽媽雌激素迅速增加，免疫力降低，牙齦中的血管會增生，血管的通透性增強，牙周組織變得更加敏感，會加重口腔問題，有些以前沒有口腔問題的孕媽媽可能也會患口腔疾病。

有研究表明，懷孕期間牙周炎與早產有關。此外，如果孕媽媽因牙痛而進食困難，會導致營養攝入障礙，從而間接地影響胎兒的健康，增加孕育低體重兒的風險。

所以，準備懷孕的女性應在懷孕前接受口腔檢查，建立一個健康的口腔環境，從而避免在懷孕期間因為發生口腔急症所帶來的治療風險。

去口腔科做甚麼

在孕前，建議檢查口腔情況，治療齲齒，必要時拔除阻生的智慧齒，清理口腔的病灶。最好能洗一次牙，把口腔中的細菌去除掉，確保牙齒的清潔，保護牙齦，避免孕期因為牙菌斑、牙結石過多而導致牙齒問題。做好牙齒護理，為新生命的到來做好準備。

提前半年檢查口腔

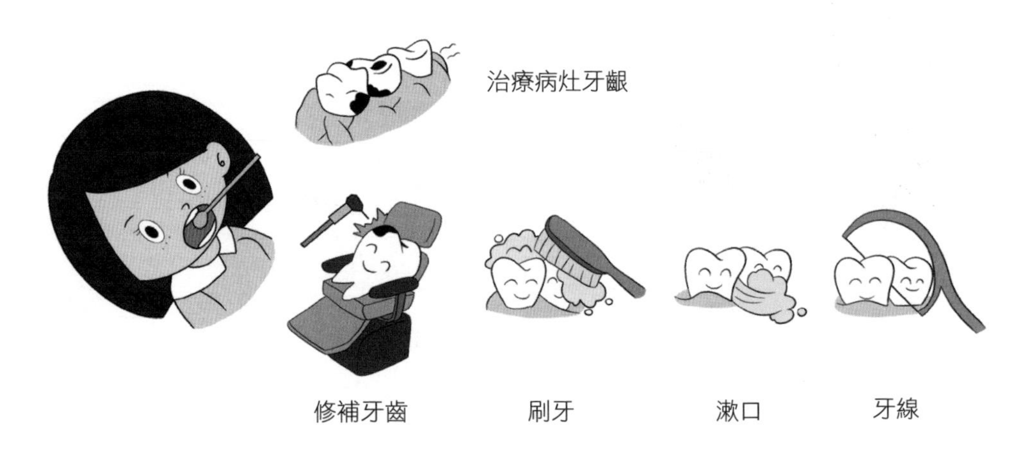

備孕時，接種這 5 種疫苗，孕期生病負擔小

乙肝疫苗

接種原因：乙肝病毒可垂直傳播，可能通過胎盤屏障感染給胎兒。

接種時間：孕前 9 個月開始。需注射 3 次，從第 1 針算起，在此後 1 個月時注射第 2 針，6 個月時注射第 3 針。

免疫效果：免疫力可達 95%，免疫有效期在 7 年以上。

需要注意：乙肝五項均為陰性者，可以在 0、1、6 個月接種乙肝疫苗 3 針。

風疹疫苗

接種原因：孕期感染風疹病毒，容易在孕早期發生先兆流產、胎死宮內等嚴重後果，也可能會導致胎寶寶出生後先天性畸形或先天性耳聾。

接種時間：孕前 3 個月或更早。

免疫效果：疫苗注射有效率約為 90%，終身免疫。

需要注意：注射前先抽血檢驗自己是否有抗體，有則不用注射。

流感疫苗

接種原因：孕期感染流感病毒，容易導致孕媽媽抵抗力下降。

接種時間：孕前 3 個月。

免疫效果： 1 年左右。

需要注意：如果對雞蛋過敏，不宜注射。

甲肝疫苗

接種原因：肝臟在孕期負擔加重，抵抗病毒的能力減弱，極易被感染；經常出差或經常在外面就餐的女性，更應在孕前注射疫苗。

接種時間：孕前 3 個月。

免疫效果：免疫時效可達 20 ～ 30 年。

需要注意：備孕期間儘量減少在外用餐。

水痘疫苗

注射必要性：孕早期感染水痘，可致胎寶寶得先天性水痘或新生兒水痘；孕晚期感染水痘，可能導致孕媽媽患嚴重肺炎。

注射時間：孕前 3 ～ 6 個月。

免疫效果：終身免疫。

需要注意：先查一下自己是否曾經接種過，有則不用注射。

找準排卵日，好孕自然來

通過排卵試紙找排卵日

先通過手機 APP（如瘋狂造人、懷孕管家、排卵期計算器等）推算出易孕期，然後在此期間使用排卵試紙進行測試即可。剛開始造人的備孕女性適合用這種方法。

方法

用潔淨、乾燥的容器收集尿液。持排卵試紙，將有箭頭標誌線的一端浸入尿液中，液面不可超過試紙的最高線（MAX 線），約 3 秒鐘後取出平放，10 ～ 20 分鐘觀察結果，結果以 30 分鐘內閱讀為準。

注意這些細節

1. 收集尿液的最佳時間為上午 10 點至晚上 8 點，一定要避開晨尿。儘量採用每天同一時刻的尿樣。
2. 每天測一次，如果發現陽性逐漸轉強，就要增加檢測頻率，最好每隔 4 小時測一次，儘量測到強陽性，排卵就發生在強陽轉弱的時候，如果發現快速轉弱，説明卵子要破殼而出了，要迅速識別強陽轉弱的瞬間。
3. 收集尿液前 2 小時應減少水分攝入，因為尿樣稀釋後會妨礙黃體生成素高峰值的檢測。

結果判定

陽性
在檢測區（T）及控制區（C）各出現一條色帶。T 線與 C 線同樣深，預測 48 小時內排卵；T 線深於 C 線，預測 14 ～ 28 小時內排卵。

陰性
僅在控制區（C）出現一條色帶，表明未出現過黃體生成素（LH）高峰或峰值已過。

無效
在控制區（C）未出現色帶，表明檢測失敗或檢測條無效。

基礎體溫測量法找排卵日

孕激素對女性的體溫具有調控作用，而且其本身比較複雜，總是在不斷變化着，所以基礎體溫會出現波動。女性的基礎體溫以排卵日為分界點，呈現前低後高的狀態，即雙相體溫。

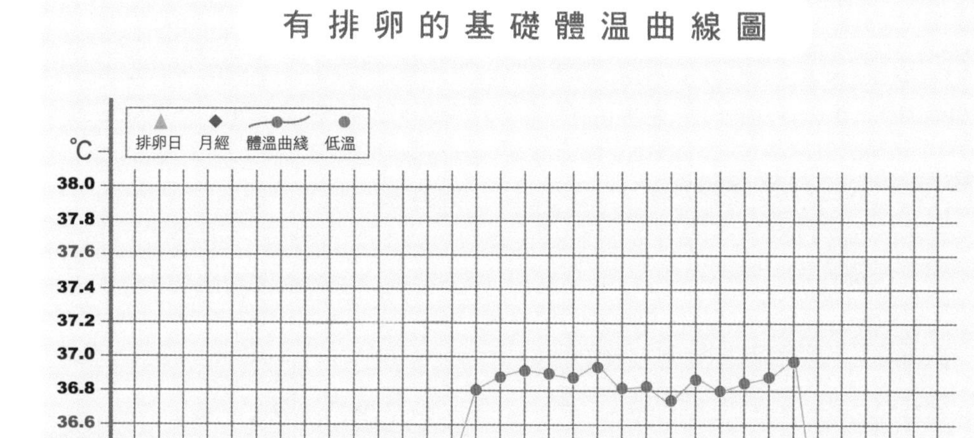

註：根據基礎體溫曲線圖可以對排卵日做出比較正確的判斷。在體溫從低溫向高溫過渡的時候，會出現一個低溫。一般情況下，這個低溫往往就出現在排卵當天。

馬醫生小貼士 **體溫曲線的走向可以反映孕激素的波動**

對溫度中樞起作用的激素主要是孕激素，體溫曲線的走向大致可以反映孕激素的水平。排卵前，孕激素主要由腎上腺分泌，量很小，所以體溫曲線呈低溫狀態；排卵後，卵子排出的地方變成黃體，黃體分泌大量的孕激素和雌激素，為受精卵着床做準備，於是體溫驟然上升，呈持續高溫狀態。

基礎體溫測量法就是根據女性在月經周期中呈現的雙相體溫來推測排卵期的方法，從月經來潮第一天開始，堅持每天按時測量體溫。造人幾個月，沒甚麼動靜的備孕女性推薦用這種方法。一般情況下，排卵前基礎體溫在 36.6℃以下，排卵後基礎體溫上升 0.3 ～ 0.5℃，持續 14 天。從排卵前 3 天到排卵後 3 天這段時間是容易受孕期，可作為受孕計劃的參考。

推薦用孕律進行體溫監測

孕律是針對育齡女性朋友用來監測基礎體溫波動情況，精準預測排卵日的一種智能體溫計。

通過膠貼把孕律貼在腋下，晚上睡覺之前佩戴，第二天睡醒之後取下，體溫計通過藍牙與手機的孕律 APP 連接進行數據同步，這樣就完成了一天的基礎體溫測量。結合體溫數據和錄入的必要生理信息，自動生成相對標準的基礎體溫表格。

馬醫生小貼士 **建議懷孕後繼續佩戴孕律 2 ～ 3 個月**

妊娠的前 8 周孕激素主要取決於黃體的分泌功能，8 周後黃體功能逐漸被胎盤取代。基礎體溫監測的是孕激素的水平，在妊娠早期，黃體功能突然下降可能導致早期流產，而黃體功能可以通過基礎體溫有所體現，因此監測基礎體溫能觀察到早期流產的先兆，從而更早採取相關處理措施。

使用孕律時需要注意以下幾點

1. 為了更加舒適地佩戴體驗，建議使用前清除腋毛。
2. 為了更精確地預測，同時考慮到規律作息有利於備孕，建議每晚睡眠時至少佩戴 4 ～ 6 小時。佩戴時間過短、位置太靠下都無法收集到當天的基礎體溫值。
3. 粘貼的標準位置：傳感器的金屬探頭接觸腋窩內側的皮膚，保證在上肢閉合的狀態下腋窩可以包住整個孕律基礎體溫計。
4. 晚上起床不會影響基礎體溫，孕律會自動過濾掉晚上起床時的干擾。

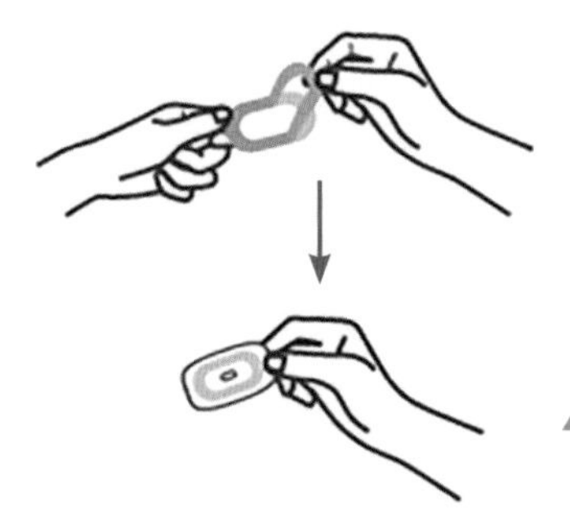

1 揭開雙面膠。

2 胳膊自然抬起，將設備貼在腋下。

通過超聲波監測找排卵日

超聲波監測排卵日適合月經不規律、不易受孕的女性。 超聲波監測排卵最為直觀，可以看到卵巢內有幾個卵泡在發育、大小如何、是不是已經接近排卵日等，但不能確定卵子是否一定會排出。

超聲波檢測	注意事項
超聲波監測的時間	在幾種超聲波監測方式中，以陰道超聲波最為準確。通常第一次去做超聲波的時間可選擇在月經周期的第 10 天，也就是説從來月經第一天算起的第 10 天到醫院去監測。
通過超聲波推算出排卵日	卵泡的發育是有規律可循的。經過大量統計數據得出，排卵前 3 天卵泡的直徑一般為 15 毫米左右，前 2 天為 18 毫米左右，前 1 天達到 20.5 毫米左右。這樣便可以通過超聲波監測卵泡的大小推算出排卵日了。
特殊情況	有的人卵泡發育到一定程度後，不但不排卵，反而萎縮了；有的人卵泡長到直徑 20 毫米以上仍不排卵，繼續長大，最後黃素化了。出現這些情況都需要及時諮詢醫生。

腹部超聲波沒有不適，
需要憋尿。

陰道超聲波不需憋尿，
會不太舒服。

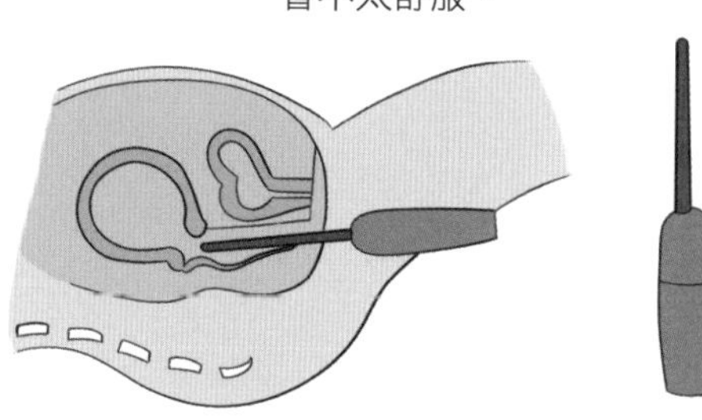

如何增加好孕成功率

調整體重到適宜水平

權威解讀

《中國居民膳食指南 2016（備孕、孕期婦女膳食指南）》

關於孕前體重

肥胖或低體重備孕女性應調整體重，使BMI達到 18.5～23.9 千克／米 ^{2} 範圍，並維持適宜體重，以在最佳的生理狀態下孕育新生命。

BMI即體重指數（Body Mass Index），是用來衡量一個人的體重是否正常的標準，測量簡單、實用。

BMI = 體重（千克）÷ 身高的平方（米 ^{2}）

低體重的備孕女性（BMI<18.5 千克／米 ^{2}），可通過適當增加進食量和規律運動來增加體重，每天可有 1～2 次的加餐，如每天增加牛奶 200 克，或糧穀／畜肉類 50 克，或蛋類／魚類 75 克。

超重或肥胖的備孕女性（BMI ≥ 24.0 千克／米 ^{2}），應改變不良飲食習慣，減慢進食速度，避免過量進食，減少高熱量、高脂肪、高糖食物的攝入，多選擇低升糖指數、富含膳食纖維、營養密度高（見 221 頁）的食物。同時，應增加運動，推薦每天 30～90 分鐘中等強度的運動。

放鬆心情

很多人求子心切，孕前準備階段害怕懷不上，因而壓力過大，緊張焦慮。其實，結果往往會適得其反。因為焦慮、緊張等情緒會影響體內激素分泌，對懷孕不利。

焦慮抑鬱的情緒不僅會影響精子或卵子的質量，也會影響孕媽媽激素的分泌，使胎兒不安、躁動，影響其生長發育。在這種情況下，不僅受孕困難，而且最好暫時避孕。

所以，備孕夫妻一定要保持心情放鬆。可以參加比較舒緩的瑜伽課程，也可以通過健身來緩解壓力、調節心情，讓自己平心靜氣地面對這個問題。同時，備孕夫妻也可以多掌握一些關於懷孕的生理知識，不要因為不懂而亂了陣腳。

馬醫生小貼士　緩解壓力的 9 個妙招

1. 善於整體規劃，主動應對各種瑣事。
2. 有困惑時及時傾訴。
3. 儘量保持樂觀的心態。
4. 凡事儘量不要耽擱延遲。
5. 學會分配任務，將手中的事情細分後按重要程度分別處理。
6. 每天都做深呼吸。
7. 多想像一下美好的未來。
8. 懂得適時說「不」。
9. 適當地進行娛樂休閒活動。

提高性生活技巧

做足前戲，坦誠溝通如何達到性高潮等。此外，需要在排卵日前後增加同房的次數，同房後臀部墊高平躺 1 小時，能增加受孕的機率。

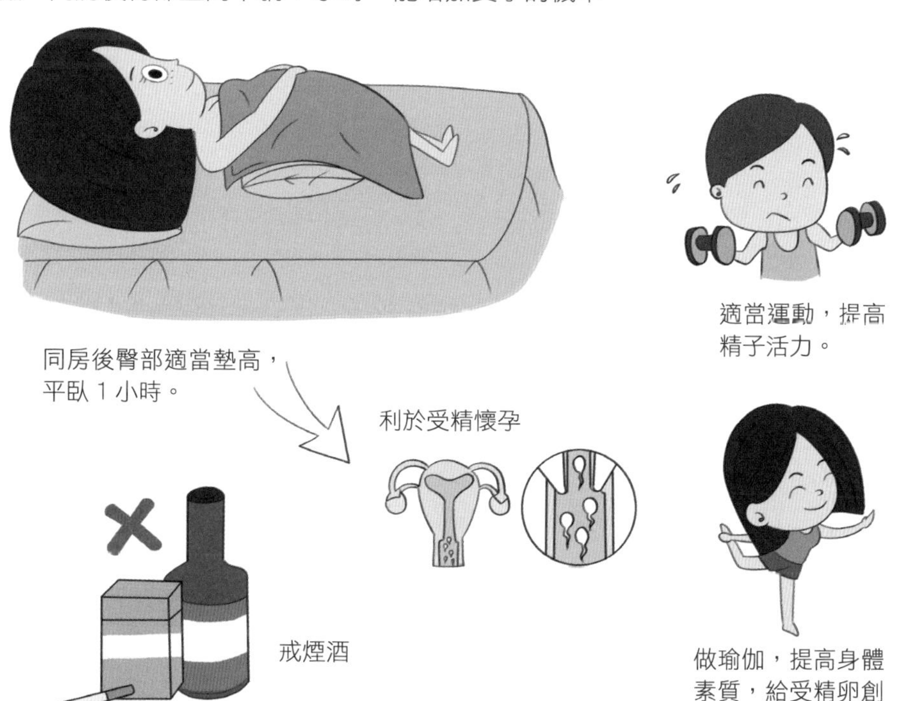

自然流產後多久才可再懷孕

在正常人群中，自然流產的發生機率大約為 15%，如果算上自己可能都沒有意識到的生化妊娠（即受精卵未在子宮着床，或着床失敗），受孕胚胎的淘汰率可能高達 50%。對於自然流產的女性來説，需要等待多久再懷孕是一個很糾結的問題。一般來説，再次懷孕要注意以下幾點：

月經要恢復

多數情況下，醫生會建議你至少來 2 至 3 次正常的月經再嘗試懷孕。當然，身體健康狀況也要恢復，這樣才會對再次懷孕有信心。

心理狀態要恢復

不少女性在流產後會情緒低落，會內疚，會尋找各種原因和理由來自責，把流產的原因歸結於拎重物、性生活、吵架、吃了不應該吃的東西、沒有吃孕期維他命、沒有吃保胎藥、工作壓力大……想得越多，就會自責越多。當自己無法解決或面對的時候，可以諮詢相關的產科和心理專家，或者參加有相同經歷女性的互助小組，通過傾訴和交流來緩解這些負面情緒。

瞭解下一次懷孕發生流產的機率

雖然自然流產比較常見，但再次懷孕的成功率還是比較高的。如果是第一次自然流產的話，再次懷孕以後可以成功分娩的機率是 85%。在正常人群中，有 1% ～ 2% 的人會發生連續 2 次以上的自然流產，如果是連續 2 ～ 3 次流產的話，再次懷孕成功分娩的機率為 75%。

需要去醫院的情形

當出現以下情況時，不建議短期內再次懷孕，需要去醫院就診，查明原因。

查清原因

- 2 次及 2 次以上自然流產。
- 生育年齡超過 35 歲。
- 有各種內外科併發症。
- 有生殖方面的問題。

非任性宣言：生寶寶與貓狗，一個都不能少

有弓形蟲抗體，就不必將寵物送走

提起弓形蟲，備孕的朋友會很害怕，因為 TORCH 篩查，即我們通常說的優生五項檢查，其中有一項就是針對弓形蟲的。之所以需要特別檢查 TORCH，是因為母體感染後，不會表現出特別的症狀，一旦懷孕，這些潛伏的微生物對胎兒有極大的危害：孕早期，容易造成流產和胎停育；孕晚期，容易導致早產及發育異常。

以前大家普遍認為，既然它在優生檢查項目中，且和貓、狗等有一定關係，從備孕期開始就應把家裏的寵物送人。但現在，觀念發生了變化，很多國內外婦產科權威專家都認為，如果你已經感染了弓形蟲並產生抗體，孕期可以不用送走寵物。

TORCH 檢查

- T — Toxoplasma，弓形蟲
- O — Others，其他病原微生物
- R — Rubella virus，風疹病毒
- C — Cytomegalo virus，巨細胞病毒
- H — Herpes simplex virus，單純皰疹病毒

狗狗一般不會影響懷孕

狗是弓形蟲的中間宿主，它的糞便和排泄物都沒有傳染性。弓形蟲主要在狗的血液和肌肉中存在，口腔內也可能有弓形蟲。除非你和狗狗進行了「舌吻」或吃了未煮熟的狗肉製品才會感染，正常接觸是不會感染弓形蟲的。現在寵物狗都會定期注射疫苗，還會隨時監測，傳染弓形蟲的可能性微乎其微，所以養狗一般不會影響懷孕。

貓的糞便可能含弓形蟲，「鏟屎官」讓別人來當

現在，流浪貓比較多，靠翻垃圾桶找食物，比較髒。但是，家養的貓經常洗澡，比較乾淨，常吃熟食，而且和外面流浪貓沒甚麼接觸，應該問題不大。需要注意的是，貓屎中可能含有弓形蟲，所以「鏟屎官」還是讓位給他人吧！此外，家裏養花草施的花肥裏也可能含動物糞便，備孕女性也儘量不要碰觸。

備二孩，你需要提前瞭解這些知識

大寶是順產，最好 1 年後再受孕

想要生二孩，一定要算好兩次分娩的間隔時間。這是為了身體有一個更好的營養狀況和生理基礎，保證身體完全調整好，才能更好地保證二孩的健康。這也是為了夫妻雙方能夠很好地適應同時養育兩個小寶寶的生活。

如果大寶是順產，產後恢復期相對較短，一般只需經過 1 年，女性的生理功能就可基本恢復。全身情況正常，就可以考慮懷二孩了。

大寶是剖宮產，最好 2 年後再受孕

如果大寶是剖宮產，只要在剖宮產過程中沒有傷及卵巢、輸卵管等組織，醫生一般都會建議避孕 2 年以上，尤其是對於二孩想嘗試順產的媽媽，當子宮切口恢復得差不多了，再懷二孩。

剖宮產後，子宮切口在短期內癒合不「牢固」，如果過早懷孕，隨着胎兒的發育，子宮不斷增大，子宮瘢痕處拉力增大，子宮壁變薄，有裂開的潛在危險，容易造成大出血。另外，剖宮產術後的子宮瘢痕處的子宮內膜局部常有缺損，受精卵如在此着床不能進行充分的蜕膜化，極易發生胎盤植入情況。

大寶為順產，二孩大多能順產

大寶是順產，二孩更容易順產，只要檢查結果一切正常，胎位正、胎兒大小適宜。順產對胎兒比較好，產婦身體恢復得也比較快。

大寶為剖宮產，二孩並非不能順產

如果大寶剖宮產的原因是因胎位不正、胎兒宮內窘迫，一般情況下生二孩是可以順產的，順產的成功率可達 80% ～ 90%。如果大寶選擇剖宮產是因為骨盆太小、產程遲滯，建議二孩最好還是選剖宮產，這是為了避免引起子宮破裂。具體情況，要聽從醫生的建議。

備孕女性居家超有效瘦身操

抬腿運動，減少下腹部贅肉

此動作能夠提臀，使腰部變得結實，下腹部和胃部贅肉明顯減少。

1 仰臥在床上，兩腿併攏，慢慢抬起，抬到與身體呈 90 度時慢慢放下。注意，膝蓋不能夠彎曲，肩膀和手臂也不能用力。

2 在腳離床 40 厘米左右的位置停下來，保持 1 分鐘，反復做 10 次。

仰臥起坐，消除腰部和腹部脂肪

在做的過程中，動作要緩，不要用猛力，次數可循序漸進。看似簡單的一個動作，對於消除腰部和腹部脂肪特別有效。

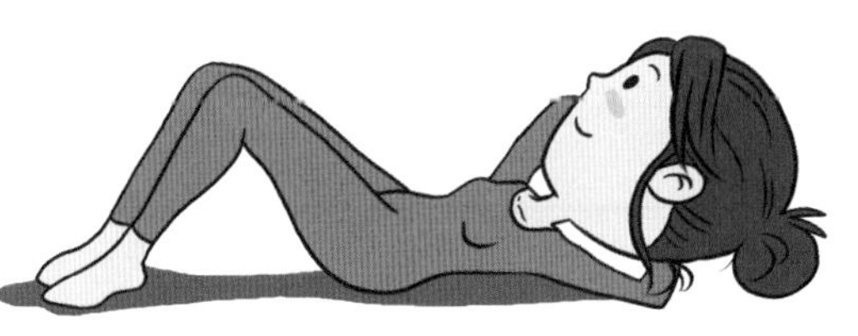

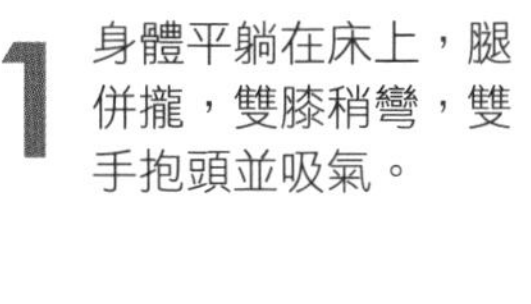

2 將身體慢慢抬起，直至上身坐起。

1 身體平躺在床上，腿併攏，雙膝稍彎，雙手抱頭並吸氣。

3 將身體慢慢放平，反復做 20 次。

盤腿運動，減少腿部和背部脂肪

這兩個動作會讓腿部和背部都得到鍛煉，並有助於減少脂肪堆積。

1 盤腿坐在床上，雙手抱住處於上方的腳，緩緩抬起到最高點，然後慢慢放下來。反復 3 ～ 5 次後換另一隻腳在上的盤坐姿勢，重複同樣的動作。

2 雙腿盤坐，雙手中指相對，置於膝上。上身緩緩向下彎曲，下頜儘量去貼近雙手，然後起身坐直身體。反復 20 次左右。

腰部運動，瘦腰、強腎

通過對腰部的扭轉、拉伸，達到瘦腰、強腎的效果。

1 坐在床上，雙腿向前伸直，雙臂平行支撐於臀部後側，抖動雙腿，使之放鬆。左腿彎曲跨在右腿之上，左臂抬起放在左腿膝蓋上，同時身體向右後方轉。然後反方向做 1 次。反復做 10 ～ 15 次。

2 盤坐在床上，右臂在身前、左臂在身後展開，然後將左臂自左側盤於腰後，右手抱住左膝。然後反方向做 1 次。反復做 10 ～ 15 次。

甲亢、甲減患者如何備孕

請問甲亢、甲減患者能懷孕嗎？

請問甲亢、甲減孕媽媽要注意些甚麼呢？

孕前甲狀腺功能篩查不可少

甲狀腺是人體的一個內分泌器官，位於喉結下方 2 ～ 3 厘米的地方，自己就能摸到。其主要功能是促進生長，調節能量代謝，幫助胚胎發育。

甲狀腺功能異常的女性懷孕機率比正常女性低，但現在有很多理想的治療方法，包括藥物和手術等，如果能及時診斷、有效治療，使得各項指標達標之後，甲狀腺功能異常的女性也可以正常懷孕。甲亢、甲減都是甲狀腺功能異常，簡單理解就是：甲亢，是體內甲狀腺激素多了；甲減，是體內甲狀腺激素少了。

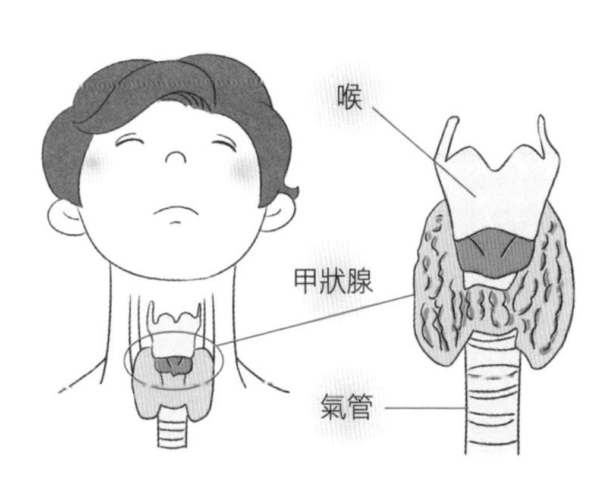

所以，孕前進行甲狀腺功能篩查非常重要，尤其是高危人群：甲亢、甲減或甲狀腺葉切除人群，有甲狀腺疾病家族史人群，甲狀腺自身抗體陽性人群等，更有必要進行甲狀腺功能篩查。

有效治療可平穩甲狀腺激素水平

甲減：一般採用優甲樂或雷替斯治療，將甲狀腺激素水平恢復到正常狀態，從而恢復正常月經，增加自然妊娠率。

甲亢：如果經過 1 ～ 2 年規律治療，用最小劑量的他巴唑（5 毫克 / 天）或丙硫氧嘧啶（50 毫克 / 天）維持半年以上甲狀腺功能正常值，停藥後半年到一年內沒有復發，可以妊娠。如果甲亢控制不理想，用最小劑量維持時病情反復，或者甲狀腺明顯腫大、突眼嚴重，建議採用手術或放射碘治療，半年到一年內甲狀腺功能正常後再妊娠。

甲狀腺疾病患者孕育過程中需要注意的地方

懷孕前：

1. 諮詢醫生，保持病情穩定。
2. 接受過放射性碘治療，半年內不宜懷孕。

懷孕中：

1. 甲亢患者宜減少抗甲狀腺藥的用量。甲亢患者忌中途停藥，病情好轉也不能隨意停止用藥。
2. 甲減患者需維持治療，帶藥懷孕。照常服用甲狀腺激素，穩定病情，避免流產或早產。

分娩後：

1. 記得檢查是否有新生兒呆小症。
2. 甲狀腺藥物照常服用，定期檢查。
3. 亞臨床甲減孕媽媽分娩後需要複查，否則易導致產後甲狀腺炎。

馬醫生小貼士　甲減孕媽媽補碘鹽同時定期攝入含碘高的食物

患有妊娠期甲減的孕媽媽體內甲狀腺激素低於正常水平，同時，由於孕期機體循環血量增加、胎盤激素水平變化，需要合成的甲狀腺激素比孕前要多很多，碘元素是甲狀腺合成甲狀腺激素的必需元素，所以，補充足量的碘十分重要。除了服用必要的碘製劑之外，日常飲食中要用碘鹽，還應增加含碘量較高的食物，如海帶、紫菜、海魚、貝類等。但值得注意的是，有些孕媽媽甲減的原因是碘過量，這樣就需要控制碘的攝入了，所以應該檢查體內的碘水平，分情況調理。

網絡點擊率超高的問答

服用緊急避孕藥後，寶寶能要嗎？

馬醫生回覆：一般情況下可遵循「全或無」定律，解釋為「不是生存，就是死亡」。定律是這麼說的：若用藥是在孕4周內（從末次月經第一天開始往後數28天的時間內），對胎寶寶的影響或是因藥物導致胚胎死亡，或胚胎不受影響，能繼續正常發育。也就是說，在這一時期用藥，只要胚胎不死亡，就能正常發育。但是，如果對用藥的時間記憶比較模糊了，最好去醫院檢查，與醫生或藥師諮詢用藥可能的潛在問題。

服用葉酸後，月經會不會推遲？

馬醫生回覆：有的備孕女性剛開始吃葉酸，月經就跟着不規律了，經過檢查後又不是懷孕。於是就想是不是吃葉酸導致月經推遲呢？其實吃葉酸是不會影響月經的。

女性如果出現月經推遲，首先需要用早孕試紙檢查是否懷孕，排除懷孕可能後，應考慮是月經不調的情況，查找引起月經不調的原因。此外，對於備孕女性或孕早期女性來說，補充葉酸是必要的。

不小心吃了感冒藥，這個孩子還能要嗎？

馬醫生回覆：首先要明確的是，吃藥不一定會造成胎兒畸形，因為胎兒到底會不會受影響，與感冒藥的成分、劑量、服用時間等有關係，可諮詢醫生。如果服藥劑量小、時間短、藥性溫和，可先跟蹤胎兒的發育情況，再決定是否繼續妊娠。不能因為「莫須有」的罪名而隨意終止妊娠。

飲酒後發現懷孕了，怎麼辦？

馬醫生回覆：長期飲酒是不利於胎寶寶的生長發育的，可能導致胎兒酒精綜合症，但是如果偶爾一次少量飲酒則不必過於糾結，產檢的時候將情況告知醫生，但一定要做好後續的相關檢查，尤其是排畸檢查。懷孕期間應該儘量避免酒精，酒精沒有安全攝入量，喝得越多，胎兒致畸的風險就越大。

懷孕 1 個月（懷孕 1 至 4 周）
橫看豎看不像孕婦，的確懷上了寶寶

孕媽媽和胎寶寶的變化

媽媽的身體：
微微感覺到小生命的萌發

子宮 **雞蛋般大小，和孕前一致**

子宮大小和懷孕前相同。但是子宮內膜變得柔軟，且子宮壁厚度也增加了。孕媽媽還是沒有發現自己已經懷孕了，但是基礎體溫從排卵開始就出現輕度增高。有些孕媽媽會覺得燥熱、困乏、沒精神，會以為是月經快來了或是感冒了。

肚子裏的胎寶寶：
細胞分裂，同時在子宮着床

身長 **0.5 至 1 厘米**　**體重** **1 克**

卵子和精子相遇受精是從月經第一天算起的第 2 周左右。受精後，受精卵持續細胞分裂，慢慢長大的同時從輸卵管移至子宮，在 3 周左右，受精卵到達子宮內膜着床，至 8 周止，這段時間就是我們所說的「胚芽」，還沒有形成正式的「胎兒」。

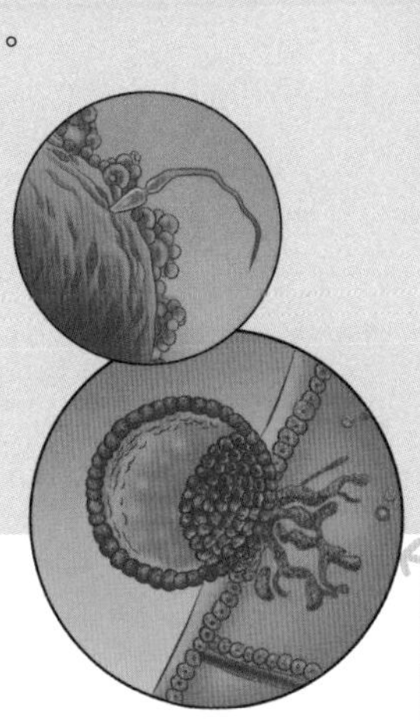

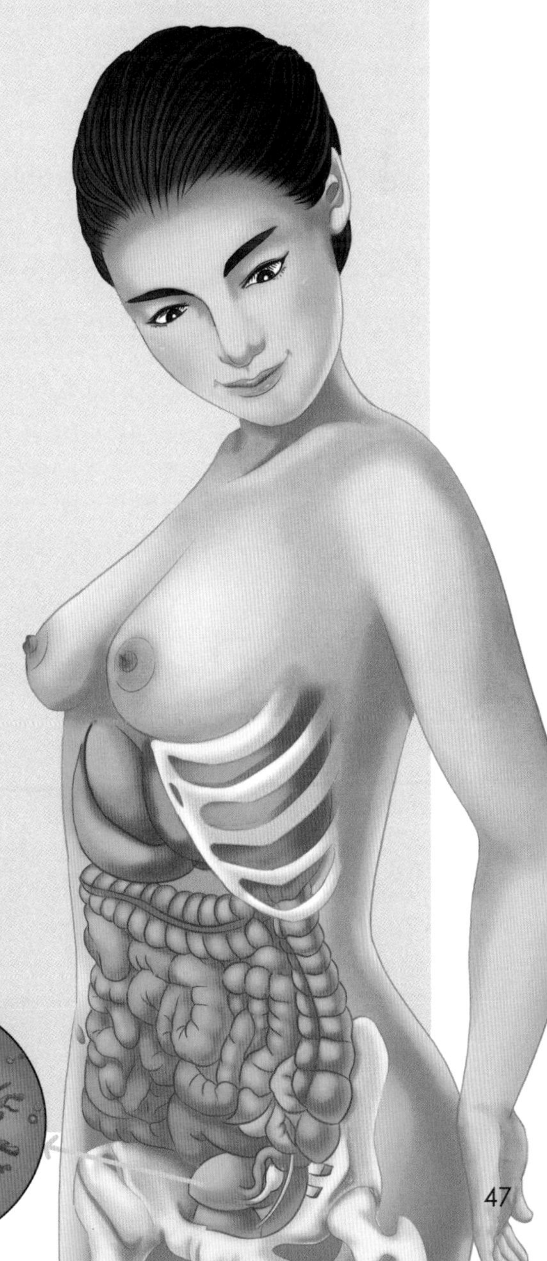

6 個信號提醒你，可能懷孕了

「大姨媽」遲到一周以上

如果你月經周期一貫穩定、準確、規律，突然晚了一周還沒來，加上近期有過同房的事實，這就應當引起你的高度警惕了，這個時候，你極有可能懷孕了。但也不能因此下定論，因為也有環境變化或精神刺激因素引起月經推遲的可能。

乳房出現變化

懷孕後乳房變化很像月經前期的變化，而且更加明顯。一般乳房在懷孕 4 至 6 周後開始增大並變得更加敏感，乳頭、乳暈顏色加深，乳暈上細小的孔腺變大。

體溫持續輕度增高

一般來説，排卵前基礎體溫較低，排卵後基礎體溫會升高，並且會持續下去。如果體溫升高狀態持續 3 周以上，基本上就可以確定為懷孕了。

總是勞累、感覺疲乏

如果你一向精力充沛卻突然很容易勞累、疲倦，睡眠也有所增加，也有可能是懷孕後體內激素的變化造成的。

排尿增多

尿頻主要是因為懷孕時體內的血液以及其他液體量增加，導致更多的液體經過腎處理排入膀胱成為尿液。隨着孕期的推進，不斷長大的胎寶寶會給膀胱施加更大的壓力，孕早期的尿頻症狀可能會持續下去。

噁心嘔吐，對氣味敏感

如果你突然對某種氣味變得敏感，比如炒菜的油煙味、汽車的汽油味、香水味等，甚至看到某種食物會感到噁心，出現嘔吐，你也應該想到是不是懷孕了。

馬醫生小貼士　懷孕和感冒不要傻傻分不清

懷孕初期，一些徵兆有些像感冒，如體溫升高、頭痛、精神疲乏、臉色發黃等，這時候，還會感覺特別怕冷，很容易讓沒有經驗的孕媽媽當成是感冒來治療。如果打針、 吃藥，對胎寶寶可能會有傷害。 因此，備孕的女性要時刻提醒自己有可能懷孕，需要用藥的時候要想到這個問題，以免錯誤用藥。

早孕試紙驗孕最簡單

早孕試紙準嗎？

一向規律的「大姨媽」突然遲到了，你懷疑自己是否懷孕，不妨用早孕試紙做個初步驗證。一般來説，如果是自己在家裏做測試，測試結果準確率能達到 50% ～ 90%。如果是在醫生指導下做測試，根據説明正確使用試紙，測試準確率則接近 100%。

懷孕多久能測出來

早孕試紙其實就是利用尿液中所含的 HCG（人絨毛膜促性腺激素）進行檢查，HCG 是懷孕後女性體內分泌的一種激素，這種激素存在於尿液及血液中。一般的驗孕棒或早孕試紙就是利用裝置內的單株及多株 HCG 抗體與尿液中的抗原結合呈現一定的反應，從而判定懷孕與否。因此要想知道早孕試紙多久能驗出懷孕，就必須先瞭解懷孕之後，多久才會產生 HCG。

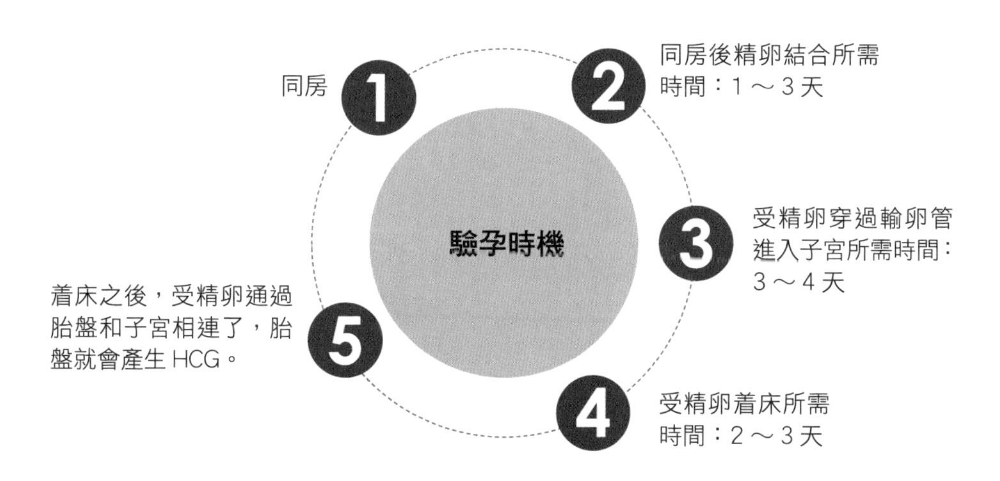

由此可見，最早在受精後大概 7 天尿液中才會有 HCG，但這時濃度很低，不易測出，至少再等 2 ～ 3 天，也就是受精後 10 天，HCG 濃度高一點才能測出來。如果排卵時間和着床時間都推遲了，那麼可能需要 14 天左右才能測出懷孕。

建議：同房後 10 ～ 14 天檢測一次。

如何提高早孕試紙的準確性

1 在進行測試前必須仔細閱讀使用説明，按照説明的步驟使用。

2 使用前將試劑條和尿液標本恢復至室溫（20～30℃）。

3 從原包裝鋁箔袋中取出試劑條，應在1小時內儘快使用。

4 將試紙條按箭頭方向插入尿液標本中，注意尿液液面不能超過試紙條的標記線。

5 約5秒後取出平放，30秒至5分鐘內觀察結果。

6 測試結果應在3分鐘時讀取，10分鐘後判定無效。

早孕試紙最好驗晨尿

早晨和晚間用早孕試紙可能對結果有一定影響。一般，晨尿液中 HCG 值最高，所以許多早孕試紙的説明書也都建議採用晨尿檢測。

用早孕試紙測試晨尿，如果是一條紅線，證明沒有懷孕；如果是兩條紅線，顏色一樣深的話，説明是懷孕了。

馬醫生小貼士　留尿前儘量別喝水

如果檢測前大量喝水，可導致尿液被稀釋，即使受孕時間較長也可能出現比較淺的條帶甚至檢測不出來。因此，在家裏檢測應避免在檢測前大量喝水，以免出現假陰性。

HCG：晨尿中的 HCG 濃度才夠

HCG：非晨尿中 HCG 濃度較低

怎麼判定早孕試紙的結果

在試紙條上，大家可以看到 C 和 T 兩個字母，只要知道這兩個字母的意思就能明白各種結果的含義。C 是「control」的縮寫，意為質控。T 是「test」的縮寫，意為檢測。只有當質控合格時，檢測結果才有意義。

如果測定時，C 對應的條帶沒有出現，說明質控不合格，可能是試紙條過期或操作有誤，T 無論是否出現條帶都沒有意義。

如果有 C 條帶，T 沒有條帶，說明本次檢測結果為陰性，提示未懷孕或還未到檢出時間，可以過幾日再測。如果同時出現 C 條帶和 T 條帶，則提示懷孕。

但是，極個別情況會出現假陽性的結果，例如有血液污染或者尿中含有蛋白，也可能是某些藥物的干擾。假陽性的結果並不代表你已經懷孕。無論如何，出現陽性結果應及時到醫院及進一步就診。

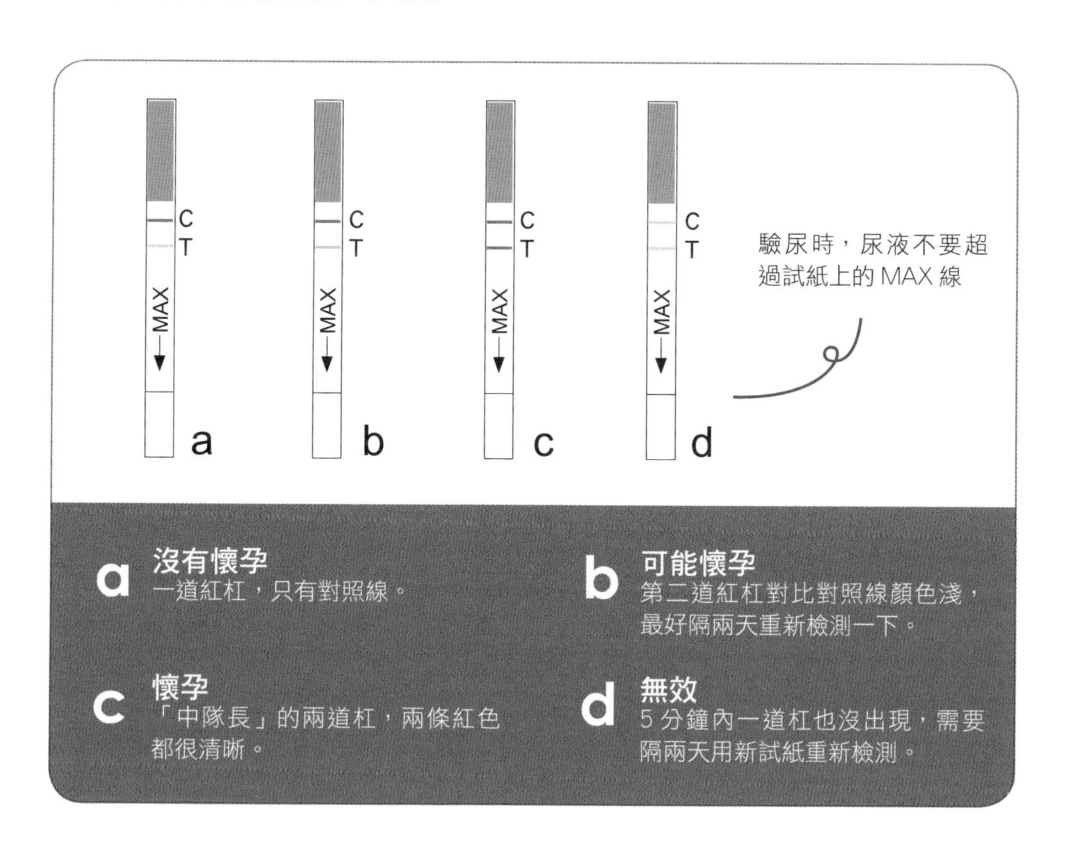

血 HCG 和尿 HCG，哪個更準

權威解讀

《婦產科學第 8 版（妊娠生理）》

關於 HCG（人絨毛膜促性腺激素）

受精後第 6 日滋養細胞開始分泌微量 HCG，在受精後 10 日可自母親血清中測出，成為診斷早孕的最敏感方法。着床後的 10 周血清 HCG 濃度達高峰，持續約 10 日迅速下降，至妊娠中晚期血清濃度僅為峰值的 10%，產後 2 周內消失。

和尿檢相比，血 HCG 更準確

完整的 HCG 是由胎盤絨毛膜的合體滋養層產生的，HCG 能刺激人體產生黃體酮，HCG 和黃體酮協同作用，保護胚胎並使其獲得養分。受精卵着床後，滋養層細胞分泌 HCG，進入血中和尿中。測定尿液或血液中的 HCG 含量能協助診斷懷孕。尿檢一般自行檢測，通過早孕試紙測定晨尿即可（也可以去醫院做）。血液定量檢查 HCG 值，比早孕試紙更準確，醫院常常抽血檢測 HCG 以確定是否懷孕。

甚麼情況下需要做血 HCG 檢測

該項檢查不是所有人都需要做的。

✔ 有的女性懷孕初期 HCG 比較低，用試紙測出的線條顏色比較淺，無法判斷是否懷孕。此時，建議去醫院驗血，通過分析血 HCG 和黃體酮來判斷是否懷孕。

✔ 有過流產史、不易受孕的女性需要做這項檢查，特別是如果有陰道出血、腹痛等不適現象的，更應該做。根據這項指標判斷胎寶寶發育情況。

血 HCG 的含量不受進食影響，甚麼時候都可以檢查，不需要空腹。

✖ 以前沒有過自然流產史、宮外孕史，現在也沒有腹痛、陰道出血等症狀，如果通過尿檢就能確認懷孕，可以不必再抽血驗孕了。

如何根據 HCG 數據判斷胚胎是否正常

HCG 在妊娠的前 10 周上升很快，達到頂峰後，持續約 10 天後開始下降。懷孕早期 HCG 的參考值如下：

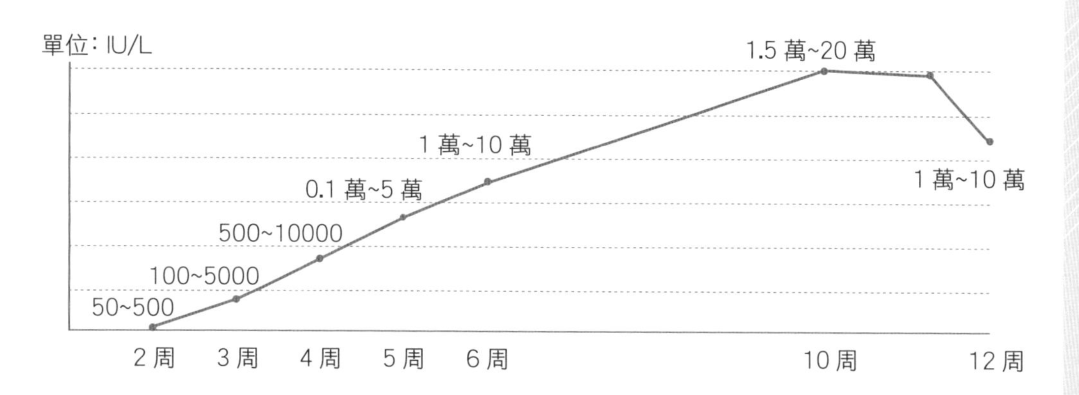

教你看懂 HCG 檢測單

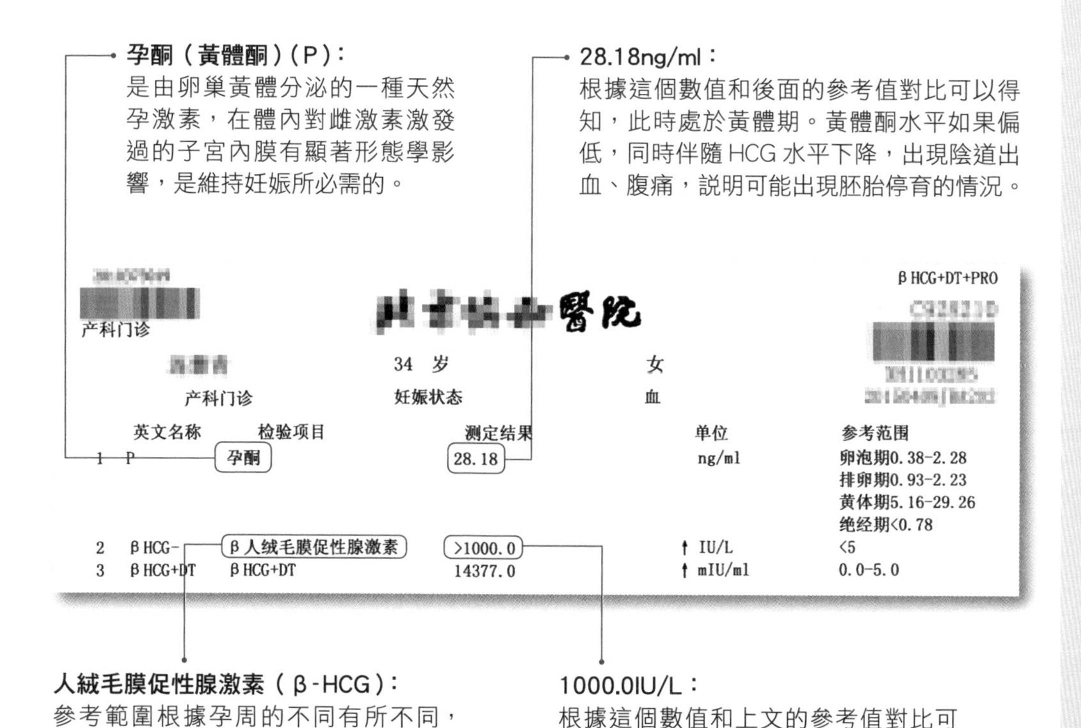

孕酮（黃體酮）(P)：
是由卵巢黃體分泌的一種天然孕激素，在體內對雌激素激發過的子宮內膜有顯著形態學影響，是維持妊娠所必需的。

28.18ng/ml：
根據這個數值和後面的參考值對比可以得知，此時處於黃體期。黃體酮水平如果偏低，同時伴隨 HCG 水平下降，出現陰道出血、腹痛，説明可能出現胚胎停育的情況。

β HCG+DT+PRO

产科门诊

34 岁　　女

产科门诊　　妊娠状态　　血

	英文名称	检验项目	测定结果		单位	参考范围
1	P	孕酮	28.18		ng/ml	卵泡期0.38-2.28 排卵期0.93-2.23 黄体期5.16-29.26 绝经期<0.78
2	β HCG-	β 人绒毛膜促性腺激素	>1000.0	↑	IU/L	<5
3	β HCG+DT	β HCG+DT	14377.0	↑	mIU/ml	0.0-5.0

人絨毛膜促性腺激素（β-HCG）：
參考範圍根據孕周的不同有所不同，該激素能刺激黃體，促使胎盤成熟。

1000.0IU/L：
根據這個數值和上文的參考值對比可以得知，這位女性已經懷孕 5 周了。

孕期開始，打造無污染的居室環境

居室環境的好壞關係到母胎健康

孕媽媽很多時間是在居室中度過的，所以居住環境的好壞不但關係到孕媽媽個人的健康問題，還關係到胎寶寶能否健康成長。因此，孕媽媽和準爸爸要一起努力創造良好的居室環境。

關注居室的亮度、濕度和聲音

居室佈局要舒適明亮

孕媽媽的房間不一定要很大、很寬敞，但佈局要控制合理，房間的整體佈局應舒適明亮。色彩亮麗的環保材料是不錯的選擇，房間要收拾得乾淨整潔，家具的擺放位置也要合適。這樣孕媽媽生活在其中自然會感到心情愉悦，也有利於胎寶寶的生長。居室內如果色彩灰暗、淩亂，孕媽媽會感到壓抑和不快。

居室要安靜

居室中如果噪聲太大，會干擾孕媽媽的心緒，使孕媽媽的聽力下降，還會讓胎寶寶感到不安，影響胎寶寶腦功能的發育。因此，居室內最好保持安靜。如果房子是臨街的，最好早早做好隔音準備，可以換隔音效果比較好的窗戶。

不過，家裏也不要太過安靜，孕媽媽會感到孤獨，胎寶寶也會失去聽覺刺激。平時可以在家裏播放一些優美的音樂，將音量控制在最大音量的1/4 ～ 1/3 即可。

居室的溫度與濕度要適宜

家裏溫度最好保持在 22 ～ 24℃，太高或太低對孕媽媽都不好。太高容易使人煩躁不安、無精打采、頭昏腦沉，太低可能使孕媽媽着涼、感冒。

濕度保持在 50% ～ 60% 比較好，既不會因濕度太大而引起關節疼痛，也不會因濕度太低而使孕媽媽感到口乾舌燥、上火。

馬醫生小貼士　保持室內濕度的方法

1. 在特別潮濕的季節，要經常開門、開窗換氣來消除室內濕氣。如有必要，可以買一個抽濕機來除被褥、衣服的潮氣。

2. 北方的冬季氣候乾燥，暖氣設備會使室內更加乾燥。可以在室內放一盆乾淨的清水，在暖氣片上放一條濕毛巾來增加空氣濕度。還可以用加濕器，但加濕器不要擺放在床頭，裏面的水要常更換，同時要定期清洗。

算一算，大概在哪天見到寶寶

怎麼推算預產期

確定懷孕了，孕媽媽最想知道的就是寶寶何時出生。根據預產期預算法則，從最後一次月經的首日開始往後推算，懷孕期為 40 周，每 4 周計為 1 個月，共 10 個月。

計算預產期月份

月份＝末次月經月份 - 3（相當於第 2 年的月份）或＋ 9（相當於本年的月份）

例如：末次月經日期是 2017 年 12 月，預產期就應該是 2018 年 9 月。

預產期日期的計算

日期＝末次月經日期 +7（如果得數超過 30，減去 30 以後得出的數字就是預產期的日期，月份則延後 1 個月）

例如：末次月經日期是 2017 年 12 月 15 日，所以預產期就應該是 2018 年 9 月 22 日。

預產期並不是真正的分娩日期

預產期不是精確的分娩日期，只是個大概的時間。實際上，很少有孕媽媽在預產期那一天分娩，所以不要把預產期這一天看得過重。在孕 37 ～ 42 周出生都是正常的，80% ～ 90% 的孕媽媽都在這個時間段內分娩。

雖然並不是說預產期這個日子肯定生，但計算好預產期可以知曉寶寶安全出生的時間範圍。進入孕 37 周後應隨時做好分娩準備，但不要過於焦慮，如果到了 41 周還沒有分娩徵兆，應到醫院就診，可在醫生指導下開始催產。

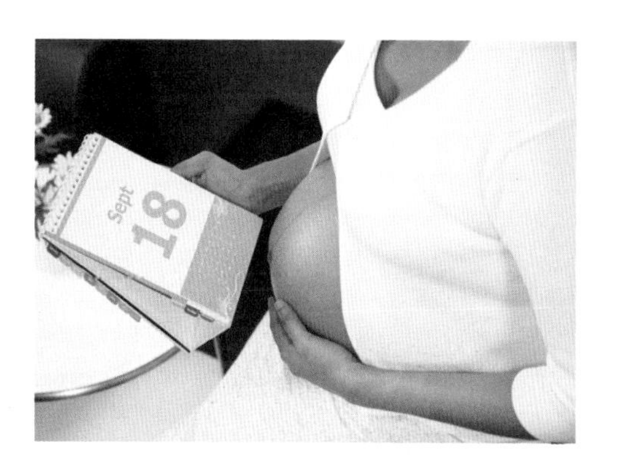

馬醫生小貼士 **沒記住末次月經日期，用超聲波推算預產期**

一般情況下孕周和預產期都是按末次月經算的，如果末次月經沒記住或平時月經不準，可以根據孕早期的超聲波結果推算孕周。我坐診的時候，也遇到不少沒記住末次月經的孕媽媽，根據超聲波結果大都推算出了孕周和預產期。

養胎飲食
讓受精卵順利着床怎麼吃

此時不需要太多營養，不用特別補

有的孕媽媽剛一得知懷孕的消息，家裏就開始迫不及待地給補營養。孕期飲食非常重要，攝入的營養不僅為孕媽媽自身提供所需的養分，還為胎寶寶的發育提供營養，毫無疑問，孕媽媽需要比平時消耗更多的熱量，需要更多的營養。但是懷孕初期的 3 個月，所需營養與平時相差不多，如果孕前飲食均衡，孕媽媽自身的營養儲備即可滿足需要，不需要特別補充營養。

堅持健康的飲食計劃

懷孕第 1 個月，完全可以延續之前的飲食習慣。現在生活條件好，食物種類豐富，孕媽媽只要平時飲食不過分挑食、偏食，各種食物都吃點，全面攝入營養，就能夠滿足孕早期胎兒發育了。

孕前飲食不規律的現在要糾正

好的飲食習慣是保證母胎健康的基礎，如果懷孕之前飲食習慣很不好，不按時按點、饑一頓飽一頓、不吃早餐，那麼在孕期就要刻意調整了，否則不僅容易造成自己腸胃不適和營養不良，還會影響胎寶寶的生長發育。

持續補葉酸，每天達到 600 微克

葉酸的補充並不能僅限於孕前，孕期補充葉酸也非常重要，特別是孕早期，此時正是受精卵發育分化的關鍵階段，神經系統的分化也始於孕早期。如果缺乏葉酸，胎寶寶發生神經管畸形的可能性大大增加。

孕媽媽對葉酸的需求量比正常人高，每日需要約 600 微克才能滿足胎寶寶生長需求和自身需要。平時可以增加富含葉酸的食物，如蘆筍、西蘭花、菠菜等，同時合理服用葉酸片。

漏服葉酸不需要補回來

葉酸是水溶性維他命，在人體內存留時間較短，一天後體內水平就會降低，因此孕媽媽必須天天服用葉酸片。但如果漏服了，也沒有必要補服。

每天增加 110 微克碘的攝入量

孕媽媽如果碘攝入不足，所生成的甲狀腺激素無法滿足胎寶寶的需要，會影響胎寶寶的發育，嚴重的會損害胎寶寶的神經系統。

如果孕媽媽沒有甲亢、高碘血症等甲狀腺疾病，建議孕媽媽食用碘鹽，同時每周吃 1 ～ 2 次海帶等含碘高的海產品。但也不要過量食用，每天攝入碘 230 微克就夠了，即在以前 120 微克的基礎上再加 110 微克。

230 微克碘 =6 克碘鹽 ＋100 克鮮海帶

馬醫生小貼士

緩解孕早期疲勞的 4 個方法

1. 增加鹼性食物的攝取量，孕媽媽可吃些能夠緩解疲勞的鹼性食物，如紫椰菜、椰菜花、芹菜、油麥菜、蘿蔔葉、小白菜等。

2. 鈣質是壓力緩解劑，多食乳類及乳製品、豆類及豆製品、海產品等，可以中和體內的酸性物質（乳酸），以緩解疲勞。

3. 多食一些乾果堅果，如紅棗、花生、杏仁、腰果、核桃等，緩解疲勞的功效也較好。

4. 增加富含 ω-3 脂肪酸的魚類，尤其是海魚，如鯖魚、三文魚、銀魚和鯡魚等。但要注意，這些魚應來自無污染或少污染的海域。

孕期營養廚房

花生拌菠菜

材料 菠菜 250 克，熟花生米 50 克。

調料 薑末、蒜末、鹽、醋各 3 克，麻油少許。

做法

1. 菠菜洗淨，焯熟撈出，過涼，切段。
2. 將菠菜段、花生米、薑末、蒜末、鹽、醋、麻油拌勻即可。

這道菜將菠菜和花生搭配起來，既含葉酸，又含一定油脂，補葉酸、通便效果好。

海帶肉卷

材料 泡發海帶 100 克，肉餡 100 克，豆腐、鮮冬菇各 50 克。

調料 鹽 3 克，醬油、水生粉、生粉各 10 克，葱末、薑末、麻油、芫茜梗各 2 克。

做法

1. 泡發海帶洗淨，切大片；鮮冬菇洗淨，切粒；豆腐碾碎，加肉餡、葱末、薑末、冬菇粒，放醬油、鹽、水生粉、麻油調味；芫茜梗稍燙。
2. 將海帶鋪平，撒生粉，釀上肉餡捲成卷，紮上燙好的芫茜梗，上籠蒸熟，將原汁勾芡澆在上面即可。

海帶富含碘、可溶性膳食纖維，不僅能為孕媽媽補充碘，還能降低膽固醇。

孕期哪些營養素要加量

營養素	孕前	孕期
蛋白質	55 克	孕早期 55 克
		孕中期 70 克
		孕晚期 85 克
葉酸	400 微克	600 微克
維他命 A	700 微克	孕早期 700 微克
		孕中、晚期 770 微克
維他命 B_1	1.2 毫克	孕早期 1.2 毫克
		孕中期 1.4 毫克
		孕晚期 1.5 毫克
維他命 B_2	1.2 毫克	孕早期 1.2 毫克
		孕中期 1.4 毫克
		孕晚期 1.5 毫克
鈣	800 毫克	孕早期 800 毫克
		孕中、晚期 1000 毫克
鐵	20 毫克	孕早期 20 毫克
		孕中期 24 毫克
		孕晚期 29 毫克
碘	120 微克	230 微克
鋅	7.5 毫克	9.5 毫克

註：數據來源於《中國居民膳食營養素參考攝入量速查手冊 2013》。

每天胎教 10 分鐘

實施胎教需要注意的事兒

胎教越來越受到年輕父母的重視，這是一件好事，但是實施胎教的時候可能會出現一些問題，所以需要注意以下兩個方面：

1 胎教強調從孕前就要開始

科學研究顯示，要使得精子質量最佳，孕育出健康的後代，那麼胎教需要在孕前就開始。女性子宮內的溫度、壓力決定着胎寶寶的生長環境。良好的環境也需要提前創造。因此，夫妻二人從決定要寶寶開始，就應該為了給寶寶最棒的遺傳基因而做出身心上的改善。

2 依據胎寶寶的發育進行胎教

從胚胎形成到嬰兒出生，胎寶寶各階段器官的發育是不同的，應根據胎寶寶的發育狀況有針對性地進行胎教，才能達到最理想的效果，否則很可能適得其反。

讓孕媽媽快樂起來的胎教方法

情緒胎教的目的就是讓自己快樂，孕媽媽可以做一些能夠愉悦心情的事情，例如改善生活環境、和知心朋友聊天、做適度的運動，甚至進行短途的旅行等。

當然，生活中難免會遇到不如意的事情，它們會影響孕媽媽的心情。如果出現這種情況，孕媽媽不要苦悶，試着採用右側的方法，調節心情。

1 排除不必要的擔心

妊娠會給孕媽媽增添許多煩惱，如擔心胎寶寶的發育、性別，擔心分娩疼痛、難產，擔心產後無奶、體形變化等。其實，心理學家説，人生只有三件事，自己的事、別人的事和老天的事，大家需要做的是管好自己的事兒，少管別人的事兒，不管老天的事兒。孕媽媽要知道甚麼是可以做的，比如上孕婦學校、做好孕期保健、合理飲食、規律運動；甚麼是必須接受的，如早孕反應、水腫、分娩不適等。從內心上接受懷孕帶來的喜悦與不適，將懷孕當成一次昇華的過程，其他力所不能及的事就不要過於操心了。

2 儘快轉移不良情緒

當孕媽媽在生活中遭遇挫折或者不愉快的事情時，可以通過轉移注意力的方式自我宣洩。離開讓你感覺不愉快的地方，或做另外一件能夠讓你開心的事，如聽聽音樂，欣賞山水風景畫冊，出去散步等，也可以向密友傾訴，寫日記或找同樣處境的人交談，用這些事將不良情緒轉移掉。

3 寄情於藝術欣賞

藝術給人以美的享受，能夠使人精神放鬆、變得充實，從而使人的心情保持愉悦。孕媽媽應該多接觸藝術，例如閱讀文筆生動、優美的小説、散文或詩歌，欣賞表現愛與美的繪畫作品，看詼諧幽默的影視作品，或者聽優美、柔和的樂曲。

4 提醒法

要時時告誡自己不要生氣、不要着急、不要煩惱、不要悲傷，寶寶和我在一起，我不是一個人，我要堅強一點、寬容一點。

健康孕動　宜緩慢、輕柔

孕 1 月運動原則

- 在懷孕早期，要避免過於劇烈的運動。
- 運動方式以緩慢為主，盡可能使身體處於溫和舒服的狀態。
- 在天氣過熱、過冷、潮濕的時候，最好暫停運動。
- 運動時穿着舒適的衣服。
- 運動前要排空尿。

金剛坐：讓孕媽媽心情好、胎寶寶舒適

1 跪坐姿勢，小腿和腳背平貼於地面，膝蓋併攏，雙腳略分開，大腿壓在小腿和兩腳之間。脊背挺直，上半身保持直立，兩臂自然下垂，放在大腿上。

2 起身，呈跪立狀態，並打開雙膝與肩同寬，踮起腳尖，保持 3 ～ 5 秒，同時做一個深呼吸。跪立時，上身儘量放鬆，主要鍛煉肩膀及胸部的力量，注意收緊下巴，腰背挺直。可以在腳踝下方墊毯子，緩解足背、腳踝的壓力。

3 慢慢將臀部坐回到雙腳上。在最終的金剛坐上保持 1 分鐘或者更久的時間。

乙肝病帶菌者想要寶寶，應關注……

我是乙肝病帶菌者，傳染給嬰兒的風險高嗎？

抗病毒藥對胎兒有影響嗎？

乙肝病帶菌者可以懷孕

乙肝病帶菌者當然可以要寶寶！根據具體病情選擇恰當的時機懷孕就行了。如果肝功能正常就可以懷孕，若乙肝DNA測量值也在正常範圍內就更好了。不過具體情況要諮詢醫生。

孕期應該注意這 4 點

1 孕期應定期檢測肝功能，警惕黃膽、噁心、肝區疼痛等症狀的發生，如出現不適要及時就醫。
2 要注意休息，保持良好的心情。
3 要儘量避免藥物，尤其是損肝藥物。
4 要注意合理飲食，忌煙酒、濃茶、咖啡。

「乙攜」懷孕有甚麼風險

1 乙肝病毒可以通過母嬰垂直傳播給新生兒。
2 懷孕時，胎寶寶的代謝產物要通過孕媽媽的肝臟進行代謝，加上自身代謝產物的排泄，會增加肝臟的負擔，容易導致轉氨酶升高。
3 人體凝血因了是在肝臟內合成的，肝功能異常的孕媽媽會出現凝血因子合成障礙，使分娩時出現產後出血的風險增加。病情較重的孕媽媽還會出現肝功能衰竭、肝性腦病或肝腎綜合症等嚴重併發症。

如何避免傳染給孩子

避免分娩時的傳播和產後傳播，對於母親乙肝表面抗原（HBsAg）陽性的新生兒，應在出生後 12 小時內儘早注射乙肝免疫球蛋白（HBIg）和乙肝疫苗，乙肝免疫球蛋白接種劑量應 ≥100IU。在 1 個月和 6 個月分別接種第 2 和第 3 針乙肝疫苗。可以阻斷 90% 以上的新生兒感染。

對於宮內感染，無法通過上述措施預防。現有研究證明，攜帶乙肝病毒的孕媽媽傳染給孩子的機率與孕媽媽血中 HBV-DNA 水平相關。當 HBV-DNA ⩽ 106 拷貝／毫升時，宮內感染的機會很低，分娩後的阻斷措施已經足夠；對於 HBV-DNA ⩾ 107 拷貝／毫升的孕媽媽，上述措施成功率降低，需及時就診諮詢，醫生可能會推薦孕晚期應用「替比夫定」或者「替諾福韋」抗病毒治療，降低孕媽媽體內病毒的水平，可以進一步減少傳染給孩子的機會。

對於產後的傳播預防，保護好嬰幼兒柔軟的皮膚、黏膜，避免皮膚、黏膜損傷，減少血液、唾液的直接接觸，如母親傷口、血污等接觸孩子破損的皮膚。其他可正常接觸，如吻孩子的臉、頭、手腳等。

如何知道寶寶是否被感染乙肝

新生兒出生時外周血檢測結果 HBsAg 和 HBV-DNA 為陽性，可以作為宮內感染的診斷依據，羊水及臍血檢測到 HBV-DNA 也有提示意義。

HBsAg 陽性的產婦分娩時，胎兒通過產道，可吞進羊水、血、陰道分泌物而引起感染，寶寶出生時血清學檢測可為陰性，生後 2 至 4 個月有 60% 發展為 HBsAg 和（或）HBV-DNA 陽性，符合乙型肝炎的潛伏期，可考慮為產時感染。但此時的結果可能不穩定，故一般在生後 7 個月、1 歲時檢測乙肝五項和 HBV-DNA 含量，若 HBsAg 和 HBV-DNA 陽性，和（或）HBeAg、抗 -HBc 及抗 -HBe 陽性，則認為肯定是被感染了。若生後 7 個月和 1 歲時乙肝五項檢測結果是抗 -HBs 陽性，表示疫苗注射成功，已獲得對乙肝的免疫力。

馬醫生小貼士

乙肝女性需跟醫生討論是否母乳餵養

攜帶乙肝病毒的媽媽，有可能通過母乳餵養把病毒傳染給孩子。一般認為以下情況不適宜母乳餵養：①母乳能檢測到乙肝病毒。②血 HBV-DNA 水平較高，比如 HBsAg、HBeAg 及 HBcAb 陽性（即所謂「大三陽」）的媽媽，須待孩子注射乙肝疫苗並產生表面抗體後方可餵養。

如果媽媽血液中乙肝病毒檢測陰性，寶寶注射了乙肝疫苗和乙肝免疫球蛋白，可以母乳餵養。

為了阻斷乙肝的母嬰傳播，一些乙肝感染的妊娠女性在妊娠後期使用了抗病毒的藥物治療，由於對這些藥物是否會分泌到人的乳汁中，對孩子可能會導致甚麼不良反應，目前均沒有足夠的研究資料說明，因此一般不建議母乳餵養。

網絡點擊率超高的問答

確定懷孕了，又見紅是怎麼回事兒？

馬醫生回覆：有些已經懷孕的女性，到了正常月經的那天見紅了，這時候不要緊張。如果發現流血很快止住了，血量又不多，這是正常的。事實上，大約20% 的女性懷孕後會在孕早期有少量出血，其中絕大多數胎兒都是正常的。如果出血多，伴有腹痛症狀，就需要儘快去醫院就診。

早孕試紙能測出宮外孕嗎？

馬醫生回覆：早孕試紙只能測出是否懷孕，但對胚胎位置是在宮內還是宮外無法判斷。早孕試紙可能出現測試結果呈持續弱陽性或假陰性的情況，導致部分女性不確定自己是否懷孕，延誤了確認宮外孕的時機，從而出現大出血甚至休克，嚴重時還會危及生命。所以，不要過分依賴早孕試紙，最有效的方法是去醫院做超聲波檢查或者 HCG 檢查。

懷孕時吃雞蛋會導致寶寶將來對雞蛋過敏嗎？

馬醫生回覆：孕媽媽吃甚麼與寶寶將來是否過敏並沒有因果關係。寶寶對食物過敏多與遺傳傾向或孕期患病有關。雞蛋富含優質蛋白質、卵磷脂，對胎兒大腦發育有促進作用，沒有特殊情況的話，推薦孕媽媽每天吃 1 ～ 2 個。

我是上班族，懷孕後總是疲乏，怎麼辦？

馬醫生回覆：感到疲勞是這一時期孕媽媽常有的情況，如果有條件最好想睡就睡會兒。作為職場孕媽媽，可以經常起身活動活動，或者適當進食點香蕉、牛奶提提神，因為香蕉中的鉀和鎂等物質有助於緩解疲乏。

懷孕 2 個月（懷孕 5 至 8 周）

一邊享受，一邊難受

孕媽媽和胎寶寶的變化

媽媽的身體：乳房變得敏感

子宮 **檸檬大小，和孕前一致**

該來月經了，可沒來。基礎體溫已連續3周以上持續升高。很多媽媽通過上述症狀覺察到自己可能懷孕了。這時，可以通過超聲波檢查，看到寶寶藏身的「孕囊」。這段時間，乳頭會變黑、變敏感。有的媽媽在5～7周就有早孕反應了。

肚子裏的胎寶寶：重要器官形成期，有心跳了

身長 **2厘米** **體重** **4克**

本月末，胚胎胎形已定，步入胎兒階段。這時候的寶寶是大頭娃娃，頭和身體一樣大。心臟原形開始顯現，5～7周可通過超聲波確認寶寶的心跳數。這段時期是寶寶集中形成身體基礎器官的時期，如腦、肺、胃腸等。此外，手腳、眼睛等基礎部分也開始發育。

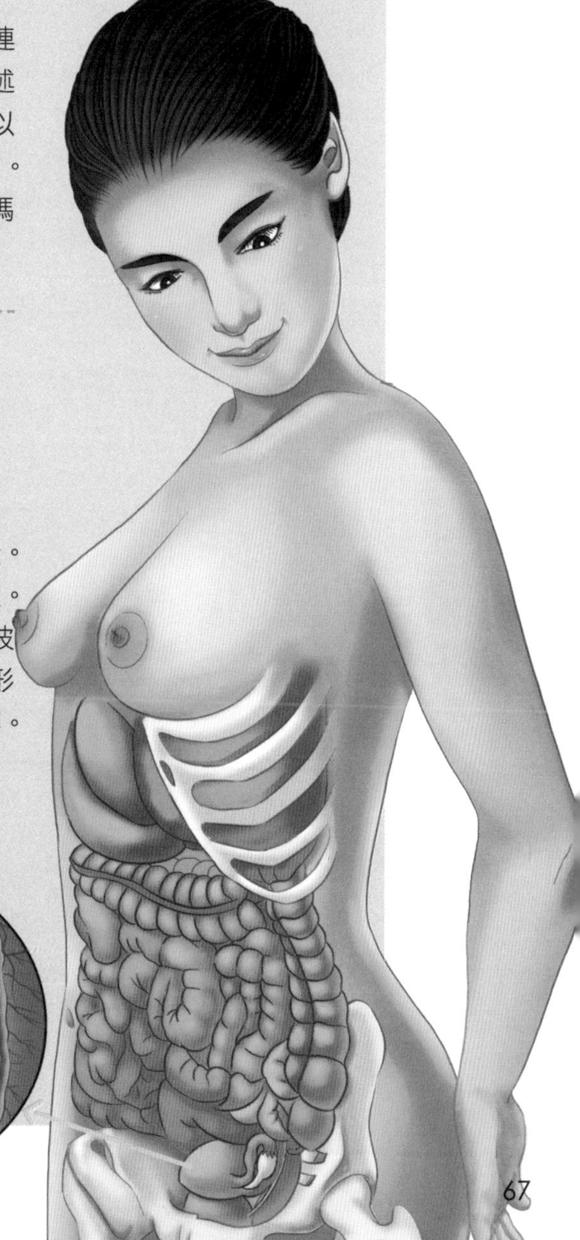

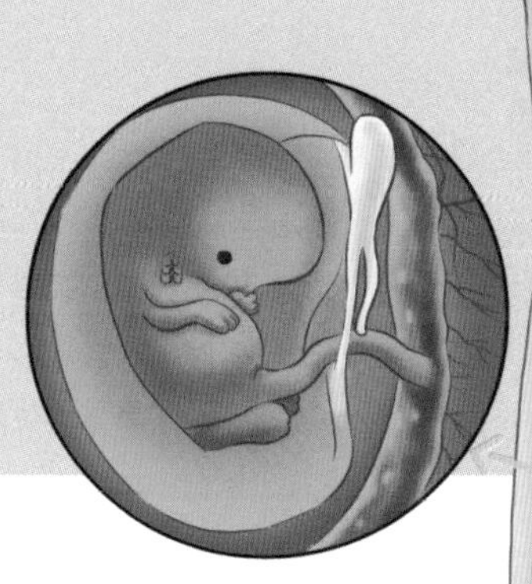

孕吐傷不起，孕媽媽如何緩解

權威解讀

《中國居民膳食指南 2016（孕期婦女膳食指南）》

即使有早孕反應，也應保證碳水化合物的攝入

懷孕早期無明顯早孕反應者可繼續保持孕前平衡膳食，孕吐較明顯或食慾不佳的孕婦不必過分強調平衡膳食，可根據個人的飲食嗜好和口味選用清淡適口、容易消化的食物，少食多餐，盡可能地多攝入食物，特別是富含碳水化合物的穀薯類食物

別擔心，孕吐是正常的妊娠反應

大部分的孕媽媽會在懷孕 6 周左右出現食慾缺乏、輕度噁心、嘔吐、頭暈、疲倦等早孕症狀，尤其是嘔吐。孕吐，民間也稱害喜，是正常的妊娠反應，一般持續到 14 周左右即可減輕或消失，也有在 18 周才慢慢減退的，甚至有的人整個孕期都伴有嘔吐現象。

為甚麼會出現孕吐

孕吐主要與 3 方面有關：①孕媽媽體內相應激素迅速升高；②孕期嗅覺變得更靈敏；③孕媽媽腸胃蠕動減慢，運動量減少，導致消化不良。

沒有孕吐正常嗎？

有的孕媽媽吃甚麼吐甚麼，可有的孕媽媽孕吐反應極小，甚至有的人整個孕期都不會吐，不孕吐的孕媽媽會疑慮是不是胎兒發育不好。孕吐反應是因人而異的，跟個人體質有關，有孕吐正常，無孕吐也不用擔心，更不要通過有無孕吐反應去判斷胎兒的發育好壞。

吐得越嚴重寶寶越聰明嗎？

民間有說法稱孕媽媽吐得越嚴重，寶寶就越聰明，這種說法目前並沒有科學依據。嘔吐嚴重的孕媽媽，不妨把這句話當成一種激勵，而沒有孕吐反應的孕媽媽則不要糾結這件事。

吃甚麼吐甚麼會不會耽誤胎寶寶生長

孕期有孕吐反應的孕媽媽還是佔大多數的，吃甚麼吐甚麼，甚至一聞到某種氣味都想吐，於是很多孕媽媽都擔心會對胎寶寶發育造成影響。

孕早期，胎寶寶所需的營養很少，孕媽媽並不需要額外多吃多少東西，輕度到中度的噁心以及偶爾嘔吐，不會影響寶寶的健康。但是如果出現劇吐就要加以注意了。

出現妊娠劇吐要及時就醫

程度較輕的孕吐是不會影響正常妊娠的，但是也有少數孕媽媽早孕反應較重，發展為妊娠劇吐，這個時候就需要就醫了。

那麼甚麼程度的孕吐屬妊娠劇吐呢？一般來説，孕吐呈持續性，無法進食或喝水，體重消瘦特別明顯，體重下降超過 2.5 千克；出現嚴重的電解質紊亂和嚴重的虛脱，甚至發生生命體徵的不穩定；孕吐物除食物、黏液外，還有膽汁和咖啡色渣物。這時應及時到醫院檢查。

減輕嘔吐的飲食策略

儘量避開讓你感到噁心的東西

如果油煙、刺激氣味等讓你感到噁心，試着避開，隨身準備一些讓你有食慾的食物。

少食多餐是個好選擇

最好將以前的一日三餐分成 5 ～ 6 次進食，每次少吃點，多吃幾次。注意選擇易消化的食物，可以讓孕媽媽的胃舒服一些。

想辦法讓自己吃，吃自己喜歡吃的也未嘗不可

孕媽媽在沒有食慾的時候，不必強迫自己進食，但是不要在有食慾的時候也不敢吃。孕吐間隙只要能夠進食就要大膽吃，選擇自己想吃的東西吃。此時不要讓自己餓肚子，對於食物選擇不要過分禁忌，即使你想吃的東西營養價值不是那麼高，也比不吃好。

此時，一般對油膩食物較反感，所以飲食應適量、易消化、清淡少油膩。多選擇汆、燉、清蒸等少油的烹調方法。

可緩解孕吐又有營養的食物

如果你沒有特別的偏好，那麼不妨選擇下邊這些食物，既能緩解孕吐，又富有營養。比如燕麥麵包、麥片粥、雜糧粥、雜豆飯、牛奶、乳酪、水煮蛋、蒸蛋羹、餃子、各種新鮮的蔬菜和水果等。

兩餐之間補充水分

正餐時不要多喝，可隨時少量喝水。不要「豪飲」，短時間內喝水更容易引發噁心。如果嘔吐很頻繁，可以嘗試少量含有葡萄糖、鹽、鉀的運動飲料，這能幫助孕媽媽補充流失的電解質。

馬醫生小貼士　少吃油炸、油膩食物，以免加重不適感

油炸、油膩食物不僅不好消化吸收，油脂含量過高，反而會引起孕吐反應。很多孕媽媽一聞到油煙味就會加重反應，所以飲食要清淡，烹調方法以蒸、燉、煮為好。

分散注意力，別總待在屋裏

別總待在一個地方。適當工作、出去逛逛，讓自己有事可幹，忙起來就沒那麼多時間關注自己的孕吐了。

放鬆心情能減輕嘔吐

孕媽媽在孕期要放鬆，保持良好的心態，在應對孕吐的時候做到這一點也非常重要，心事重重、疑慮擔憂會讓妊娠反應更加嚴重。

首先孕媽媽要認識到孕吐是正常現象，要從心理上接納自己的改變，接受懷孕給自己帶來的這些不適，珍惜自己目前的感受。只要孕吐在正常範圍內，是不會影響胎寶寶發育的，同時要瞭解一些相應的科學知識，多與其他正能量的孕媽媽交流，解除心理壓力，也可以多和自己的產檢醫生交流。

適當運動能緩解孕吐

很多孕媽媽因為吃了就吐，加上嘔吐折騰而體力欠佳，總是躺在床上不想起來，這樣只會加重早孕反應。要經常起來走一走，做做輕緩的運動，如戶外散步、做孕婦保健操等，既能分散對於孕吐這件事的注意力，還能幫助改善噁心、倦怠等症狀，有助於減輕早孕反應。

胎停育有徵兆，一定要留意

出現哪些情況要警惕胎停育

如果把受精卵比喻成一顆種子，當種子無法發芽，不能繼續生長時，就是胚胎停育，簡稱胎停育。超聲波檢查表現為妊娠囊內胎芽或胎兒形態不整，無胎心搏動。

引起胎停育的原因有很多，常見有胚胎染色體異常，母體內分泌失調，生殖器官疾病，免疫方面的因素等。胎停育後會發生流產，表現為下腹痛、陰道不規律出血。

如果發生胎停育，早期症狀可能出現陰道出血，常為暗紅色血性白帶，最後還可能出現下腹疼痛，直接排出胚胎的流產狀況。有的人沒有初期跡象，直接出現腹痛、流產，甚至有人毫無察覺，通過超聲波檢查才發現胚胎停止發育。

如何根據胎心判斷胎停育

胎心搏動就是胎兒的心跳，原始胎心管搏動一般出現在6～7周，但是如果考慮到根據末次月經計算孕周可能有誤差，可將胎心出現的時間延遲2周來考量。如果有陰道流血和腹痛等異常狀況，妊娠8周還沒見到胎心搏動，就要引起重視了，可能是胎停育。

確定胎停育後怎麼做

確診為胎停育後，孕媽媽可以與醫生討論採取何種人工流產的方式終止妊娠。有條件的孕媽媽可以做流產絨毛細胞染色體檢查。

如果就醫便利，也可以先觀察幾天，等待胎兒自然流產（自然流產發生後要保留標本）。觀察陰道出血及腹痛情況，如果出血過多、腹痛加重，要儘快前往醫院，以免發生大出血，並且要做產後超聲波檢查以確認是否完全流乾淨了。

可將標本送到醫院做病理檢查，也可以送到私家的實驗室做染色體檢查，以便確認胎停育是種子的問題還是土壤的問題。

就像播下種子一樣，這次播下的種子沒有發芽，你會思考到底是哪裏出了問題導致種子沒有發芽。這樣等到下次再進行種子的培育時，你會進行改善，從而避免上次出現的問題。

60% 的胎停育是優勝劣汰的結果

有些孕媽媽對胎停育非常緊張，甚至覺得如果一旦發生胎停育，就説明自己沒有能力留住孩子，而過分自責和內疚。其實，對於孕早期的流產，50% 的原因源於胚胎染色體本身的異常，是一種自然的優勝劣汰的過程。所以，對於孕媽媽來説，對懷孕分娩這件事應該抱有一顆平常心，不要過於強求，也不要總是緊張焦慮。緊張焦慮的情緒本身對胎兒也會有不利的影響。

馬醫生小貼士 **和遠走的胎兒做一場告別儀式**

如果出現胚胎停育，發現孩子畸形或因唐氏兒做流產等，爸爸媽媽肯定會很難過，特別是有胎動後，得而復失的悲哀特別深切而難以掙脱。家人不妨做一個告別儀式，把胎心音、對孩子説的話和一段音樂整合到一起，將所有的家庭成員集中起來，做一個完結的儀式，這事兒就算過去了，否則可能總會想起這個遠走的孩子，會一直沉浸在這種悲痛裏。如果能找到專業的音樂治療師，接受音樂治療是最好的解決辦法。

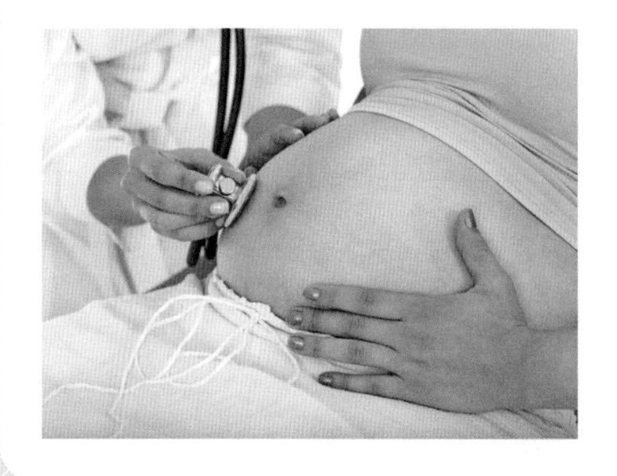

有胎停育史的孕媽媽需要注意甚麼

研究表明：一次胎停育不增加以後胚胎停育的風險。但是如果孕媽媽一直沉溺於胎停育的痛苦不能自拔，這種心情也會影響身體健康，不利於下一次的受孕。所以有過胎停育經歷的孕媽媽一定要及時紓緩壓力，這樣才能為下一次的受孕做好準備！

有胎停育經歷的女性，在備孕階段就應該開始吃葉酸或複合維他命，以提高卵子質量。如果孕媽媽出現先兆流產，或者過於緊張，希望儘早判斷胚胎發育的狀況，可以到醫院做一些相應檢查，如查血 HCG 和黃體酮，監測胚胎的發育情況，同時保持愉快的心情和健康飲食。如果工作壓力不大，也可以繼續工作。

如果好幾次懷孕都發生胚胎萎縮，則很有可能形成習慣性流產。夫妻應做進一步檢查，看有無染色體等方面的異常情況，並且下次一定要在醫生指導下進行懷孕。若不注意夫妻雙方的健康狀況，在尚存未治療好的血糖問題、甲狀腺問題甚至是自身免疫性疾病情況下而勉強懷孕，有時候雖能保住胎兒，但有可能造成孕媽媽發生妊娠期併發症以及胎兒的某種生理缺陷。

宮外孕，不走尋常路的受精卵

宮外孕就是受精卵安錯了家

正常情況下，受精卵會在子宮壁上安營紮寨，如果由於種種原因，受精卵在從輸卵管向子宮的遷移過程中，沒有到達子宮就停留下來，這就是宮外孕，也叫異位妊娠。

宮外孕有甚麼表現

宮外孕的症狀主要是停經、腹痛和陰道出血。

停經：確認懷孕後，如果出現 HCG 值不正常，就有可能是宮外孕。

腹痛：90% 的宮外孕會出現腹痛，常表現為嚴重的突發性劇痛，為撕裂樣或刀割樣，因為腹腔內出血刺激腹膜所致。

陰道出血：較長時間的暗紅色少量出血。

暈厥與休克：由於腹腔內急性出血，可引起血容量減少及劇烈腹痛，輕者常有暈厥，重者出現休克。

其他症狀：宮外孕的症狀常常是不典型的，有的患者還會出現噁心、嘔吐、尿頻尿急、面色蒼白、血壓下降等症狀。

孕早期出現暈厥，可能是宮外孕

孕媽媽在孕早期如果出現暈厥，要小心，有可能是宮外孕，需要及時就醫。

宮外孕 95% 是輸卵管妊娠。當受精卵在輸卵管中生長發育過大，撐破輸卵管，就會造成腹腔急性大出血。如果出血過多，孕媽媽就會出現血壓下降、頭暈，甚至暈厥等情況。所以，當孕早期出現暈厥現象時，孕媽媽要高度警惕。

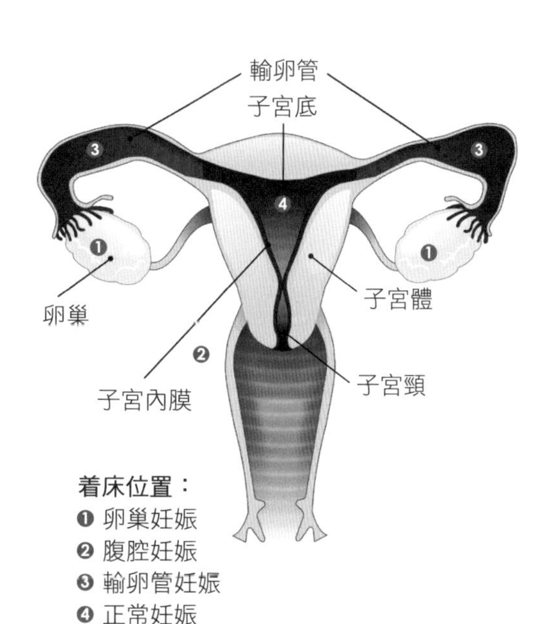

宮外孕怎麼治療

被確診為宮外孕後，一定要儘早治療，治療的方法包括藥物治療和手術治療。藥物治療是用治療癌症的化學藥物來殺死絨毛細胞，但是與治療癌症劑量相比，應用劑量非常低，可能引起肝、腎及血液方面不良反應的可能性也比較小。治療成功後，患者也要定期檢查，因為輸卵管本來就有問題，再度發生宮外孕的機率還是比正常人高。

手術治療分為兩種：保守性治療與根治性治療。保守性治療以清除宮外孕的胚胎組織為主，儘量保留輸卵管的完整性；根治性治療則是切除發生宮外孕那一側的輸卵管。

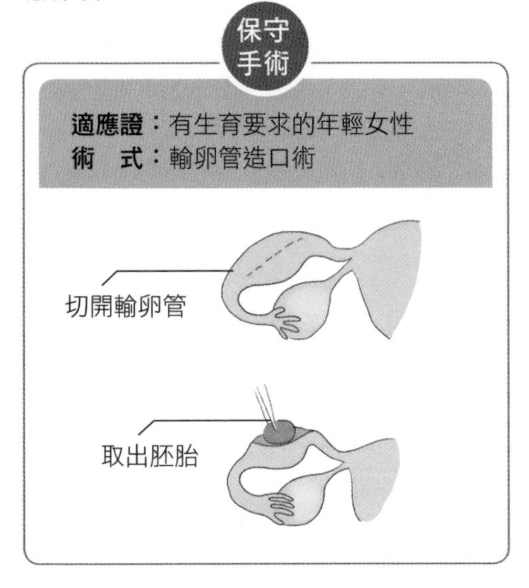

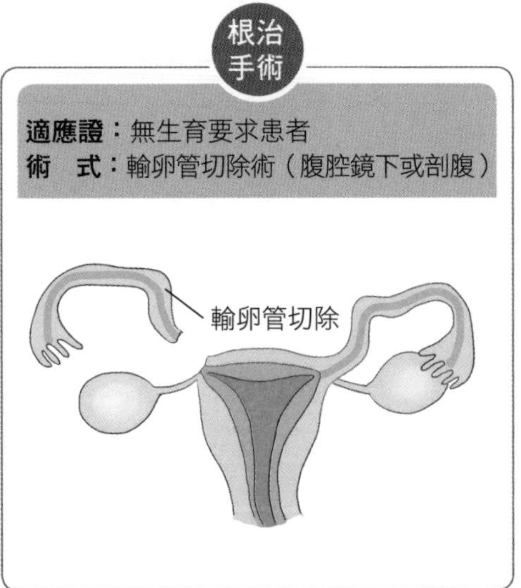

宮外孕後怎麼備孕

宮外孕後還能不能懷孕要結合自身的情況而定，處理得當可以再次懷孕。宮外孕術後半年之內要避孕，讓身體逐漸恢復，同時要經過檢查確認是否具備正常懷孕的條件。有時醫生會建議做輸卵管造影等相關檢查，確診輸卵管是否通暢，排除盆腔炎、腹膜炎等婦科炎症。

再次懷孕後，正常懷孕的機率很高，但 10% 的女性會再次發生宮外孕。這就是說，當發生宮外孕而切除一側輸卵管後，對側輸卵管仍有再次發生宮外孕的可能。因此，有過宮外孕史的女性如果再次妊娠，最好在懷孕 50 天後做一次超聲波檢查，根據孕囊及胎兒心臟搏動所處的位置，判斷是宮內妊娠還是宮外孕，以便在早期消除隱患。

孕 6~8 周，首次超聲波檢查

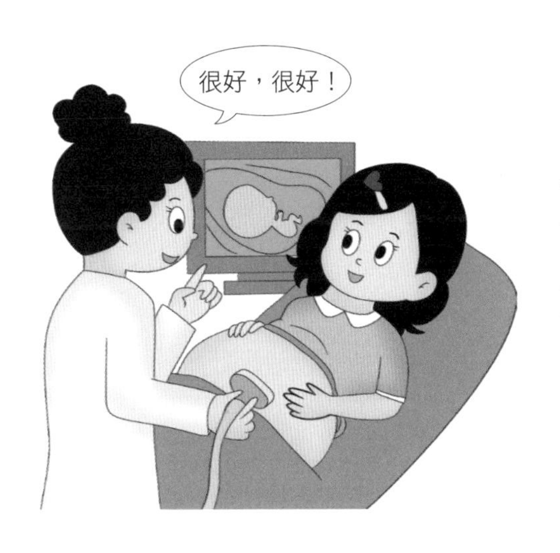

超聲波對胎兒是安全的

很多孕媽媽認為超聲波做得多了，對胎兒不利。實際上，超聲波對胎兒來說是安全的，千萬不要因為無知或有所顧慮而不去做超聲波。孕早期通過超聲波檢查妊娠囊、胎心和胎芽，還能排除宮外孕。但也不用因為擔心寶寶發育狀況反復做超聲波，沒有那個必要。

首次超聲波需要憋尿

只有孕 6 ～ 8 周的第一次超聲波需要憋尿，因為此時子宮比較小，需要使膀胱充盈才能更清楚地看到子宮內的情況。12 周之後做超聲波，不僅不需要憋尿，往往需要提前排尿，因為子宮越來越大，羊水也多了，如果膀胱裏有尿，可能會影響胎兒影像的清晰度。

當然，孕媽媽如果有特殊情況，如需要檢查低置胎盤的位置等，有可能需要憋尿，醫生會提醒你的。

憋尿超聲波的技巧：到了醫院，先去排號，等待的過程中不斷喝水，到自己檢查時膀胱才能充盈，最好的狀態是快要憋不住尿的時候。如果你的膀胱不夠充盈，會從檢查室出來，繼續喝水等待膀胱充盈再去做。

做超聲波要注意甚麼

穿寬鬆衣服：不只是做超聲波，整個孕期的檢查都應該穿寬鬆易脱的衣服，既能節省時間，還可避免緊張而影響產檢結果。

檢查前不要吃易產氣食物：如韭菜、蘿蔔、番薯等食物，進食後容易產生氣體，而這些氣體會影響超聲波結果，造成顯像不清。

早孕超聲波的使命

早孕超聲波檢查需要憋尿進行，孕媽媽要提前有所準備，對於是否空腹沒有要求。早孕超聲波在確定是否懷孕的基礎上，能獲得更多的重要信息：

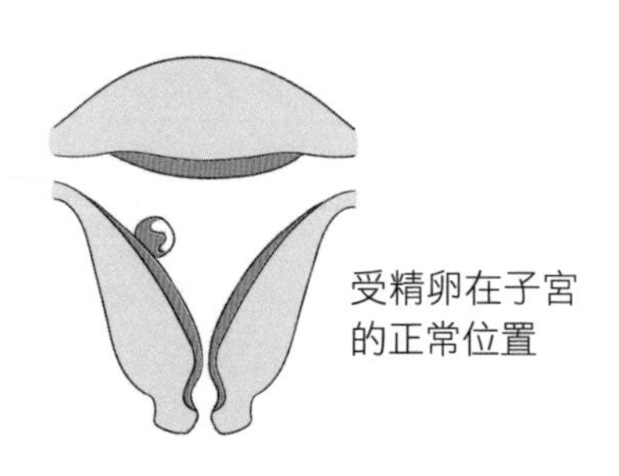

受精卵在子宮的正常位置

- 看受精卵着床的位置，有無宮外孕、葡萄胎。
- 判斷妊娠位置、大小、形態，有無胎囊、胎心。
- 判斷胚胎個數，是單胎還是多胎。
- 觀察胚胎情況，判斷有無胎停育。
- 看有無婦科併發症，比如子宮畸形、肌瘤、附件囊腫。

最佳檢查時間

超聲波最早在懷孕 5 周時可以看見孕囊（妊娠囊），6 ～ 7 周可見胎芽，孕 7 ～ 8 周時可見原始胎心搏動。因此，早孕超聲波在孕 10 周以內進行都行，對於月經規律的孕媽媽，最早可在懷孕 7 周時進行，因為此時可以顯示胎心搏動，而胎心是宮內早孕的最有力證據。

如果剛懷上就做超聲波，很可能只看到孕囊而沒有胎心、胎芽，會無端增加孕媽媽的煩惱。所以提醒孕媽媽，如果初次超聲波檢測單上看見胎囊卻看不見胎芽，可能是月經周期不規律或是排卵較晚，受精卵着床較晚而導致的胎芽出現晚，再過一周可能就測到了，不要過於擔心。

孕期一共要做 5 ～ 6 次超聲波

孕 8 周左右第一次，明確宮內活胎；孕 12 周，測量 NT（頸項透明層）；22 ～ 24 周系統超聲，俗稱大排畸；孕 32 周左右做一次，最後一次通常是孕 38 周；過了預產期還沒有出生，41 周左右引產之前也需要做一次超聲檢查。需要注意的是，懷有雙胞胎的孕媽媽應至少每個月進行一次胎兒生長發育的超聲波評估和臍血流多普勒監測。

超聲波單上應關注的數據

一般情況下，主要關心胎兒的幾個發育指標，如雙頂徑、頭圍、腹圍和股骨長度，孕晚期則主要注意羊水指數、胎盤位置、臍血流指數等指標。以下這些數值在不同的孕期會有不同的變化，醫生會根據這些數值來判斷胎兒是否健康，也可用於評估胎寶寶的體重。但實際上，如果孕媽媽沒有合併其他疾病，寶寶生長發育也正常，看診斷結果就夠了。

雙頂徑（BPD）
胎寶寶的頭從左到右最長的部分

頭圍（HC）
胎寶寶環頭一周的長度

股骨長（FL）
胎寶寶大腿的長度

腹圍（AC）
胎寶寶肚子一周的長度

職場孕媽的常見問題及對策

長期久坐

對策：

孕媽媽每隔 1 小時站起來活動下，上廁所、喝水等，如果工作繁忙離不開身，那就頻繁地調整一下坐姿，儘量讓腰部活動起來，適當活動腳部。

職場工間操

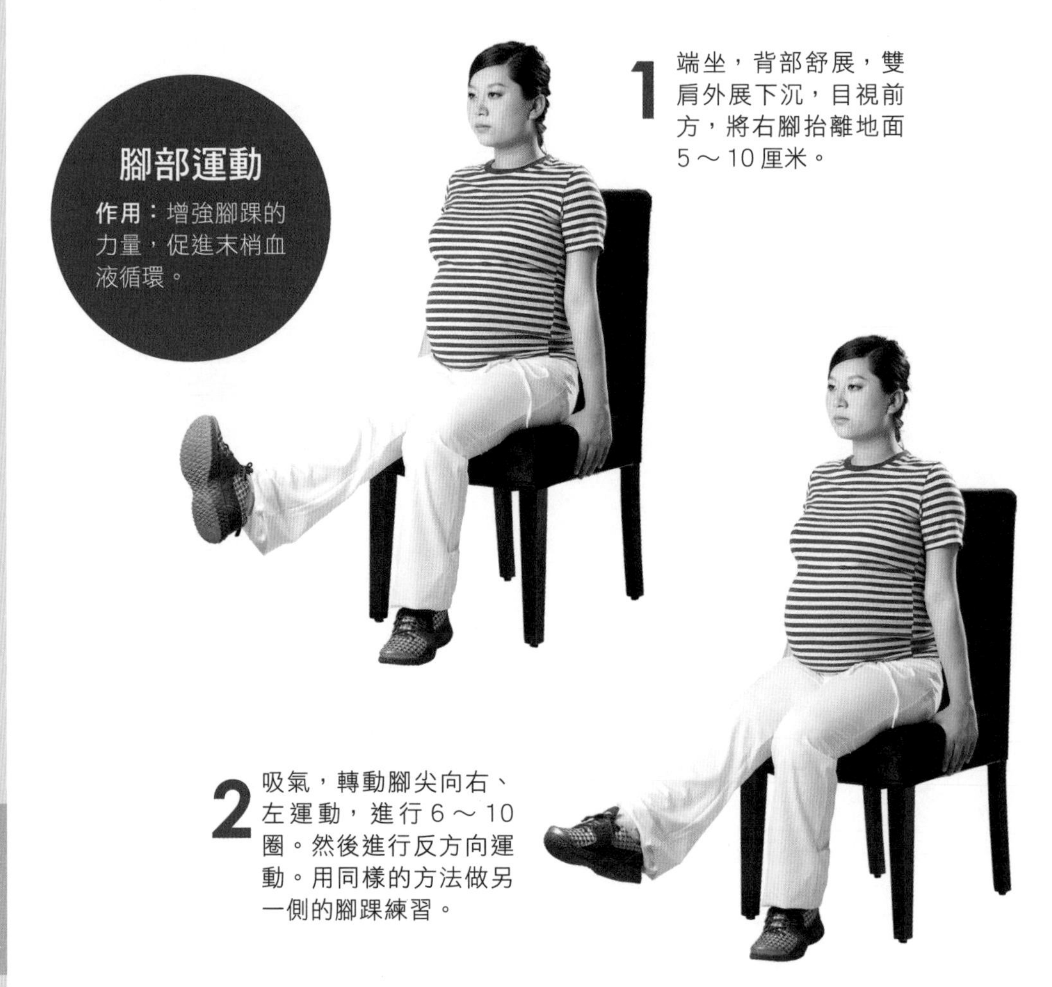

腳部運動

作用：增強腳踝的力量，促進末梢血液循環。

1 端坐，背部舒展，雙肩外展下沉，目視前方，將右腳抬離地面 5 ～ 10 厘米。

2 吸氣，轉動腳尖向右、左運動，進行 6 ～ 10 圈。然後進行反方向運動。用同樣的方法做另一側的腳踝練習。

髖部運動

作用：通過髖關節的轉動，羊水會溫和地刺激胎兒的皮膚，有利於胎兒大腦的發育。

1 站立，雙腳打開與胯同寬，腳指向前，雙手叉腰。

2 呼氣時彎曲雙膝，讓膝關節放鬆。吸氣時將髖關節由右向左轉動，重心隨之自然轉換，進行 6 ～ 10 圈的轉動。用同樣的方法進行反方向的練習。

腿部運動

作用：緩解腿部水腫，增強腿部力量。

1 站立於椅子一側，手扶椅子，左腿外搭在椅面上。

2 身體向右腿方向傾斜，同時微收腹，感覺輕微緊繃後開始伸展。整個過程正常呼吸，保持 6 ～ 8 秒。用同樣的方式進行反方向的練習。

吸二手煙

對策：

吸煙對胎兒不好，而吸二手煙一樣可怕，辦公室一旦有人吸煙，決不能將就，應勸告吸煙同事前往非辦公區吸煙。此外，準備一台空氣淨化器放在辦公桌旁，並經常開窗換氣。

缺少陽光

對策：

職場孕媽單純補鈣不能從根本上解決缺鈣的問題，還需要接受一定的日光照射。因為如果體內維他命 D 不足，會造成鈣質隨尿液大量排出。而保持充足的光照是孕媽媽自身產生維他命 D 的重要條件，因此孕媽媽在午飯後可選合適的地方邊散步邊曬太陽。

壓力大

對策：

讓同事知道你懷孕的事，不要以為告訴同事自己懷孕了，會被質疑自己的工作能力，放鬆心情，完成能力範圍以內的工作。如果孕媽媽工作壓力過大，應該和公司管理層申請到一些相對比較輕鬆的崗位，或者辭職，在家安心養胎。

吃不健康外賣

對策：

1. **和同事共餐：**職場孕媽的每日食材應該多樣化，和同事共餐就可以滿足飲食多樣化的需要，孕媽媽獲得的營養也會均衡些。但共餐時要多選擇蒸燉的菜，少選油炸食品，同時要保證魚、禽、蛋、瘦肉和奶的攝入。
2. **自帶午餐：**不要帶剩飯菜，剩飯菜容易滋生細菌，不利於孕媽媽和胎兒的健康。一定要帶早上現做的新鮮食物，拿到單位以後馬上放入冰箱；儘量不選擇綠葉蔬菜，葉菜悶在飯盒裏，口感容易變差，也易產生致癌的亞硝酸鹽，可以選擇豆角、茄子、南瓜、薯類等食材；自帶午餐一般品種較少，孕媽媽要注意菜品的配搭，選擇多食材菜品，儘量避免單一食材的菜品，主食可以是豆飯或薯類，魚類、海鮮等容易腐敗變質的食物儘量不帶。
3. **選擇自助餐：**職場孕媽如在外就餐可以選擇自助餐，自助餐的優點是菜式比較豐富。從食材多樣性的角度講，自助餐是完全可以實現的，但是在吃自助餐時還需要掌握一些搭配技巧。品種上要葷素搭配，蔬菜、水果、魚、肉類等都儘量攝取到，還要注意減少油炸、燒烤類食物的攝入，也不要吃得過飽，以免熱量過剩。

養胎飲食 清淡不油膩，注意緩解嘔吐

避免油膩食物

油膩食物最容易引起孕媽媽的噁心或嘔吐，而且需要較長的時間才能消化，因此要避免吃油膩的食物，蔬菜、菇菌等食物在烹調過程中也要注意少油少鹽，越清淡越能激發孕媽媽的食慾。

蛋白質不必加量，但要保證質量

懷孕 2 個月已經出現了胎心、胎囊，胎寶寶的成長需要足夠的蛋白質。此時孕媽媽所需的蛋白質不必增加數量，跟孕前一致即可，每天 55 克，但要保證質量。魚蝦類、去皮禽肉、瘦肉、蛋類、乳類、大豆及豆製品都是優質蛋白質的良好來源。

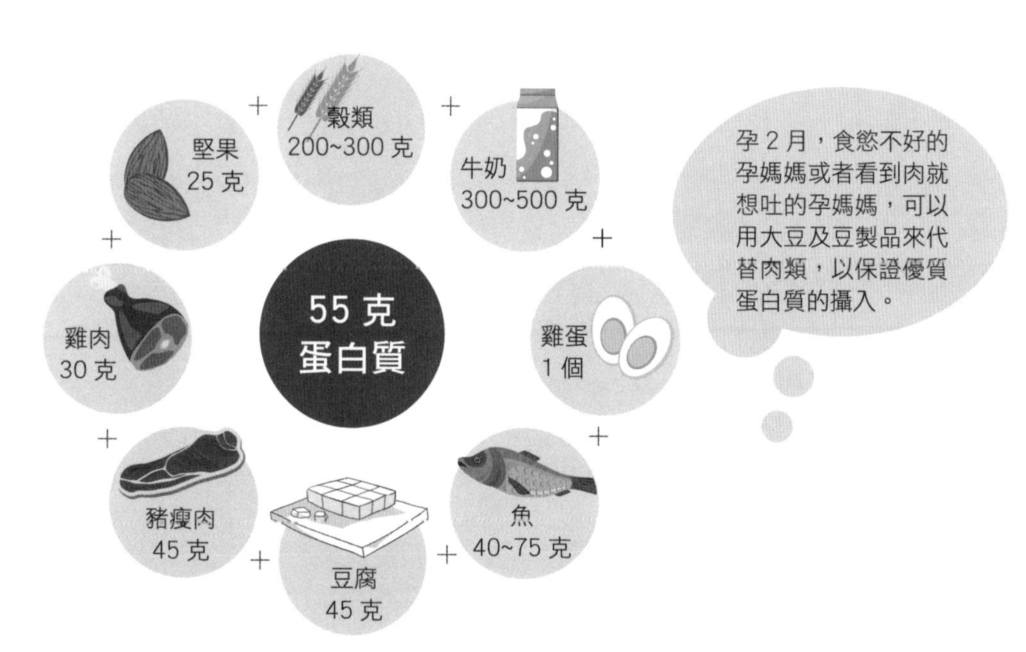

偏愛酸味食物並不奇怪

很多孕媽媽都會偏愛吃些酸味食物，覺得吃完舒服些，這可能是因為酸味食物能提升食慾、促進消化。喜歡吃酸味的孕媽媽，最好選擇既有酸味又能加強營養的天然食物，比如番茄、車厘子、楊梅、橘子、酸棗、青蘋果等，不宜吃酸菜等醃制食品，因為醃制食品中的營養成分很低，致癌物質亞硝酸鹽含量較高，過多食用對母胎均不利。

早餐吃固體食物能減少乾嘔

有早孕反應的人，一般晨起嘔吐嚴重，而固體食物如饅頭、餅乾、燒餅、麵包片等，可緩解孕吐反應。不斷嘔吐會造成體液丟失過多，要注意補充水分，但是固體食物和液體食物最好不要同食，湯和水在兩餐之間飲用。

馬醫生小貼士　體重下降該怎麼吃

孕媽媽的體重情況如果參考體重管理明顯偏低的話，孕媽媽就要加強營養，以免造成營養不良，影響胎寶寶的健康發育。

如果孕媽媽食量較小，平時可以減少蔬果的攝入，增加穀薯類和肉蛋奶類的攝入，這樣可以提供母胎所需的熱量，保證胎寶寶健康成長。

增加維他命 B 雜可減輕孕吐反應

維他命 B 雜可以有效改善孕吐，維他命 B_6 有直接的鎮吐效果，維他命 B_1 可改善胃腸道功能，緩解早孕反應。除了服用複合維他命製劑補充外，尤其要注重膳食補充，雞肉、魚肉、雞蛋等都是維他命 B_6 的好來源。

補充碳水化合物，避免酮症酸中毒

孕吐嚴重，甚至影響進食的時候，也要保證碳水化合物的攝入，以供給大腦所需，否則容易發生酮症酸中毒。每天至少保證 130 克碳水化合物（穀類糧食至少 150 克）的攝入，選擇易消化的米、麵、餅乾等，各種薯類、根莖類蔬菜和水果中也富含碳水化合物，孕媽媽可以根據自己的口味和喜好加以選擇。

130 克碳水化合物 ＝ 饅頭 80 克 ＋ 粟米 2 根 ＋ 全脂牛奶 240 克

薑汁萵筍

材料 萵筍 400 克，紅甜椒 20 克。

調料 白醋 15 克，薑 20 克，白糖 10 克，麻油、鹽各 3 克。

做法

1. 萵筍削去老皮，洗淨，切寬條，加白醋和鹽，醃漬 10 分鐘。
2. 紅甜椒洗淨，切成細絲；薑切碎後加少許水搗爛製成薑汁。
3. 瀝去醃漬萵筍條時滲出的汁，調入薑汁、白糖和麻油，點綴紅甜椒絲即可。

薑有止嘔的功效，萵筍清熱、利尿。這道菜爽口不膩，可以緩解孕吐的不適。

田園蔬菜粥

材料 大米 60 克，西蘭花、紅蘿蔔、蘑菇各 40 克。

調料 芫茜末、鹽、上湯各適量。

做法

1. 西蘭花洗淨，掰成小朵；紅蘿蔔洗淨，去皮，切丁；蘑菇去根，洗淨，切片；大米淘洗乾淨，用清水浸泡 30 分鐘。
2. 鍋置火上，倒入上湯和適量清水大火燒開，加大米煮沸，轉小火煮 20 分鐘，下入紅蘿蔔丁、蘑菇片煮至熟爛，倒入西蘭花煮 3 分鐘，再加入鹽、芫茜末拌勻即可。

這款粥可為孕媽媽提供豐富的維他命C、胡蘿蔔素以及鈣、膳食纖維等營養，開胃、清淡、易消化，有孕吐反應的孕媽媽可以常吃此粥補充營養。

每天胎教 10 分鐘

美育胎教的好處

培養審美，提高修養

好的藝術作品可以使人心緒平靜，還能讓人獲得一種精神上的感動和安慰。梵高的《十五朵向日葵》、倫勃朗的《猶太新娘》、莫奈的《睡蓮》都有這樣的力量。對胎寶寶進行美育胎教，孕媽媽可以借機學習一些美學知識，提高自己的審美能力，培養審美情趣，美化自己的內心世界，還能陶冶情操，改善情緒。孕媽媽加強自身修養，胎寶寶自然而然地就能受到美的教育。

促進胎兒腦部發育

胎教並非直接作用於胎兒，而是通過對孕媽媽的情緒和精神狀態的改變，影響體內激素和有關神經介質的分泌，從而間接地影響胎兒的大腦發育。

如何進行美育胎教

提到美育胎教，很多孕媽媽的腦海中會浮現出欣賞名畫的場景。其實，欣賞名畫並非美育胎教的全部內容。欣賞書法、雕塑、戲劇、舞蹈、影視等作品，家庭綠化、居室佈置、寶寶裝和孕婦裝的設計、刺繡、烹調、美容護膚等活動，也都屬美育胎教的範疇。觀賞大自然的優美風光，把內心感受描述給腹內的寶寶聽也是美育胎教之一。在欣賞美景的同時，孕媽媽還能呼吸新鮮空氣，對胎寶寶的發育也很有好處。

孕媽媽美的言行舉止也是美育胎教的一個方面。如果孕媽媽有優雅的氣質、飽滿的情緒和文明的舉止，就能感受到源於自身的一種美。注意個人的言行舉止，不僅要精神煥發，穿着整潔，舉止得體，還要適當豐富自己的精神生活，豐富個人的內涵，提高自己的審美情趣。

健康孕動 散步和搖擺搖籃

孕 2 月運動原則

☆孕 2 月是流產的高發期，但不等於所有的孕媽媽都要臥床休息，做一些幅度不大的輕柔運動，會讓胎兒更健康強壯。

☆如果你有流產先兆，甚至是需要臥床保胎的孕媽媽，那麼要謹遵醫囑。

散步：幾乎適合所有的孕媽媽

散步是一項溫和而安全的運動。在天氣適宜時，孕媽媽可以到空氣清新的地方散散步，能消除疲勞、穩定情緒，特別是孕晚期，散步還可以緩解水腫，幫助胎兒儘快入盆，為分娩做準備。

孕媽媽在散步時一定要有家人或朋友陪同，避開車多、人多和坡度陡的地方，散步的頻率要不急不緩，時間和距離以不勞累為宜，穿寬鬆、舒適的衣服，最好穿軟底運動鞋。夏天或冬天應注意防暑、防寒。霧天、雨天、雪天時不宜散步，以免發生意外。

搖擺搖籃：放鬆身體，愉悅心情

1 取坐姿，最好是坐在軟墊或是毯子上，兩腳腳心相對，上身挺直，雙手交握，握住腳尖。

2 雙手雙臂保持不動，使整個上半身向右擺動，然後依次按照後、左、前的順序自然擺動一圈，停下來休息 1 ～ 2 秒，再重複動作。期間兩腿可隨身體而動。

孕期感冒怎麼辦

感冒了，吃藥會不會對寶寶有傷害？

感冒咳嗽發燒，不想去醫院，有甚麼辦法緩解嗎？

預防感冒小妙招

孕期如何做可有效預防感冒呢？

1 勤洗手，勤換衣。
2 飲食均衡，多攝入富含維他命 C 的新鮮蔬果。
3 儘量少去人多的公共場所，外出乘坐公共交通工具時儘量戴上口罩。
4 保持室內通風透氣，還可放盆水或使用加濕器，提高相對濕度。
5 注意腳部保暖。腳部受涼容易引起鼻黏膜血管收縮，容易受到感冒病毒的侵擾。
6 保持好心情、好睡眠，適當運動強體質。

馬醫生小貼士 **家人關心，感冒好得快**

女性懷孕後身體和思想負擔比較重，在情緒上也更易受到感冒症狀的影響。因此，家人應給予更多的寬容和忍讓，更多的關心和愛護，確保孕媽媽情緒平穩，以利於痊癒。孕媽媽的心情舒暢了，免疫力就能增強，病好得也就快了。

緩解感冒的方法

1 多喝水：水、果汁、熱湯都是不錯的選擇。它們可以補充發熱過程中丟失的水分。

2 充分休息：避免勞累與壓力，減少併發症的發生。

3 調節房間的溫度和濕度：保持房間是溫暖的，但不要過熱。如果空氣相對乾燥，可以使用加濕器，可以有效緩解鼻塞和咳嗽。加濕器要保持清潔，以防滋生細菌和真菌。

4 使用鹽水滴鼻液：鹽水滴鼻液可以緩解鼻塞。這種滴鼻液可以在藥店買到，它們是安全、有效、無刺激性的。緩解鼻塞，還可以在保溫杯內倒入 42℃左右的熱水，將口、鼻部貼近茶杯口內，不斷吸入蒸汽，每天 3 次。

5 滋潤嗓子：每天多喝幾次熱淡鹽水或熱的檸檬水可以有效滋潤嗓子，緩解咳嗽。

6 使用對乙醯氨基酚緩解發熱和全身疼痛：體溫大於 38.5℃時，在醫生指導下對症使用對乙醯氨基酚。對乙醯氨基酚（泰諾等）是被普遍認為對孕婦安全的解熱鎮痛藥。

有些禁用藥，孕媽媽一定要提高警惕

凡是含有以下成分的藥，孕媽媽不能擅自服用：阿司匹林、雙氯芬酸鈉、苯海拉明、布洛芬、右美沙芬等。此外，孕早期要禁用含有愈創甘油醚的藥物，這種成分主要用於祛痰、平喘。

如果過了一周感冒還未緩解，並且日益加重，孕媽媽應儘快就醫，千萬不要硬扛，也不要隨便吃藥。

網絡點擊率超高的問答

孕期要吃燕窩、海參等營養品嗎？

馬醫生回覆：燕窩和海參是溫和的滋養品，但也不要過分放大它們的功效。燕窩中的蛋白質和維他命含量並不比大多數蔬果高。海參雖然蛋白質比較高、脂肪含量相對較低，一種食物即使營養再好，也不能取代其他食物。有條件的孕媽媽可以適當補充，但均衡飲食才是獲取營養的主要途徑。

習慣性流產還能留得住寶寶嗎？

馬醫生回覆：發生 3 次及 3 次以上的自然流產就是習慣性流產。對於習慣性流產更重要的是查找病因，針對病因有不同的解決辦法：比如染色體異常，就要進行遺傳學診斷；如果有營養失調、內分泌或者自身免疫疾病，要針對性治療原發疾病；對於宮頸內口鬆弛引發的習慣性流產史者，應該在上次流產周數前 2 ～ 3 周做宮頸環紮手術。同時保持良好的心態，適當加強營養，定期複查胎兒發育情況。

黃體酮保胎有沒有不良反應？

馬醫生回覆：治療流產、早產所用的黃體酮，如常用的黃體酮注射液、口服黃體酮及陰道黃體酮凝膠均屬天然黃體酮，目前研究表明，不會對胎寶寶造成傷害。孕媽媽在孕早期大約 8 周內，由卵巢繼續分泌黃體酮來支持妊娠。在懷孕 8 周後，胎盤早期絨毛也產生黃體酮，以後由胎盤分泌。如果自然產生黃體酮的功能不足、黃體酮下降，通常是自然流產、胚胎停育的後果。如果需要使用黃體酮保胎，不必太過擔心，但不能隨意使用黃體酮保胎。

黃體酮低，怎麼辦？

馬醫生回覆：黃體酮是維持妊娠必需的激素。黃體酮低，要同時觀察有無腹痛、出血的症狀，隔日複查 HCG 和黃體酮水平，瞭解胚胎發育情況。如果沒有症狀，不要因為單純黃體酮低而補充黃體酮。如果母體黃體酮缺乏，伴隨腹痛及出血，正常使用黃體酮是安全的。

懷孕期間腹瀉怎麼辦？

馬醫生回覆：腹瀉一般是因為進食了冰冷食物（如冰鎮西瓜），或者進食了高脂食物，也可能是吃了不乾淨的食物引起的。腹瀉容易造成營養的流失，孕媽媽應注意食用新鮮不變質的食物，少吃或不吃冷凍食物和油炸食物。一旦出現嚴重腹瀉，應該留大便做檢查。飲食上要先給予流食調養，比如米湯、果汁、蔬菜汁等，然後慢慢過渡到吃一些軟爛的稀粥、麵條等清淡的食物，最後再恢復正常飲食。

孕吐期間體重沒增加怎麼辦？

馬醫生回覆：孕期的嘔吐、噁心感造成了孕媽媽無法保證飲食均衡，有的孕媽媽體重不僅沒長，甚至會有所降低。不要對此過分擔憂，短期內攝入不足時，身體原來儲存的營養足以維持寶寶和媽媽的營養，而且胎寶寶在前幾個月長得比較慢，對營養的需求不是很大。只要不是劇吐或出現酮症酸中毒等較嚴重的情況，合理飲食、多休息即可，隨着早孕反應的緩解和消失，孕媽媽胃口會變好的，體重也會隨之增加。

一喝牛奶就腹瀉，怎麼辦？

馬醫生回覆：牛奶是孕媽媽所需鈣質的良好來源，但有些孕媽媽喝牛奶會產生腹瀉，通常由兩種原因所致：乳糖不耐受和對牛奶過敏。乳糖不耐受的主要表現為腹脹、腹瀉，孕媽媽可以改喝酸奶，並少量多次飲用，症狀可有所緩解。而對牛奶過敏則表現為嘔吐、腹瀉、噁心等，是對牛奶中蛋白質過敏，發生此症要避免食用牛奶及奶製品。

懷孕後總是感覺肌肉痠痛、渾身乏力，吃甚麼可以調節？

馬醫生回覆：孕早期由於體內激素劇變，很多孕媽媽有乏力、疲倦等感覺，這屬正常現象。另外，從營養角度來說，倦怠可能與維他命 B 雜缺乏有關，特別是維他命 B_1 的缺乏。維他命 B_1 缺乏會影響碳水化合物的氧化代謝，導致熱量利用不足。孕媽媽可以多吃些粗糧，如新鮮粟米、小米、燕麥等，以補充維他命 B_1。當然別忘了要適度運動。

懷孕 3 個月（懷孕 9 至 12 周）

即將告別早孕反應，記得去醫院建檔

孕媽媽和胎寶寶的變化

媽媽的身體：乳房變得敏感

子宮 拳頭大小，在恥骨聯合上 2~3 厘米

雖然子宮還沒有長很大，但是腹脹、便秘、尿頻、白帶增多等早孕症狀可能開始明顯。孕吐的媽媽會覺得噁心、反胃，味覺也會發生改變，在孕 10 周左右達到頂峰。

肚子裏的胎寶寶：重要器官形成期，有心跳了

身長 9 厘米　**體重** 20 克

寶寶的身長為頭的 2 倍，是名副其實的胎寶寶了。這個階段，寶寶開始長眼瞼、唇，下顎的骨頭也開始發育。腿在不斷生長着，腳可以在身體前部交叉了。

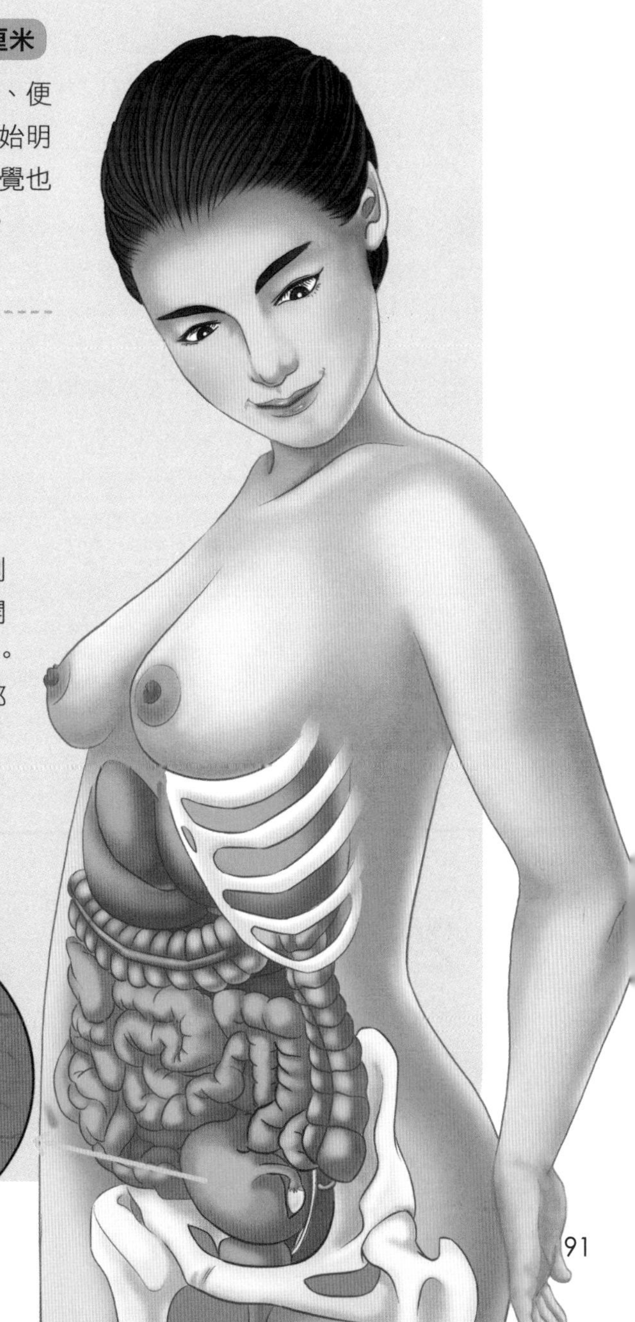

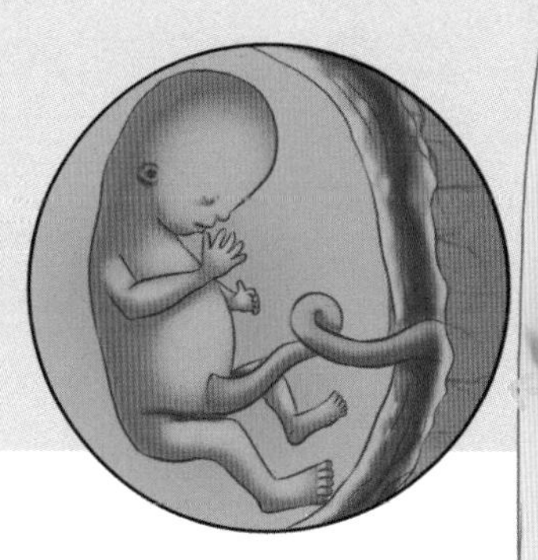

第一次正式產檢，去醫院建檔

甚麼是建檔

建檔就是孕媽媽孕 6 周之後到社區醫院辦理《母子健康檔案》，在 12 周左右帶着相關證件到你想要在整個孕期進行檢查和分娩的醫院做各項基本檢查，醫生看完結果，各項指標都符合條件，允許你在這個醫院進行產檢、分娩的過程。建議孕媽媽在同一家醫院進行連續的產檢，避免出現漏項。

提前辦好《母子健康檔案》

《母子健康檔案》是醫院建檔的前提，是為即將添丁的家庭提供一定的保健知識和指導，並記錄孕媽媽產前檢查和分娩情況，以後寶寶的保健和預防接種都需要使用。孕媽媽孕 6 周之後可以到社區醫院辦理，一定要重視起來，需提前約好時間辦理。

一般來說，需要夫妻雙方的身份證、結婚證、有胎心胎芽的超聲波單，外地戶口的需要居住證。每個地方要求不一樣，辦理之前最好電話諮詢一下，以免白跑一趟。

有甚麼用途

1 用於記錄孕產期情況和寶寶出生之後的健康狀況，提供孕產期保健知識和指導。

2 用於寶寶計劃免疫接種；進行產後母嬰訪視。

3 用於寶寶 0 ～ 3 歲到當地保健科進行定期體檢等。

怎樣使用

1 每次孕檢時都要帶上，醫生會在相應的空白處填寫相關的檢查情況。

2 分娩時要給醫院提供《母子健康檔案》，醫生會記錄分娩和新生兒的相關情況。

建檔的流程是甚麼

建檔的各項基本檢查包括稱體重、量血壓、問診、血液檢查、驗尿常規等。血液檢查中包括基本的生化檢查，乙肝、丙肝、梅毒、愛滋病的篩查，檢測肝腎功能和測 ABO 血型、Rh 血型等。尿常規主要是看酮體和尿蛋白是否正常，以及是否有潛血。

穿方便穿脫的衣服

為了方便產檢，應穿寬鬆衣褲，不穿連體褲襪，條件允許最好穿裙子，這樣內診時就不會給自己造成太多的麻煩；還要穿一雙方便穿脫的鞋子，最好不用彎腰系鞋帶的；可以隨身帶一個小手提包，裝上《母子健康檔案》、筆、小本子等隨用的東西，醫生有甚麼囑咐可以隨時記下來。

最好將產檢醫院作為你的生產醫院

如果沒有特殊情況，產檢和分娩最好在同一家醫院，中途也不要變換產檢醫院。中途如更換醫院，新醫生不瞭解情況，容易造成信息的斷層，影響醫生對孕媽媽健康程度把握的連續性和全面性。而且，陌生的環境、新的程序對孕媽媽也是一輪新的考驗，容易增加心理壓力。整個孕期要經過十來次常規產檢，如有併發症，需要去醫院的次數會更多，孕媽媽和產檢醫院的醫生、護士的接觸就會特別頻繁，因此維護好關係很重要。

馬醫生小貼士 **檢查結束後不要讓孕媽媽餓肚子**

有些項目需要孕媽媽空腹檢查，準爸爸可以提前準備一些零食，檢查結束後第一時間拿給孕媽媽吃，以免引發不適。或者醫院附近有比較不錯的餐館，也可以去吃一頓可口的飯菜，點一些適合孕媽媽吃的食物。

NT 篩查，首次排畸檢查

NT 篩查是排除胎兒畸形的重要依據

NT 就是頸項透明層的厚度，胎寶寶脖子後面有一層組織積液，那層組織積液的最大厚度就是 NT 值。

NT 是早期排畸的一種手段，頸項透明層增厚與胎兒染色體核型、胎兒先天性心臟病以及其他結構畸形有關，頸項透明層越厚，胎兒異常的機率越大。但 NT 不能直接判定胎寶寶是否真的患病，當檢查值偏高時，需要進一步的診斷性檢測。這項檢查對胎寶寶是沒有任何損傷的。

11 ～ 14 周，如有條件要做 NT 篩查

此項檢查是通過腹部超聲波進行的，不需要空腹，也不需要憋尿，但是一定不要錯過孕 11 ～ 13 周$^{+6}$，否則就沒有意義了。在懷孕 11 ～ 13 周$^{+6}$ 期間，如果胎兒是唐氏兒或者是心臟發育不好的話，頸項透明層會增厚。11 周之前胎寶寶太小了，掃描不出來，而過了 14 周，過多的液體可能被寶寶正在發育的淋巴系統吸收，頸項透明層就消失了。

有的醫院有資源做 NT 篩查，孕媽媽別錯過了。也有的醫院做不了這項檢查，孕媽媽應提前諮詢或預約別的有資源的醫院。

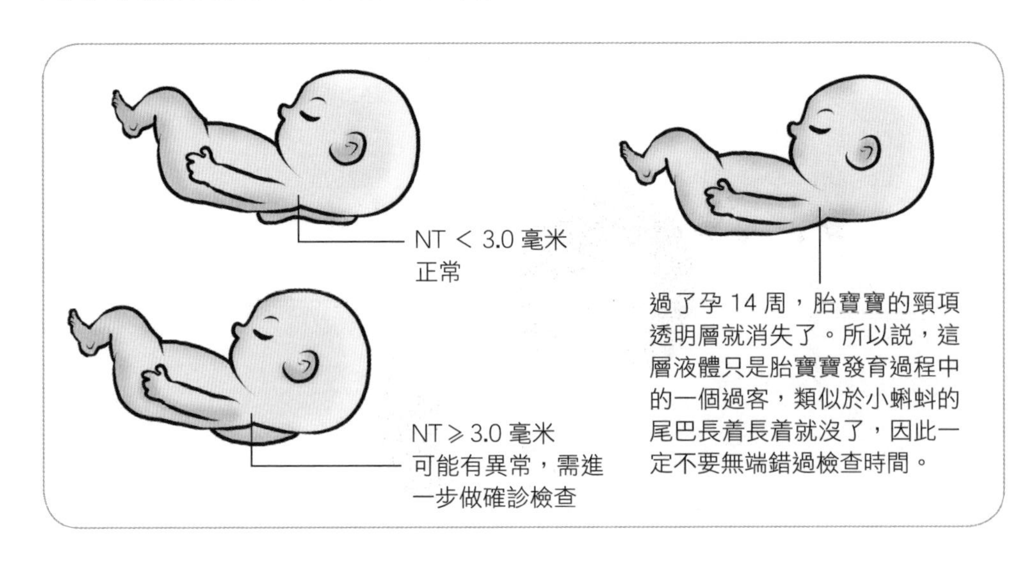

孕產大百科

需要注意的是，NT 檢查不用空腹也不用憋尿，但對胎寶寶的位置是有要求的，如果胎寶寶不配合、位置不好的話是看不到的，超聲波醫生會建議孕媽媽出去走一走、爬爬樓梯再回來，其實這就是讓胎寶寶回歸正位。甚至有時還會用力壓壓孕媽媽的肚子，不要怕，這一般都是孩子睡着了而且位置不好，超聲波醫生要把孩子弄醒，讓他翻身。整個檢查 10 ～ 20 分鐘，如果寶寶配合好的話，時間可能會更短。

NT 的臨界值是 2.5 還是 3

NT 值多少才算過關呢？關於這個臨界厚度，有些醫院定為 3 毫米，不超過 3 毫米被視為正常，而有些醫院則告訴 NT 超過 2.5 毫米的孕媽媽要提高警惕。

大可以對你做產檢的醫院（前提是正規醫院）放心，各醫院只是根據檢查的時間差異而截取不同的參考值而已。

北京協和醫院以 3 毫米為臨界值（所以下文也以此為標準進行闡述），只要 NT 的數值低於 3 毫米，都表示胎兒正常，無須擔心。而 NT 的數值高於 3 毫米，則要考慮唐氏綜合症等染色體疾病的可能，需要做絨毛活檢或羊水穿刺的檢查，以進一步排查畸形。

NT 值異常說明胎兒有問題嗎？

NT 值小於 3 毫米，孕媽媽可安心；如果超過 3 毫米，則提示胎兒有畸形的可能，而且 NT 值越厚，胎兒異常的機率往往越大。NT 值異常主要提示：

染色體異常

主要是 21- 三體綜合症（唐氏綜合症）和先天性卵巢發育不全（特納綜合症）。

先天性心臟畸形

NT 增厚，如果排除染色體異常的可能，還可能有先天性心臟畸形的風險。所以，NT 增厚，需要孕 24 周進行胎兒心臟超聲波檢查。

NT 異常要做甚麼檢查

NT 異常通常就不建議進行唐篩檢查了，需要進一步做絨毛活檢或羊水穿刺檢查。羊穿結果異常，那麼就明確診斷為唐氏兒、先心兒、畸形兒了。

NT 篩查和唐氏篩查都可以用於檢查唐氏兒的風險。染色體異常的胎兒，其頸部透明帶會明顯增厚，特別是唐氏兒。

唐氏篩查可以在孕中期進行，也可進行早、中孕期聯合篩查，就是孕早期抽血，結合 NT 等信息，在孕中期再次抽血，根據兩次抽血指標計算出風險。聯合篩查的好處是假陽性降低。

馬醫生小貼士

絨毛活檢注意事項

絨毛活檢取樣常在妊娠 10～13 周進行。根據胎盤的位置選擇最佳的穿刺點，可採用宮頸或經腹穿刺取樣。該方法能早期知道胎兒染色體的情況。

絨毛活檢的適用人群及注意事項基本和羊水穿刺一樣，需要用穿刺針從胎盤絨毛邊緣部分抽取 20 毫克左右絨毛，以進行培養、檢測。絨毛活檢可在孕早期對胎寶寶進行遺傳檢測，但其檢測範圍較羊水穿刺稍窄，如無法檢測羊水甲胎蛋白（AFP），該指標常用於胎兒神經管缺陷篩查。

醫生，我太太已經做了絨毛活檢，還需要在孕中期做羊水穿刺嗎？

絨毛活檢結果正常，不需要再做羊水穿刺。絨毛活檢在檢測數百種遺傳病和染色體異常疾病方面的準確性能達到 99% 以上。有 1% 的可能性，絨毛活檢的結果為假陽性，就是説從胎盤獲取的培養細胞中含有異常的染色體，但胎兒是正常的。那麼就必須做羊水穿刺，以確定寶寶是否真的有問題。

孕期到底該長多少斤

孕媽媽體重的增加和構成

懷孕之後，體重增長是必然的，由於胎兒依靠胎盤獲取營養，如果母親沒有獲得足夠的體重，那寶寶就有可能出現營養不良、生長遲緩等，因此可以說，孕媽媽的體重增長在一定程度上反映了胎寶寶的生長發育情況。

在孕媽媽增長的體重中，必要性體重增長是相對穩定的，但是脂肪儲備（非必要性體重增長）的多少與飲食和運動有關，是可以控制的。

因此，除去必要性體重增長之外，孕媽媽要控制自身的脂肪儲備，以免造成脂肪過分堆積，增加妊娠糖尿病、巨大兒等風險。判斷孕期營養是否合理，可以通過營養監測和監測孕期體重增長情況來實現。

必要性體重增長

胎寶寶要在 40 周的時間裏從一個受精卵成長為一個重 3 千克左右的胎兒，支撐他生長發育的有胎盤、羊水等。孕期媽媽的血容量、乳腺、子宮都發生了改變。這些構成了孕媽媽孕期一部分增長的體重，稱之為必要性體重增長。

脂肪增長

孕媽媽在孕期需要儲備脂肪，為產後的哺乳做準備，而孕媽媽所吃的食物是脂肪的直接來源。必要性體重增長妊娠結束即會消失，而自身儲備的脂肪想自然恢復卻是較為困難的。這就要求孕媽媽必須建立科學有效的孕期體重管理意識。

權威解讀

《中國居民膳食指南 2016（孕期婦女膳食指南）》

孕期體重監測和管理

由於中國目前尚缺乏足夠的數據提出孕期適宜增重推薦值，建議以美國醫學研究所（IOM）2009 年推薦的婦女孕期體重增長適宜範圍和速率作為監測和控制孕期體重適宜增長的參考。不同孕前 BMI ［BMI = 體重（千克）÷ 身高的平方（米 ^{2}）］婦女孕期體重總增重的適宜範圍及孕中、晚期每周的增重速率參考值見下表。

孕期適宜體重增長值及增長速率

孕前 BMI（千克 / 米 ^{2}）	總增重範圍（千克）	孕中晚期增重速率（千克 / 周）
低體重（< 18.5）	12.5 ～ 18	0.51（0.44 ～ 0.58）
正常體重（18.5 ～ 24.9）	11.5 ～ 16	0.42（0.35 ～ 0.50）
超重（25.0 ～ 29.9）	7 ～ 11.5	0.28（0.23 ～ 0.33）
肥胖（≥30）	5 ～ 9	0.22（0.17 ～ 0.27）

註：雙胎孕婦孕期總增重推薦值：孕前體重正常者為 16.7 ～ 24.3 千克，孕前超重者為 13.9 ～ 22.5 千克，孕前肥胖者為 11.3 ～ 18.9 千克。參考來源：IOM2009。

延伸閱讀

與 1990 年的指南相比

2009 年 IOM 發佈的內容有哪些改進

第一，它們是基於世界衛生組織制定的 BMI 分類標準，而不是基於先前的來源於都市人壽保險表的 BMI 標準。

第二，單一的體重增加量不可能適合所有的情況，新的指南確切地闡述了針對每一個孕前 BMI 類別的體重增加範圍，包括了針對肥胖婦女的一個特定的且增幅相對較小的推薦體重增加量。

孕早期宜增重 1 ～ 1.5 千克

孕 1 ～ 3 月，胎寶寶還沒有完全成形，各器官發育尚未成熟，此時大部分孕媽媽體重增長較慢，在 1 ～ 1.5 千克。有的孕媽媽因為孕吐體重還會稍有下降，不用太擔心。但如果體重下降超過 2.5 千克，需要去醫院尋求營養支持。

孕中期胃口好，宜每周增重 0.5 千克左右

孕中期開始，胎寶寶迅速發育，孕媽媽的腹部也將明顯凸起，這時孕媽媽的胃口變得好起來，體重增長以每周增加 0.5 千克為宜。飲食上注意要均衡，不偏食、不挑食，同時適度運動，在控制體重的同時也為以後順利分娩做準備。

孕晚期體重上升快，每周增重要控制在 0.5 千克以內

孕晚期胎寶寶的發育較快，孕媽媽的體重上升也較快，大部分的體重都是在孕晚期長上來的，因此孕媽媽此時一定不要掉以輕心，不能聽之任之，最好將體重控制在每周增長不超過 0.5 千克，及時調整飲食和運動。

多胞胎媽媽要增重更多嗎？

懷有雙胞胎或多胞胎的孕媽媽要比懷一個寶寶的孕媽媽攝取更多營養，以確保寶寶的生長發育，如果體重增加不足，容易導致早產、出生時體重過輕等問題，但是體重的增長並不是簡單的乘 2。如果孕前體重在正常範圍，孕期可以長 16.7 ～ 24.3 千克；如果孕前體重超重，孕期長 13.9 ～ 22.5 千克為宜；如果孕前屬肥胖，孕期體重增長應控制在 11.3 ～ 18.9 千克。飲食上要均衡，尤其要保證足夠的優質蛋白質、維他命 B 雜、鈣、鐵等，應增加粗糧、蔬菜、水果的攝入。

懷多胞胎一般需要服用膳食補充劑

加強營養能給多胞胎寶寶提供充足的營養，因此雙胞胎或多胞胎媽媽最好諮詢專業的營養師，調整飲食的同時，合理添加膳食補充劑，膳食補充劑對於寶寶的健康發育也十分重要。

馬醫生小貼士

有下面情況的備孕及孕期女性應該請專業的孕期營養門診醫生來指導飲食

1. 基礎體重不合適（消瘦、超重、肥胖）。
2. 孕期增重不當、貧血。
3. 妊娠劇吐、妊娠糖尿病。
4. 孕史不良，曾患早產、妊娠糖尿病、妊娠高血壓。
5. 合併基礎疾病（內分泌代謝病、胃腸道疾病等）。
6. 有糖尿病、高血壓和血脂異常等家族史。
7. 諮詢維他命礦物質補充劑的選擇。

監測體重，及時糾正

在家定期監測體重

體重增長過快過慢都會影響胎寶寶的健康，因此孕期要做好體重管理。那麼管理體重最簡便的方法就是自己在家稱重，既簡單易操，又能起到及時監測的效果，而不要單單依靠產檢時的稱重記錄。

準確稱體重的小細節

1 儘量使用同一台體重秤來稱重。
2 每次都在同一身體狀態下稱重：體重在一天內的不同時段會相差 1 千克左右，如吃飯或喝水前後、睡覺前後、大便前後的體重會有所差異，最好選擇在清晨起床排便後、早餐前，或沐浴後赤腳穿內衣褲時進行測量。每次選擇同樣的時間點，能保證測量的準確度。
3 稱重時儘量穿着薄厚相當的衣服，以力求精準。

體重變化異常時要諮詢醫生

孕期控制體重過多、過快的增長是十分必要的，這樣能避免妊娠併發症，還能減少分娩困難。但是如果體重增長過慢也要注意，可能提示胎兒發育遲緩或者患有某種疾病。如果體重明顯下降就更要引起重視了，即使是孕吐嚴重的孕早期，體重的下降也不應超過孕前體重的 10%，此外要排除營養不良等情況。

別把水腫當肥胖

孕期有個特殊的現象就是孕期水腫，孕媽媽要學會區分肥胖和水腫，以便及時發現問題，採取對應措施。如果你突然發現自己的腿變粗了，那麼可以用拇指按壓小腿脛骨處，如果壓下去後，皮膚明顯凹下去且不會很快恢復，提示發生了水腫。發生水腫後要注意查找原因，對症處理。

養胎飲食
長胎不長肉該怎麼吃

為兩個人吃飯≠吃兩個人的飯

胎寶寶主要通過胎盤從母體吸收養分，因此孕媽媽的營養直接影響胎寶寶的發育情況，孕期飲食營養意義重大，可以說是一人吃兩人補，但這裏的為兩個人吃飯不等於吃兩個人的飯。孕期飲食要重質、重營養均衡，而不是一味加量。

飲食的種類要豐富

孕早期的飲食應注意食物的多樣化，數量可以不多，但為了保證營養的全面，飲食的種類要豐富多樣。

有孕吐反應的孕媽媽，可以通過少食多餐的方式來進食多種多樣的食物，以免妊娠反應引起營養缺乏。同時注重補充維他命 B 雜，以改善嘔吐現象。

沒有妊娠反應的孕媽媽，孕早期進食量也不必增加太多，跟孕前保持相當的水平即可，種類也要盡可能的豐富多樣。孕早期體重不宜增加太多，以免增加後期控制的難度。

主食中多點兒粗糧

適當增加粗糧的攝入，可以防止孕期便秘，還能防止體重增長過快。粟米、燕麥、蕎麥、紅豆、綠豆等都是很健康的粗糧，可以佔全天主食總量的三分之一甚至一半，但不要超過一半。

吃飯細嚼慢嚥，促進營養吸收

懷孕後，胃腸、膽囊等消化器官蠕動減慢，消化液的分泌也有所改變，消化功能減弱。特別是孕早期，由於妊娠反應，食慾缺乏，食量相對減少，這就更需要在吃東西時盡可能多咀嚼，把食物嚼得很細。細嚼慢嚥能刺激唾液分泌，與食物充分混合後，唾液中含有大量消化酶，可在食物進入胃之前對食物進行初步的消化，有利於保護胃黏膜。同時也能有效地刺激消化器官分泌消化液，更好地消化，更多地吸收。

部分孕媽媽妊娠後發現有牙齦炎、牙床水腫充血，甚至牙齒鬆動，咀嚼功能減退，吃東西更應慢動作，把食物嚼碎、嚼細，這樣不僅有利於消化，也有利於保護牙齒。

高糖分水果要限量

很多孕媽媽認為孕期大量吃水果可以讓胎寶寶皮膚好，其實水果不能過量食用，因為水果中糖分含量較多，進食過多容易引起肥胖和妊娠糖尿病。一般來説，每天最好吃幾種不同的水果，總量在 200 ～ 350 克，並且最好當加餐吃。如果在此基礎上多吃了水果，就要相應減少主食的攝入量，以維持每日攝入的總熱量不變，以免引起肥胖。

馬醫生小貼士　看食品標籤，遠離過敏原

購買食物的時候，要看食物配料表中是否存在可能會引起過敏或不良反應的配料。比如，有的孕媽媽對花生過敏，那麼買餅乾、點心等食品時一定要仔細看看，配料表中是否有花生或花生製品，嚴重者還應注意該食品是否在曾加工過花生的產品線上生產的（包裝上有標注）。有的食品標籤上直接標注有「過敏原信息」這一項，有的會標注該生產線生產過相關產品，其過敏的孕媽媽要儘量避開。

避免食物過敏

過敏體質的孕媽媽可能會對某些特定食物過敏。因此過敏體質的孕媽媽要注意：

1. 一定不要再進食曾經引起過敏的食物；不要食用從未吃過的食物。
2. 食用蛋白質含量高的食物時，比如動物肝臟、蛋類、魚類等，一定要徹底烹熟煮透。

孕期營養廚房

紅燒帶魚

材料 淨帶魚段 400 克，雞蛋 1 個。

調料 葱段、薑片、蒜瓣、老抽、白糖、醋、料酒各 10 克，鹽 3 克，生粉適量。

做法

1. 帶魚段洗淨，用料酒和鹽醃 20 分鐘；雞蛋磕入碗內打散，將醃好的帶魚段放入碗內；將老抽、白糖、料酒、鹽、醋、生粉和適量清水調成味汁。
2. 鍋內倒油燒至六成熱，將裹好蛋液的帶魚段下鍋煎至兩面金黃，撈出。
3. 鍋內留底油燒熱，下薑片、蒜瓣爆香，倒味汁，放帶魚段，燒開後改小火燉 10 分鐘至湯汁濃稠時撒葱段即可。

帶魚的脂肪含量較高，但多為不飽和脂肪酸，且富含磷脂，有利於促進胎寶寶大腦發育。

紅蘿蔔牛肉絲

材料 紅蘿蔔 100 克，牛肉 200 克。

調料 醬油、生粉、料酒、葱段各 10 克，薑末 5 克，鹽 3 克。

做法

1. 牛肉洗淨，切成絲，用葱段、薑末、生粉、料酒和醬油調味，醃漬 10 分鐘；紅蘿蔔洗淨，去皮，切成細絲。
2. 鍋內倒油燒熱，放入牛肉絲迅速翻炒，倒入紅蘿蔔絲炒至熟，加鹽調味即可。

紅蘿蔔中的胡蘿蔔素含量很高，胡蘿蔔素可以在人體內轉化為維他命 A，與牛肉一起用油烹調，可以提高胡蘿蔔素的吸收率，促進胎寶寶的視力發育。

每天胎教 10 分鐘

語言胎教：每個媽媽心中都住着一個小王子

在小王子的星球上，從來只有一種花，一種簡單而小巧的花。她們只有一層花瓣，只需要一塊小小的地方。晨起而開，日暮而落，安靜地不會打擾任何人。

一天，一顆不同的種子出現了。小王子不知道她是誰，也不知道她從哪裏來。可她卻發芽了，長成了嫩嫩的小苗。小王子每天都會看着她，她是那麼的與眾不同。小王子很期待看到這棵小苗長大的樣子。

但是，小苗並沒有長得很大。沒多久，她就不再長高了，卻新奇地孕育出一個花苞。看着這個飽滿而可愛的花苞，小王子莫名地相信，花開時一定是一份美麗的驚喜。很長一段時間裏，花苞都沒有開放，而是躲在她的小綠房子裏精心地打扮自己。她要選擇屬自己的顏色，她要仔仔細細地設計自己花瓣的模樣，這一切都需要時間，都必須慢慢來。她希望自己的綻放是美麗的，不要像虞美人一樣帶着皺紋迎接世界。

是的，她是喜愛美麗的，她要將最光彩奪目的自己展示給世界。為此，她不怕用太多時間修飾自己。她覺得，美麗值得用時間去等待。終於，在一個陽光初放的清晨，她盛開了。

雖然她已經將自己打扮得很完美，但仍打着哈欠說：「真對不起，我剛剛醒來，頭髮還亂糟糟的……」

這時的小王子，已經無法控制自己的喜愛之情，他讚歎道：「不，你有着無與倫比的美麗。」

花兒點頭微笑說：「因為，我與太陽一同出生。」

讓語言胎教更有效的方法

給胎寶寶起一個可愛的小名

剛開始對腹中的胎寶寶說話，可能會覺得不太自然，就像自言自語一樣。尤其是不知如何稱呼寶寶，如果叫「孩子」，會顯得生硬，不夠親切。不如給他起一個可愛的小名，叫着他的名字，接下來的過程就會輕鬆許多。但名字最好不要有性別傾向，因為這代表了父母對寶寶真實性別的尊重態度。

畫出胎寶寶的小臉當作談話對象

如果覺得一個人說話還是有些放不開，可以把想像中寶寶的小臉畫出來，並當作談話的對象，這樣可以讓孕媽媽感覺寶寶就在面前，談起話來也更加自然。孕媽媽可以採取舒適的坐姿，看着寶寶的畫像娓娓道來，這樣孕媽媽平和安定的情緒就能夠傳遞給胎寶寶。

一邊談話一邊聽聽音樂

在談話的同時，播放一首你最喜歡的音樂，然後從與音樂相關的事情聊起，這樣就能夠非常自然地進入到胎教的狀態中。在欣賞音樂的同時，孕媽媽可以把自己對音樂的理解講述給胎寶寶聽。

給胎寶寶講童話故事

給胎寶寶講童話故事的好處是能使胎寶寶的記憶力和智商得到提高，但這一過程需要注意，不要講得過於平淡，要讓自己的聲音始終包含豐富的感情，能夠吸引胎寶寶的注意力。懷孕第 15 周左右，胎寶寶的聽覺就得到了明顯的發育，並成為五感當中最為敏銳的一感，因此給胎寶寶讀童話故事就變成了非常好的胎教。即使不選擇童話故事，也可以選擇一兩篇自己喜歡的小說或散文讀給胎寶寶聽，讀的時候也應該包含情感。

準爸爸要讓胎寶寶多聽聽自己的聲音

準爸爸的聲音對胎寶寶有着特殊的吸引力，所以空閒下來的時候，準爸爸應該積極地讓胎寶寶聽一聽自己的聲音，努力使兩人之間熟悉起來，增進與寶寶之間的感情。整個孕期如果準爸爸堅持不懈地與胎寶寶交流，寶寶出生後就能分辨出爸爸的聲音。

健康孕動
不當胖媽媽，平時多動動

孕 3 月運動原則

- 不進行任何傷害到腹部的運動，如腹部着地、腹部擠壓等。
- 注意隨時調整運動強度，以胎兒和自我健康安全為前提。

擴胸運動：增大肺活量，為分娩時憋氣用力打基礎

1 盤腿坐姿，雙臂向前平伸，與肩同高。

2 兩前臂向上彎曲呈 90 度，雙手握拳，合併放於眼前。

3 吸氣，做擴胸運動，保持前臂彎曲狀態，慢慢展開成 180 度，保持 2～3 秒；呼氣，慢慢恢復到步驟 2 的姿勢。

有沒有甚麼食物是孕期真的不能吃的

聽說懷孕不能吃螃蟹，在不知道懷孕的情況下吃了，怎麼辦？

懷孕不能吃桂圓，這是真的嗎？我吃了兩個沒問題吧！

易促使流產的食物能不能吃

關於一些食物導致流產的說法目前很盛行，多來自於中醫的「活血化瘀」理論，一般也是長期大量食用才會有問題。但是在無此說法的國家和民族，並未發現因為吃某種食物而引起流產的現象。出於尊重飲食風俗和習慣的考慮，孕媽媽可以根據個人意願，自行避免此類食物的攝入。

薏米
可促使子宮收縮，誘發流產。

山楂
對子宮有一定的收縮作用，容易導致流產。

甲魚
性寒，可活血散瘀，孕早期最好不吃。

螃蟹
性寒涼，有活血化瘀的功效，食用過多可能會引起流產。

桂圓（龍眼）
性溫，易加重孕媽媽陰虛內熱而致胎熱，出現先兆流產症狀。

馬齒莧
性寒涼而滑利，對子宮有興奮作用，容易造成流產。

保持食物的衛生和清潔是關鍵

1　在處理食品前後、如廁前後、觸摸寵物之後用溫肥皂水洗手至少 20 秒。
2　生食瓜果蔬菜一定要清洗乾淨。
3　單獨處理生肉、生海鮮，生食處理器具（鍋、碗、砧板、刀具）不可與熟食器具混用。

避免食用危險係數高的食品

生肉類，如生魚片、壽司等，孕媽媽應儘量避免；熟肉製品需謹慎挑選，最好選擇包裝完整、新鮮、質量可靠的生產商生產的產品；軟奶酪在孕期應避免食用；孕媽媽最好挑選經過高溫消毒的奶類及奶製品，如巴氏消毒的牛奶等。如果吃了存在食品安全隱患的食物，如吃了污染李斯特菌的食物，就有可能導致胎兒的感染，嚴重的會胎死宮內。

安全儲存食品

保存食品的安全溫度是 5℃以下和 60℃以上。熟食在室溫下存放最好不超過 2 小時。冷凍食物不要在室溫下化凍，使用微波爐要保證足夠的加熱時間，使食物中心溫度達到 60℃以上。

「燒熟煮透」法大好

烹調蝦蟹時，應等蝦蟹變紅且不透明，烹調蛤蜊、牡蠣等應直到貝殼打開；雞蛋要完全煮熟，堅決不吃溏心蛋。

馬醫生小貼士　**孕期不宜多食這些**

孕媽媽應儘量少吃油炸、油煎的食物，如油條、薯條，還有甜的糕點、飲料，這些都會使孕媽媽攝入的熱量過多，導致肥胖及妊娠糖尿病。此外，孕媽媽也要少吃罐頭、香腸等加工食品，以免攝入過多鹽分而誘發水腫。管住嘴，順利度過懷孕這一特殊的人生時期。

網絡點擊率超高的問答

孕媽媽多吃一點，胎寶寶會不會長得更快一些？

馬醫生回覆：胎寶寶的生長發育速度是一定的，除非孕媽媽患有嚴重的營養不良，影響胎寶寶的生長發育。只要食物中含有基本的營養，胎寶寶不會因為媽媽吃甚麼、吃多少而改變正常的生長發育速度。所以，懷孕時不要吃太多，否則只能使自身體重快速增加，還可能導致妊娠糖尿病。而且需要剖宮產時，太胖也可能會影響手術。

我就愛吃酸的，該怎麼選擇酸味食物呢？

馬醫生回覆：很多新鮮的酸味蔬果都含有豐富的維他命 C，可以增強母體的抵抗力，促進胎兒生長發育；乳酪富含鈣、優質蛋白質、多種維他命和碳水化合物，還有助於緩解便秘，很適合孕媽媽食用。也有些「酸」的食物不太適合經常吃，如人工醃制的酸菜、泡菜等，營養價值低，還可能含有較多致癌物質亞硝酸鹽，不適宜孕媽媽食用。

腸胃不好，吃粗糧不好消化怎麼辦？

馬醫生回覆：有些孕媽媽脾胃比較虛弱，全麥食物吃了不容易消化，甚至會導致腸胃脹氣等。如果是這種情況，建議可以吃點發麵的主食，因為酵母中含有豐富的維他命 B 雜，不但有助於促進胃腸蠕動，還有助於緩解孕吐。

怎麼辦，竟然有卵巢囊腫？

馬醫生回覆：一般孕早期通過超聲波檢查可以發現和確診卵巢囊腫，孕早期發現的卵巢囊腫一般為良性囊腫，孕媽媽不用太過擔心，如果囊腫小於 4 ～ 5 厘米、無回聲，多為生理性的。孕期發現的卵巢囊腫對妊娠和分娩影響不大，但也不能掉以輕心，應該定期檢查，關注囊腫的生長狀態，按照醫囑進行治療。同時密切觀察有無腹痛症狀，如有劇烈腹痛，應警惕卵巢囊腫破裂或扭轉，及時去急診就醫，必要時手術。即使手術了，如果沒有發生手術併發症，大多數還是可以繼續妊娠的。

懷孕 4 個月（懷孕 13 至 16 周）
進入舒服的孕中期，
提前預約唐氏綜合症篩查

孕媽媽和胎寶寶的變化

媽媽的身體：食慾好轉了

子宮 小孩頭部大小，在恥骨聯合與肚臍之間

孕 12 ～ 13 周，胎盤開始發育，羊水增加，胎兒可在子宮內自由活動。大部分孕媽媽的孕吐情況有所改善，食慾好轉。懷孕的時候，由於激素的影響，容易蓄積皮下脂肪，所以孕媽媽要考慮體重管理了。

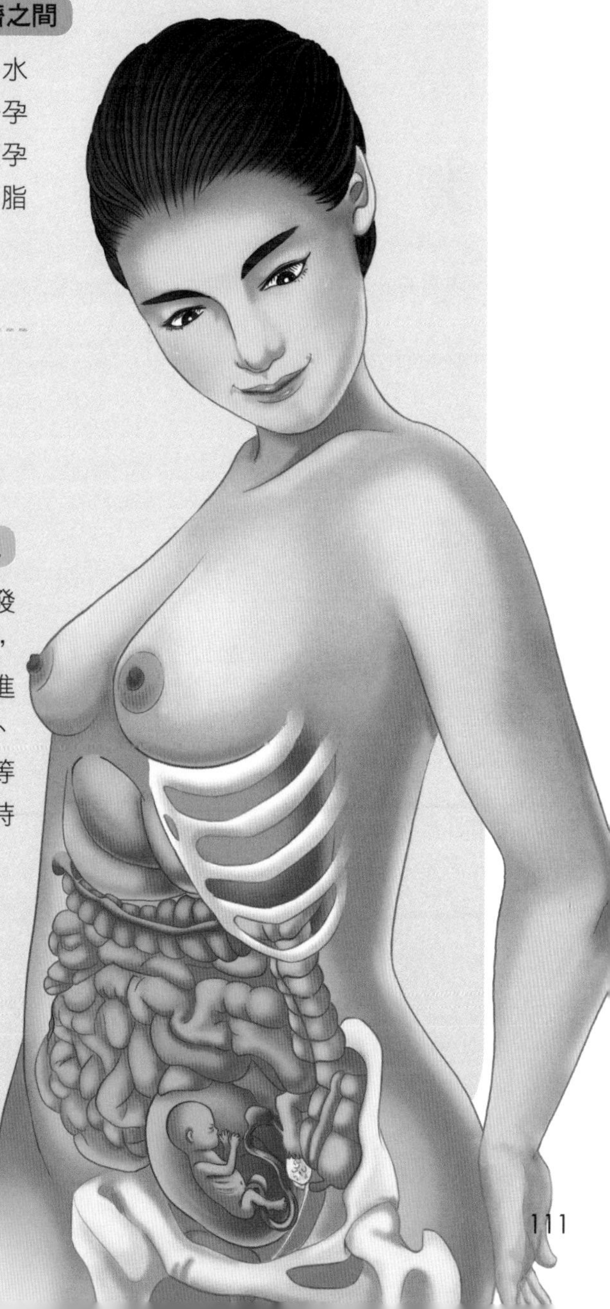

肚子裏的胎寶寶：能看出性別了

身長 12~16 厘米 **體重** 120~150 克

心臟等身體器官在孕 13 周左右大致發育完成。寶寶也隱約長出薄薄的一層頭髮，生殖器官正在分化中，骨骼和肌肉正在進一步發育，所以我們可以看到胎兒轉身、打嗝等動作。寶寶能感受到快樂、憤怒等情緒，構成心臟的基礎組織正是在這個時期發育的。

孕期牙齒護理

正視牙病，主動就醫

一些孕媽媽在患了牙齒疾病後不願意就醫，認為沒甚麼大不了的，不予以重視。其實，這種做法是極其有害的。孕媽媽應該摒棄種種顧慮，主動與牙科醫生聯繫，獲得專業的幫助。

孕期牙齒疾病治療一覽表

孕期的不同階段	原因	處理
孕早期（孕 1 ～ 3 月）	孕早期是胚胎器官發育與形成的關鍵期，如服用藥物不當或 X 光照射劑量過高，有導致流產或胎兒畸形的風險。	如非緊急情況，醫生不建議進行牙科治療。
孕中期（孕 4 ～ 7 月）	若必須在孕期治療牙齒疾病，最好選擇孕中期。	建議只做一些暫時性的治療，如齲齒填補等。
孕晚期（孕 8 ～ 10 月）	因子宮容易受外界刺激而引發早期收縮，再加上治療時長時間採取臥姿，胎兒會壓迫下腔靜脈，減少血液回流，引發仰臥位低血壓，出現心慌、憋氣等症狀，不建議孕晚期治療。	孕媽媽不適宜進行長時間的仰臥位牙科治療。

關於孕期拔牙問題

懷孕期間除非有必須拔牙的情況，一般不宜拔牙。懷孕初期的前 2 個月內拔牙可能引起流產；懷孕 8 個月以後拔牙，也可能與早產有關，因為疼痛、緊張等。如必須拔牙，最好選擇孕 4 ～ 7 月，並做好準備工作。孕媽媽要保持足夠睡眠，避免精神緊張，在拔牙前一天和當天用保胎藥，拔牙麻醉劑中不可加入腎上腺素；麻醉要完全，防止因疼痛引起子宮收縮而導致流產。

妊娠期牙周炎：懷孕期間激素改變，使牙齦充血腫脹，顏色變紅，刷牙容易出血，偶有疼痛不適。

妊娠期牙齦瘤：一般發生在孕中期，由於牙齦發炎與血管增生，形成鮮紅色肉瘤（牙齦邊緣長出的小結節），大小不一，生長快速，常出現在前排牙齒的牙間乳頭區。不需要治療，或只針對牙周病進行基本治療，如洗牙、口腔衛生指導、牙根整平等，這是為了減少牙菌斑的滯留與刺激。牙齦瘤會在分娩之後很快消失，不用太過擔心，如出現妨礙咀嚼、易咬傷或過度出血等，可考慮切除，但孕期手術容易再發。

其他：懷孕期間也可能會有牙周囊帶加深、牙齒容易鬆動等症狀。

遠離孕期牙齦炎

牙齦炎的危害

患有牙齦炎的孕媽媽，由於牙齦疼痛出血，會直接影響食慾，進而影響胎兒正常的生長發育。此外，牙齒裏面的細菌還會通過血液傳染給腹中發育的胎寶寶，使其出生後發生口腔疾病的機率增加。

於生活細微之處防治牙齦炎

1. 不吃過冷、過熱、過硬的食物，避免對牙齦的不良刺激。
2. 多進食維他命 C 含量高的蔬菜、水果以及含鈣的食物，可降低毛細血管的通透性，防止牙齦出血。
3. 三餐後要及時刷牙、漱口，認真清理牙縫，不讓食物殘渣嵌留。孕媽媽可以在包裹隨身攜帶一套牙具，以便隨時都可以刷牙。
4. 選用短軟毛的牙刷，順着牙縫輕輕刷牙，以避免碰傷牙齦，引起出血。
5. 用電動牙刷。電動牙刷清潔牙齒的效果好，可按摩牙齦，增進牙齦健康。
6. 刷牙時要記得刷舌頭，因為舌頭上沉積着很多口腔中的細菌。
7. 儘量少吃或者不吃粘牙的甜點或糖果。

孕中期，不容錯過的唐氏篩查

甚麼是唐氏篩查

唐氏篩查一般是抽取孕媽媽 2 ～ 5 毫升的血液，檢測血清中甲胎蛋白（AFP）和人絨毛膜促性腺激素（β-HCG）的濃度，還有游離雌三醇（UE3），結合孕媽媽的預產期、年齡、體重和採血時的孕周，計算出「唐氏兒」的危險係數。

唐篩高危意味着「唐氏兒」嗎？

唐氏篩查是根據母血指標來推測胎兒情況，母血中的生化指標會受很多因素的干擾，這些因素使得唐氏篩查的結果不可能很精確。高危也並不一定就會生出唐氏兒，當然，並非中度風險和低風險的孕婦就不會生出唐氏兒。但從篩查數據看，大多數唐氏兒是在唐氏篩查判定為高風險的孕婦中診斷出來的。

如果唐篩結果診斷為高危，孕婦還需要做羊水穿刺或無創 DNA，以確認胎兒是否為唐氏兒。

唐篩最好在 15 ～ 20 周做，錯過需要直接做羊水穿刺

一般 35 歲以內的孕媽媽做唐氏篩查最佳的檢測時間是孕 15 ～ 20 周，因為無論是提前或是錯後，都會影響唐氏篩查結果的準確性。錯過這段時間可能需要直接做羊水穿刺（又叫「羊膜腔穿刺」）或無創 DNA。如果在篩查的過程當中，醫院的報告確定是高危，醫生也會建議做羊水穿刺。

唐篩檢查是在孕 15 周到孕 20 周 +6 天（即孕 20 周零 6 天）之間進行，只有在準確的孕周進行檢查才能起到篩查的作用。考慮到後續有可能進行進一步檢查，如無創 DNA 篩查（無創基因篩查）、羊水穿刺產前診斷等，建議唐篩最好在孕 15 ～ 16 周進行。

生育年齡超過 35 歲做唐篩有意義嗎？

現代醫學證實，唐氏綜合症發生率與母親懷孕年齡有相關。通過檢查孕婦的血液可以得出一組數據，然後把這些數據和孕周、孕婦年齡等輸入電腦，通過軟件分

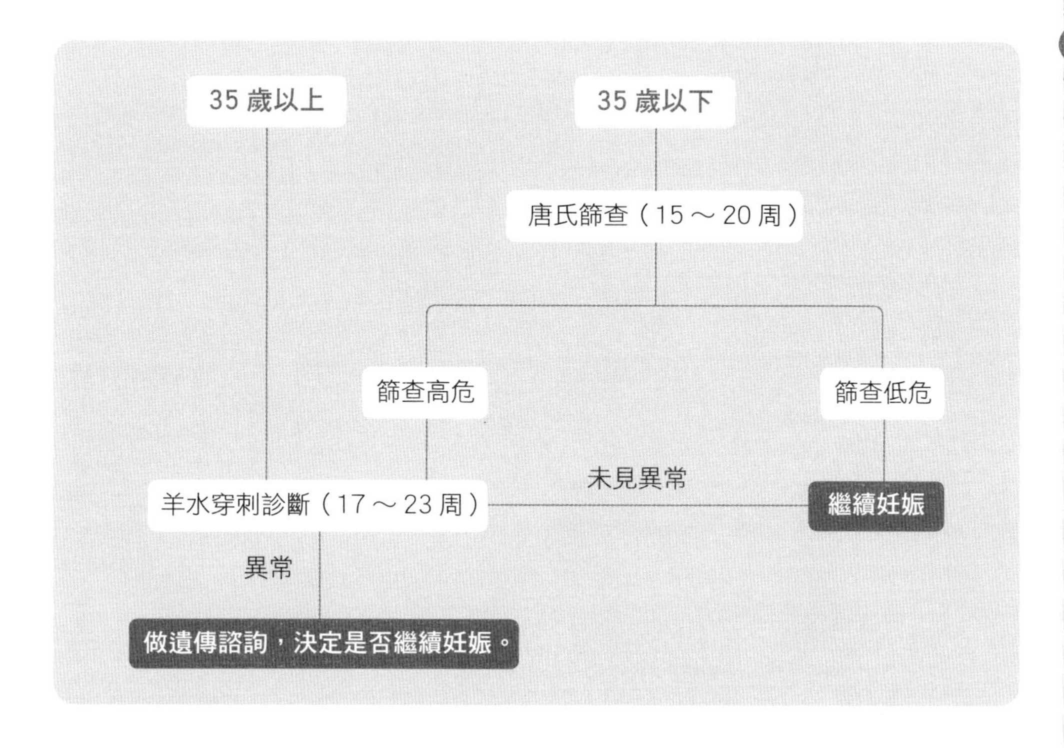

析得出一個數值，這就是唐氏篩查的風險係數。由此可見，年齡是一個很關鍵的指標，年齡越大風險越高。其實想想也能知道其中的道理，高齡產婦的卵子質量、子宮環境、卵巢功能都有所下降，卵子如果出現老化，受精卵分化的時候就會出現問題，比如某一條染色體多分裂或少分裂，都會造成本來是雙倍的染色體鏈條變成了單倍或者是三倍，於是出現染色體整倍數的異常，導致唐氏綜合症。

34 歲及以上的孕媽媽屬高危人群，做唐氏篩查的意義不大，即便做了篩查，結果也往往是高危的，還是會做羊水穿刺，而羊水穿刺是可以給出具體的診斷結果的。所以根據《中華人民共和國母嬰保健法》大部分產科醫生會建議高齡孕媽媽（懷孕年齡 ≥ 34 歲）直接做羊水穿刺。

唐篩結果高風險怎麼辦

篩查與診斷不同，不具有重複性，因此不建議唐篩高風險的孕婦重複進行篩查檢測，要想知道胎兒是否真的患有該病，應當進行產前診斷。目前常用於診斷胎兒染色體異常的診斷方法包括羊水穿刺、無創 DNA 篩查。和唐篩一樣，進行產前診斷是完全自願的。但是，如果篩查高風險而不做診斷，將無法判斷胎兒是否患病。

怎樣看懂唐氏篩查報告單

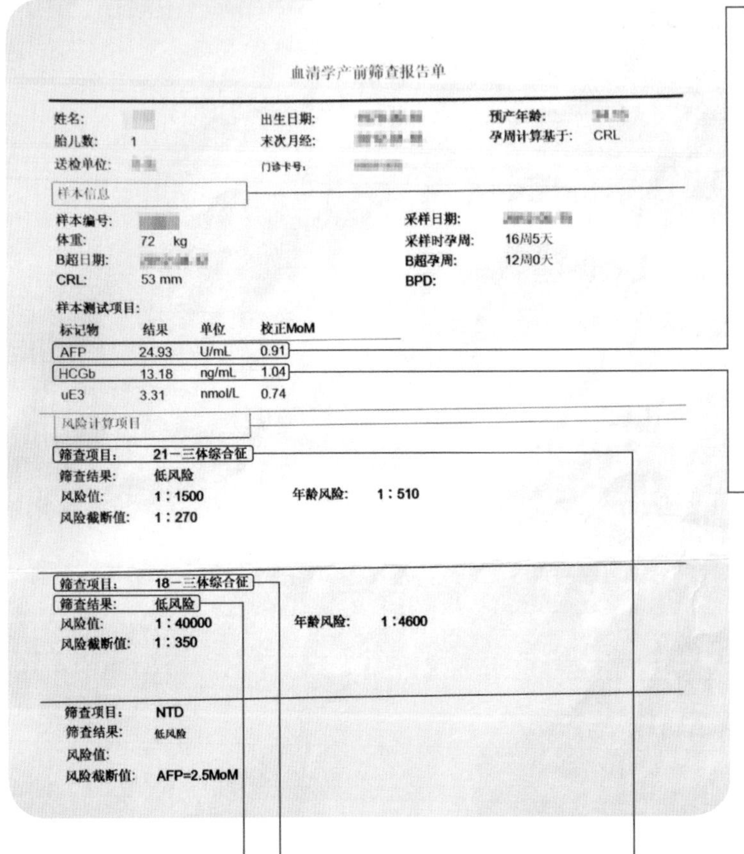

血清学产前筛查报告单

姓名:　　出生日期:　　预产年龄:
胎儿数: 1　　末次月经:　　孕周计算基于: CRL
送检单位:　　门诊卡号:

样本信息

样本编号:　　采样日期:
体重: 72 kg　　采样时孕周: 16周5天
B超日期:　　B超孕周: 12周0天
CRL: 53 mm　　BPD:

样本测试项目:

标记物	结果	单位	校正MoM
AFP	24.93	U/mL	0.91
HCGb	13.18	ng/mL	1.04
uE3	3.31	nmol/L	0.74

风险计算项目

筛查项目: 21—三体综合征
筛查结果: 低风险
风险值: 1:1500　　年龄风险: 1:510
风险截断值: 1:270

筛查项目: 18—三体综合征
筛查结果: 低风险
风险值: 1:40000　　年龄风险: 1:4600
风险截断值: 1:350

筛查项目: NTD
筛查结果: 低风险
风险值:
风险截断值: AFP=2.5MoM

AFP：
女性懷孕後胚胎幹細胞產生的一種特殊蛋白，作用是維持正常妊娠，保護胎寶寶不受母體排斥，起到保胎作用。這種物質在懷孕第6周就出現了，隨着胎齡增長，孕媽媽血中的AFP含量越來越多。胎寶寶出生後，媽媽血中的AFP含量會逐漸下降至孕前水平。

HCG：
即人絨毛膜促性腺激素，醫生會結合這些數據連同孕媽媽的年齡、體重及孕周等，計算出胎寶寶患唐氏綜合症的危險度。

篩查結果：
「低風險」表明胎兒異常的風險低，「高風險」表明胎兒異常的風險高。即使結果出現了高風險，孕媽媽也不必過於驚慌，因為高風險人群中也不一定都會生出唐氏兒，還需要進行羊水細胞染色體核型分析確診。

18- 三體綜合症：
風險截斷值為1：350。此項檢查結果為1：40000，遠低於風險截斷值，表明患唐氏綜合症的機率很低。

21- 三體綜合症：
風險截斷值為1：270。此項檢查結果為1：1500，遠低於風險截斷值，表明患唐氏綜合症的機率很低。

唐篩高危，需做補考：羊水穿刺

羊水穿刺是甚麼

羊水穿刺，即羊膜腔穿刺檢查，是最常用的侵入性產前診斷技術。胎兒染色體異常，如果不伴有結構異常的時候，超聲波就檢查不出來，而通過羊水穿刺獲取胎兒細胞，然後進行胎兒染色體核型分析，可以診斷胎兒染色體疾病，比如唐氏綜合症。

羊水穿刺怎麼做

羊水穿刺是在超聲波的引導下，將一根細長針通過孕媽媽的肚皮，經過子宮壁進入羊水腔，抽取羊水進行分析檢驗。羊水中會有胎兒掉落的細胞，通過對這些細胞的檢驗分析，可以確認胎兒的染色體細胞組成是否有問題。羊水穿刺主要是檢查唐氏綜合症，而一些基因疾病也能通過羊水穿刺得到診斷，如乙型海洋性貧血、血友病等。

需要做羊水穿刺的情況

並不是所有孕媽媽都需要進行這項檢查，如果你有右側一種情況，請考慮做相應檢查：

馬醫生小貼士

還有一種是快速羊水穿刺檢查

還有一種檢查 FISH（也稱為快速羊穿檢查），所檢查的染色體為 13、18、21、X、Y 數目，7 個工作日左右出結果。應注意，FISH 檢查不能代替羊水穿刺，應以羊水穿刺的結果為最終依據。

「羊穿」媽媽

- 34 歲及以上的孕媽媽。
- 產前篩查胎兒染色體異常高風險的孕媽媽。
- 曾生育過染色體病患兒的孕媽媽。
- 產前 B 超檢查懷疑胎兒可能有染色體異常的孕媽媽。
- 夫婦一方為染色體異常攜帶者。
- 孕媽媽曾生育過單基因病患兒或先天性代謝病患兒。
- 醫生認為有必要進行的其他情形。

羊水穿刺有風險嗎？

羊水穿刺雖然是侵入性檢查，但穿刺過程全部由超聲波監控，一般對胎兒不會造成傷害，只會稍微提高流產機率，約為 0.3%。懷孕 4 個月時，羊水量至少會有 400 毫升，而羊水穿刺時只抽走 20 毫升左右，胎兒之後又會再製造，所以危險度非常低。

做羊水穿刺的黃金期

羊水穿刺手術的最佳時間是孕 17～23 周，報告結果約在 6 周以後才可獲得。如果小於 14 周進行羊水穿刺術，此時羊水較少，會增高風險；如果超過 23 周進行穿刺，檢驗結果出來時胎兒已經過大，此時終止妊娠會有很大的風險。

術前術後注意事項

1. 術前 3 天禁止同房；術前 1 天請沐浴；術前 10 分鐘請排空尿。
2. 術後至少休息半小時後無不良症狀才離開醫院。
3. 術後 24 小時內不能沐浴，多注意休息，可以休息一周，避免重體力運動，但不要絕對臥床休息；術後半個月禁止同房。
4. 在扎針的地方可能會有一點點痛，也有人可能會有一點陰道出血或分泌物增加。不過，只要稍微休息幾天，症狀就會消失，不需要服用任何藥物。術後 3 天裏如有腹痛、腹脹、陰道流水、流血、發熱等症狀，這些都是懷孕處於危險情況的跡象，請速到醫院婦產科就診。

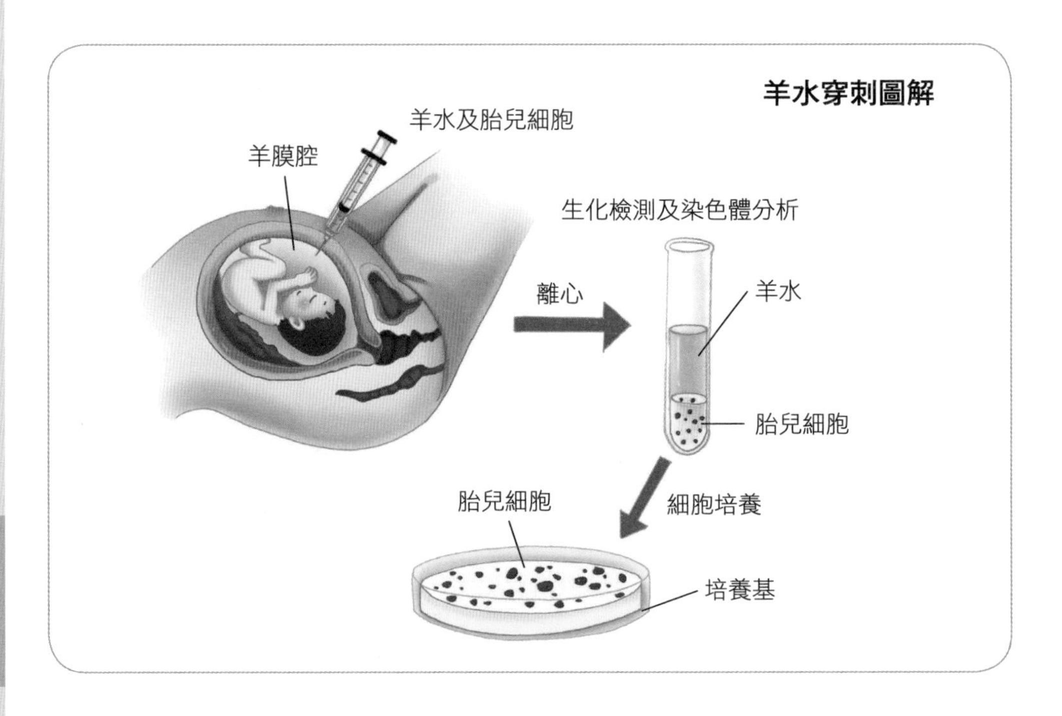

無創 DNA 也是另外一種選擇

無創 DNA 與羊水穿刺的區別

相比於羊水穿刺，無創 DNA 的檢查很簡單，就是抽血，大約需要收集 10 毫升，從血液中提取游離 DNA 來分析胎寶寶的染色體情況，抽血針會比平時的稍微粗一點。

對比名稱	羊水穿刺	無創 DNA
關鍵數據	0.3% 流產率	無流產風險
檢出率	檢出率 99%	檢出率 99%
孕周	17 ～ 23	12 ～ 26
檢查類別	所有染色體非整數倍	3 大染色體非整數倍
準確率	99%	92% ～ 99%
安全性	有創	無創
羊水穿刺可以確診，無創 DNA 如果為高風險，還需要羊水穿刺證實		

關於無創 DNA 你需要知道的

1. 抽取孕媽媽靜脈血就可以精準估計胎兒是否有 3 種最常見的染色體疾病（21- 三體、18- 三體、13- 三體），不能查除了 21、18、13 號染色體之外的其他染色體異常。
2. 體重過重，雙胎，輔助生殖妊娠，1 年內輸過血或做過同類免疫治療，一方染色體異常，有基因病家族史的孕婦慎用或不適合做。
3. 無創 DNA 不能取代羊水穿刺，如果無創結果有問題，還需要羊水穿刺來確診。

養胎飲食
不當「糖媽媽」該怎麼吃

權威解讀

《中國居民膳食指南 2016（孕期婦女膳食指南）》

孕中期營養增加和一天食物量建議

孕中期每天需要增加蛋白質 15 克、鈣 200 毫克、熱量 300 千卡。在孕前平衡膳食的基礎上，額外增加 200 克奶，可提供 5～6 克優質蛋白質、200 毫克鈣和 120 千卡熱量，再增加魚、禽、蛋、瘦肉共計 50 克左右，可提供優質蛋白質約 10 克和 80～150 千卡熱量。

孕中期一天食物建議量：穀類 200～250 克，薯類 50 克，全穀物和雜豆不少於 1/3；蔬菜類 300～500 克，其中綠葉蔬菜和紅黃色等有色蔬菜佔 2/3 以上；水果類 200～400 克；魚、禽、蛋、肉類（含動物內臟）每天總量 200～250 克；牛奶 300～500 克；大豆類 15 克，堅果 10 克；烹調油 25 克，食鹽不超過 6 克。

均衡飲食，控制體重

通過飲食攝入的總熱量是影響血糖變化的重要因素，所以孕媽媽必須限制每日從食物中攝入的總熱量，要做到控制進食量、少吃肉、多吃蔬菜、適當吃水果。不要進食高糖、高熱量的食物。最好讓醫院營養師根據你個人的情況制訂適合自己的食譜。

選擇低升糖指數食物

高升糖指數食物會刺激胰島分泌更多的胰島素，孕媽媽如果長期進食高升糖指數食物，會使胰島 β 細胞功能的代償潛能進行性下降，最後不能分泌足夠的胰島素使血糖維持在正常範圍，從而發生妊娠糖尿病。

低升糖指數食物

種類	功效
穀類	如煮過的整粒小麥、大麥、黑麥、黑米、蕎麥、粟米等製作的粗糧食品。
豆類	綠豆、豌豆、紅豆、蠶豆、鷹嘴豆等。
奶類及奶製品	幾乎所有的奶類及奶製品升糖指數都很低，如牛奶、脱脂牛奶、酸奶等。
蔬菜類	白菜、菠菜、油菜、通菜、西蘭花、茄子、洋葱等。

避免過量吃甜食

甜食含有大量蔗糖、葡萄糖，比如巧克力、冰淇淋、月餅、甜飲料等。吃了這些食品，糖分會很快被人體吸收，血糖陡然上升並持續一段時間（維持時間較短），造成血糖不穩定或波動，長期食用這些食物還會導致肥胖。所以「糖媽媽」忌大量吃甜食。

多吃富含膳食纖維的食物

在可攝取的分量範圍內，多攝取高膳食纖維食物，如以糙米飯或五穀米飯代替白米飯，增加蔬菜的攝取量，多吃低糖新鮮水果，不喝甜飲料等，有助於平穩血糖。每日膳食纖維推薦量為 25 ～ 30 克。

吃零食要有節制

孕媽媽不能無節制地吃零食，尤其是糖果、點心、冰淇淋等甜食，因為過量的糖進入身體會導致血糖快速升高，並導致孕媽媽或胎寶寶肥胖。所以千萬不要為了飽口福而隨心所欲地吃。喜歡吃零食的孕媽媽可以每天吃一小把堅果種子類食物，如核桃、杏仁等，這些食物富含不飽和脂肪酸，有助於穩定血糖水平，還有助於胎寶寶大腦發育。

馬醫生小貼士 **降低食物升糖指數的烹調方法**

孕媽媽日常飲食中，除了避免吃過甜的食物外，還要選擇一些降低食物升糖指數的烹調方法，這樣能更好地控制血糖。

1. 蔬菜能不切就不切。食物顆粒越小，升糖指數越高。所以一般薯類、蔬菜等不要切得太小，可以多嚼幾下，讓腸道多蠕動，對血糖控制有利。
2. 高、中、低的搭配烹調。高、中升糖指數的食物與低升糖指數的食物一起烹飪，可降低升糖指數。如在大米中加入燕麥等粗糧同煮。
3. 急火煮，少加水。食物的軟硬、生熟、稀稠、顆粒大小對食物升糖指數都有影響。加工時間越短、水分越多，食物升糖指數越低。

孕期營養廚房

豌豆牛肉粒

材料 豌豆 150 克，牛肉 200 克，紅椒 10 克。

調料 蒜片、料酒、生抽各 10 克，生粉 30 克，雞湯 40 克，鹽 3 克，薑片、麻油各 5 克。

做法

1. 豌豆洗淨；牛肉洗淨，切成粒；紅椒斜切成圈，備用。
2. 牛肉粒中加入料酒、鹽和生粉拌勻醃制 15 分鐘。
3. 大火燒開鍋中的水，放入豌豆焯燙 30 秒，盛出過涼，撈出瀝乾水分待用。
4. 鍋中倒油燒熱，放入蒜片、薑片和紅椒圈爆香，倒入醃好的牛肉粒翻炒片刻，加入豌豆，調入生抽、雞湯和生粉翻炒均勻，淋入麻油即可。

清蒸鱈魚

材料 鱈魚塊 300 克。

調料 葱段、花椒粉、鹽、料酒、醬油、生粉各適量。

做法

1. 鱈魚塊洗淨，加鹽、花椒粉、料酒抓勻，醃漬 20 分鐘。
2. 取盤，放入鱈魚塊，送入燒沸的蒸鍋蒸 15 分鐘，取出。
3. 鍋置火上，倒入適量油燒至七成熱，加醬油、葱段炒出香味，倒入蒸鱈魚的原湯，用生粉勾芡，淋在鱈魚塊上即可。

每天胎教 10 分鐘

音樂胎教：聽着《搖籃曲》，胎寶寶做個香甜的夢

這首《搖籃曲》（勃拉姆斯）就像一首抒情詩，孕媽媽的肚子就是胎寶寶的搖籃，輕輕撫摸胎寶寶，伴隨着優美的音樂帶他入眠吧！

這樣聽

熟悉旋律會讓自己和寶寶都平靜下來，想像寶寶在搖籃裏恬然安睡的模樣，是不是感到很甜蜜呢？勃拉姆斯創作的《搖籃曲》表現了母親的溫柔和慈愛。這首《搖籃曲》與舒伯特的《搖籃曲》不同，伴奏部分並沒有模仿搖籃的搖動，而是描繪一種夜色朦朧的景象。聽這首曲子好像使我們看到了一個年輕慈愛的母親在月色朦朧的夜晚，借着月光輕聲地在搖籃前吟唱。

關於這首曲子

這首常用於小提琴獨奏的《搖籃曲》，原是一首通俗歌曲。原曲的歌詞為：「安睡安睡，乖乖在這裏睡，小床滿插玫瑰，香風吹入夢裏，蚊蠅寂無聲，寶寶睡得甜蜜，願你舒舒服服睡到太陽升起。」相傳作者為祝賀法柏夫人次子的出生，作了這首平易可親、感情真摯的搖籃曲送給她。法柏夫人是維也納著名的歌唱家，勃拉姆斯曾聽過她演唱的一首鮑曼的圓舞曲，當時勃拉姆斯深深地被她優美的歌聲所感動，勃拉姆斯就作了這首曲子送給她的孩子。他利用那首圓舞曲的曲調，加以切分音的變化作為這首《搖籃曲》的伴奏，彷彿是母親在輕拍着寶寶入睡。

美育胎教：和胎寶寶一起感受大自然的美好

在大自然的美景當中，人往往是最舒服的。孕媽媽多到大自然中欣賞美景，可以促進胎寶寶大腦的發育，促進胎寶寶與大自然的交融。大自然中空氣新鮮，常呼吸新鮮的空氣，對孕媽媽和胎寶寶的健康也很有好處。孕媽媽可以和準爸爸一起到附近公園的小樹林裏散散步，或者安排一次旅行，選擇樹木茂盛的地方，淋漓盡致地享受一番清爽的「森林浴」。

要穿比較寬鬆的衣服

穿輕便而寬鬆的衣服可以使皮膚更多地與空氣接觸。孕媽媽最好穿較為舒適輕便的運動鞋，鞋底較厚且彈性好的鞋最佳。還要記得穿襪子，保護好足部。

「森林浴」的最佳時間

進行森林浴的最佳時間是樹木繁盛的初夏到初秋。這段時間溫度和濕度適宜，植物殺菌素會被大量釋放出來，讓人心曠神怡。此外，一天當中最好的時段是上午10 點左右。

「森林浴」的最佳方法

進行森林浴時，要保持內心平和，一邊呼吸新鮮空氣，一邊給胎寶寶描述你所看到的景物，路邊的花草、樹木、蜜蜂、蝴蝶等，都是與寶寶進行對話的素材。

健康孕動
可以適當多一些運動

孕 4 月運動原則

☆隨着胎寶寶的長大，他在子宮裏更加穩定了，此時孕媽媽如果沒有不舒服的表現，可以適當增加運動量。

☆不要在太熱或太冷的環境下進行運動，因為孕婦體溫過高或過低，都會影響胎兒發育。

手臂上抬伸展：強健肩部肌肉，舒展脊椎

1 取坐姿，雙手在身體前十指交叉，手掌外翻，手臂向前伸展與肩同高。注意感受胸腔擴展、上提，肩胛骨向下沉。

2 吸氣，手臂向頭頂伸展，掌心朝向屋頂，拉伸軀幹，保持 3 個呼吸，然後呼氣，放鬆還原。

下頜畫圈：防止頸椎痠痛，不讓頸椎變形

1 孕媽媽取坐姿或站姿，肩背挺直，雙手自然下垂，伸展頸椎，兩眼向前平視。

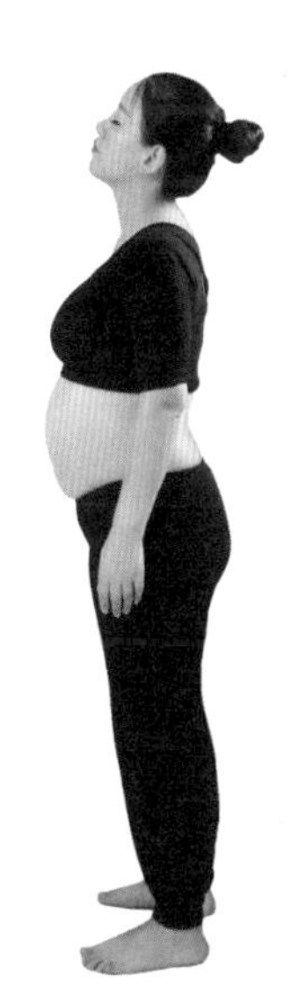

2 下頜向前探出，以下頜為基點，按順時針方向轉圈，轉出時吸氣，轉回時呼氣，共轉 5 ～ 10 圈。

馬醫生直播室

超聲波出現異常，怎麼辦

超聲波單子上出現了心室強回聲，為甚麼會出現？

超聲波發現後顱窩積液，怎麼回事？

超聲波發現心臟強回聲光點，怎麼回事？

心臟強回聲光點是孕中期超聲波篩查胎兒發育異常的軟指標之一。心臟強回聲光點多指胎兒心內乳頭肌回聲增強，發生率 0.5% ～ 12%，與心臟結構畸形沒有關係，不增加胎兒染色體異常的風險。所以當超聲波檢查只發現胎兒心臟強回聲光點而沒有其他異常時，胎兒是安全的，可以繼續妊娠。

超聲波發現脈絡叢囊腫，怎麼回事？

脈絡叢囊腫是孕中期超聲波篩查胎兒發育異常的軟指標之一。脈絡叢囊腫指在胎兒顱內側腦室中出現的大於 3 毫米的囊性結構，是其內充滿了腦脊液的假性囊腫。2% 的胎兒會出現，其中大於 95% 的胎兒在孕 28 周之前可以自然消退。所以孤立性的脈絡叢囊腫不會造成胎兒發育異常，也不增加胎兒染色體異常的風險。

超聲波發現後顱窩積液，怎麼回事？

後顱窩積液指胎兒顱內後顱窩前後徑大於 10 毫米，多見於孕晚期，如果沒有發現其他胎兒結構異常，不增加胎兒染色體異常的風險。可以動態超聲觀察積液變化，必要時可做磁共振成像（MRI）進一步檢查。但如果同時還發現其他顱內異常情況，就應該做胎兒染色體的檢查。

超聲波發現鼻骨短、鼻骨缺失 怎麼回事？

鼻骨短、鼻骨缺失是孕期超聲波篩查胎兒發育異常的重要軟指標之一。指無法觀察到鼻骨或長度小於 2.5 毫米。在孕早、中期有 0.5% 的正常胎兒和 43% 染色體異常（特別是 21- 三體異常）的胎兒會出現這種情況，所以應該對這些胎兒進行染色體核型分析以檢出異常的胎兒。不過，也有可能因為胎兒位置導致超聲波出現測量誤差，這種情況需要複查複照，孕媽媽不用過於擔心。

超聲波發現股骨短，怎麼回事？

股骨短是孕期超聲波篩查胎兒發育異常的重要軟指標之一。當超聲波發現股骨嚴重短小或彎曲骨折等時，就要同時考慮胎兒染色體異常了，要對胎兒進行染色體核型分析。

超聲波發現心臟畸形，怎麼辦？

胎兒心臟畸形有很多種，大多是通過胎兒超聲心動檢查診斷的。根據病變程度以及治療後的心臟功能，與心臟外科手術醫生和小兒心內科醫生共同討論，諮詢能否手術、手術的風險、手術後的心臟功能、成年或者遠期預後、可能的花費，綜合這些因素與醫生共同討論，決定繼續妊娠或終止妊娠。另外，如果繼續妊娠的話，對於某些心臟畸形，尤其是合併其他系統畸形的情況，需要進行染色體或者基因分析等產前診斷，排除胎兒染色體異常的可能。

超聲波發現唇齶裂，怎麼辦？

大部分唇齶裂的胎兒不伴有其他結構的異常，這樣的胎兒預後較好，出生後可通過手術修補治療。但正中唇裂及不規則唇裂通常預後不良。約有 30% 的胎兒合併其他畸形或發育緩慢，其預後取決於伴發畸形的嚴重程度。所以當胎兒出現唇齶裂時，理想的情況是請資深超聲波醫生做出診斷，如伴有其他畸形的存在，就要做產前染色體核型分析。發現唇齶裂之後也要請整形科、口腔科醫生會診，瞭解手術的預後、餵養的問題、術後的功能恢復、遠期的風險、可能的花費等問題，綜合這些因素決定繼續妊娠或者終止妊娠。

網絡點擊率超高的問答

很多孕媽媽 3 個月以後就不吐了，為甚麼我反而吐得更厲害了？

馬醫生回覆：孕媽媽在懷孕的早期會出現如食慾缺乏、嘔吐等早孕反應，這是孕媽媽特有的正常生理反應，通常會在孕 12 周左右自行緩解。但也有的孕媽媽會出現孕吐提前開始、遲遲不消退的情況，如果嘔吐不是特別嚴重，都是正常的。

如果嘔吐、噁心嚴重，建議到醫院檢查，排除是否有其他病理情況。檸檬汁、全麥麵包、蘇打餅乾等食物對孕吐有改善作用。另外，孕媽媽因嘔吐影響進食的話，建議喝點孕婦奶粉。

宮底高度與預測的孕周不符怎麼辦？

馬醫生回覆：在做產前檢查時，醫生會給你一個宮高的標準答案，並判斷是異常情況還是個體差異，如果你的宮底高度與預測的孕周不符，主要是觀察自身的變化，只要宮高隨着孕周增長而逐漸增高，胎兒大小合適，就沒有問題。醫生若沒有建議你做進一步檢查，就不用擔心。

懷孕以後膚色變深了是怎麼回事兒？

馬醫生回覆：很多孕媽媽會發現自己的膚色在孕期變得越來越深，尤其是乳頭、乳暈及外生殖器等部位，原本就已經存在的痣和雀斑，在懷孕的過程中會變得更加明顯。孕媽媽不用擔心，因為寶寶出生以後，這些色素沉着就會逐漸淡化直至消失，但有些可能不會完全消失，而是會變淺。

做超聲波顯示胎寶寶比實際孕周小，怎麼辦？

馬醫生回覆：在產檢時，經常會遇到胎寶寶相對於月份來說體重較輕，需要綜合分析孕媽媽的情況，比如孕周準不準，胎盤功能是否不良，是否有營養不良，是否合併內科、內分泌疾病，還有遺傳因素等影響。

建議請營養科評估一下飲食狀況，如果孕媽媽體重增長不達標，食慾也不好，就要進行膳食調整；如果體重增長正常，體重也比較合理，就有可能是遺傳因素導致胎寶寶偏小，如父母雙方有一方體形瘦小。還有可能是胎盤功能不良，胎寶寶得不到充足的營養，這種情況應尋求醫生幫助。

是不是多吃水果寶寶皮膚好？

馬醫生回覆：水果裏面富含維他命 C 等多種維他命和鉀等礦物質，對胎寶寶成長發育十分重要，但並不是吃得越多越好。一般孕中、晚期每天可以吃 200 ～ 400 克水果，相當於 1 個中型蘋果、1 根香蕉、1 個奇異果。如果吃得太多，水果中的糖分會轉化成脂肪儲存在體內，容易導致體重超標。另外，寶寶皮膚質地、膚色很大程度是由遺傳決定的，過分相信「媽媽多吃水果，寶寶皮膚白」是很片面的。

無糖飲料能喝嗎？

馬醫生回覆：很多所謂的無糖飲料，其實是用人造甜味劑（如阿斯巴甜）代替了糖，很多人以為這種飲料會比含糖飲料更健康。然而最新研究表明，如果孕媽媽大量飲用這種飲料，有引起早產的可能。

孕 4 月以後可以有性生活嗎？

馬醫生回覆：孕中期是可以有性生活的，但建議不要過頻。此外，我們建議性生活採用男方在後，女方在前，從後面進入，相當於摟抱式，這樣一方面不會進入太深，另一方面對孕媽媽腹部的壓迫也會小點。孕晚期的性生活更要節制，臨產前 1 個月要禁止性生活。

懷孕 5 個月（懷孕 17 至 20 周）

感受到胎動了

孕媽媽和胎寶寶的變化

媽媽的身體：肚子顯懷了

子宮 成人頭部大小，在臍下 1~2 橫指

懷孕進入穩定期。胎盤發育完成，寶寶能夠通過臍帶從媽媽身體獲得營養和氧氣。媽媽的肚子開始顯現，乳房變大。今後，體重會以每個月增加 2 千克的速度增長。有的媽媽在 17 周左右就能感受到胎動了。

肚子裏的胎寶寶：長頭髮了

身長 約 25 厘米　**體重** 約 300 克

寶寶的大腦仍在發育着，頭上長了一層細細的異於胎毛的頭髮。為了保護皮膚，寶寶的全身長滿了胎毛，佈滿了在羊水中起到維持體溫的像黃油般的「胎脂」。通過超聲波可看到寶寶的心臟已經發育成兩心房兩心室。

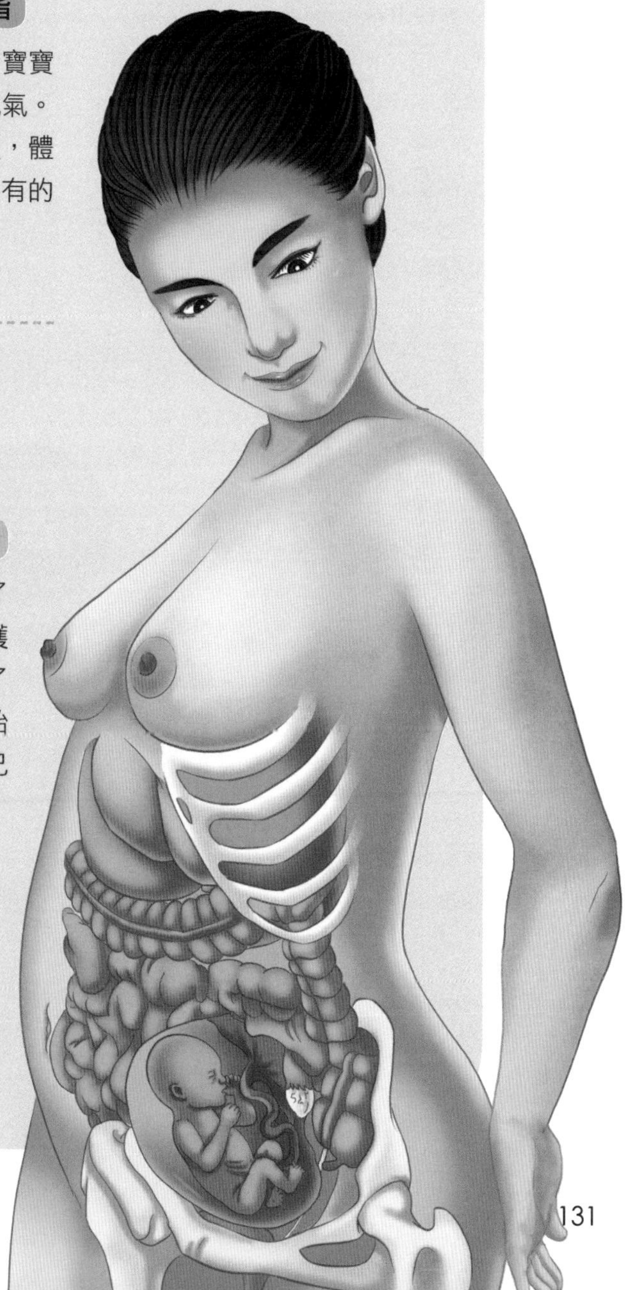

感受胎動，還不需計數

胎動如何反映胎寶寶的健康狀況

如果胎寶寶的胎動比較有節奏、有規律，且變化不大，就説明胎兒的發育是正常的。胎動正常，表明胎盤的功能良好，輸送給胎兒的氧氣充足，胎兒在子宮內發育健全。如果胎寶寶胎動頻率突然減少或者停止，可能是在子宮內有慢性窘迫的情況，比如缺氧，應讓醫生做緊急處理。有以下情形更要小心處理：12 小時無胎動，或者一天胎動少於 10 次，或與前一天相比胎動減少一半以上。

胎動次數是變化着的，孕媽媽的運動、姿勢、情緒以及強聲、強光和觸摸腹部等，都會影響胎動。

哪些因素會影響孕媽媽對胎動的感受

羊水多少

胎寶寶的任何運動都受到包裹他的羊水的保護，羊水少的孕媽媽對胎動的感受要明顯一些。

對痛感很敏感的孕媽媽一般連很輕微的胎動也能捕捉到。一般經產婦比初產婦能更早感受到胎動。

一般來説，腹壁厚的孕媽媽對胎動的感覺會比較遲鈍，而腹壁薄的孕媽媽則容易感受到胎動。

甚麼情況下胎動比較明顯

1 對着肚子説話時。準爸爸和孕媽媽在和胎寶寶交流時，他很可能會用胎動的方式做出回應。

2 聽音樂時。胎寶寶聽到音樂時，往往會變得喜歡動，這是他在傳達情緒呢。

3 吃飯以後。飯後孕媽媽體內的血糖含量增加，胎寶寶也「吃飽喝足」了，更有力氣了，所以胎動會更頻繁。

4 晚上睡覺以前。胎寶寶在晚上比較有精神，孕媽媽在這個時候也能靜下心來感受胎寶寶的胎動，所以會覺得胎動比較頻繁。

這個月能感受到胎動就行，不需要計數

胎動一般不少於每小時 3 次；12 小時明顯胎動次數為 30 ～ 40 次。但由於胎寶寶存在個體差異，就像剛出生的寶寶一樣，有的寶寶好動，有的寶寶好靜。只要胎動有規律、有節奏、變化不大，都説明胎寶寶發育是正常的。因此這個時期進行胎動計數意義不是很大，只要感覺有胎動即可。

不同孕期的胎動變化

月份	胎動情況	孕媽媽的感覺	胎動位置	描述
孕 5 月	小，動作不激烈。	細微動作，不明顯。	肚臍下方	像魚在游泳，或是咕嚕咕嚕吐泡泡。
孕 6 月	大，動作激烈。	明顯	靠近臍部，向兩側擴大。	此時胎寶寶能在羊水中自由活動，感覺像在伸拳、踢腿、翻滾。
孕 7 月	大，動作激烈。	很明顯，還可以看出胎動。	靠近胃部，向兩側擴大。	子宮空間大，胎寶寶活動強度大，動的時候可看到肚皮一鼓一鼓的。
孕 8 月	大，動作激烈。	明顯，有時會伴有疼痛。	靠近胸部	這是胎動最敏感、最強烈的時期，有時會讓孕媽媽有微微痛感。
孕 9 月	大，動作激烈。	明顯	遍佈整個腹部	手腳的活動增多，有時手或腳運動會使孕媽媽肚皮突然鼓出來。
孕 10 月	小，動作不太激烈。	明顯	遍佈整個腹部	胎寶寶幾乎撐滿整個子宮，宮內活動空間變小，胎動減少。

監測血壓，預防妊娠高血壓

孕20周以後應密切監測血壓變化

正常情況下，本月孕媽媽的血壓較為平穩。孕20周是監測血壓的關鍵時期。孕媽媽在孕20周以前出現高血壓，多是原發性高血壓；如果20周以前血壓正常，20周以後出現高血壓（140/90mmHg），並伴有蛋白尿及水腫，稱為妊娠高血壓綜合症（簡稱「妊高症」）。

正常的血壓值應該是多少

醫生或護士會在每次產檢時用血壓計測量並記錄你的血壓。目前，不少醫院都使用電子血壓計。血壓計上會顯示兩個讀數，一個是收縮壓，是在心臟跳動時記錄的讀數；另一個是舒張壓，是在兩次心跳之間「休息」時記錄的讀數。健康年輕女性的平均血壓範圍是110/70～120/80mmHg。

如果你的血壓在一周之內至少有2次高於140/90mmHg，而你平常的血壓都很正常，那麼醫生會多次測量血壓以判斷你是否患有妊娠高血壓。

哪些人要格外警惕妊娠高血壓

初產婦；孕媽媽年齡小於18歲或大於40歲；多胎妊娠；有妊娠高血壓病史及家族史；患慢性高血壓；患慢性腎炎、糖尿病等疾病；營養不良及低收入；患紅斑狼瘡等自身免疫疾病。

血壓測量連續幾次居高不下，要引起重視

當血壓讀數高於你的正常水平，並且連續幾次居高不下時，就會引起醫生的關注。如果你的血壓開始升高了，那你的尿常規結果對於接下來的診斷就至關重要了。如果你的尿液中沒有出現蛋白質，被診斷為妊娠高血壓的機率很高；如果你的尿液中有蛋白質，你可能處於子癇的早期階段，因此，需要更頻繁地做產前檢查。

怎樣預防妊娠高血壓

1 定期檢查，測血壓、查尿蛋白、測體重；保證充足的休息，保持好心情。
2 控制體重，確保體重合理增長。孕期體重增長過快會增加妊娠高血壓發病率。
3 飲食不要過鹹，保證蛋白質和維他命的攝入。
4 及時糾正異常情況，血壓偏高時要在醫生指導下服藥。

對付討厭的妊娠紋，一定要試試這幾招

懷孕期間，很多孕媽媽的大腿、腹部和乳房上會出現一些寬窄不同、長短不一的粉紅色或紫紅色的波浪狀紋，這就是妊娠紋，主要是這些部位的脂肪和肌肉增加得多而迅速，導致皮膚彈性纖維因不堪牽拉而損傷或斷裂而形成的。妊娠紋會在產後變淺，有的甚至和皮膚顏色相近，但很難徹底消失，所以最好提前預防。下面看看過來人給大家提供哪些妙招來預防妊娠紋。

控制好體重的增長

孕中、晚期每個月體重增長不要超過 2 千克，不要在某一個時期暴增，使皮膚在短時間內承受太大壓力，從而出現過多的妊娠紋。

用專業的托腹帶

專業的托腹帶能有效支撐腹部重力，減輕腹部皮膚的過度延展拉伸，從而減少腹部妊娠紋。

按摩增加皮膚彈性

從懷孕初期就堅持在容易出現妊娠紋的部位進行按摩，增加皮膚的彈性。按摩油最好是無刺激的橄欖油或嬰兒油。

使用預防妊娠紋的乳液

市面上有很多預防妊娠紋的乳液，也可以選擇使用，但要諮詢清楚，避免對胎寶寶造成傷害。

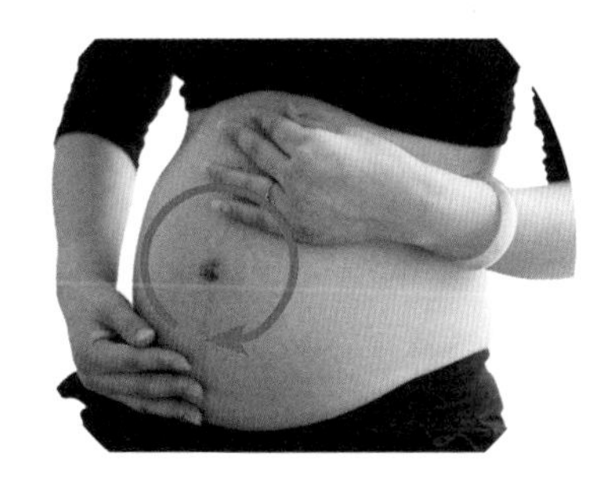

腹部下端是最容易出現妊娠紋的地方，可以將按摩乳放在手上，順時針方向畫圈，邊抹乳霜邊按摩腹部，能有效預防妊娠紋。

防治孕期脫髮的小妙招

有些孕媽媽會出現孕期脱髮的情況，主要有三方面的原因：一是懷孕後，受體內激素的影響而導致脱髮；二是精神壓力過大，導致毛囊發生改變和營養不良，進而使頭髮生長功能受到抑制，頭髮進入休止期而出現脱髮；三是孕媽媽營養不良和新陳代謝出現異常，引起發質和發色的改變而導致脱髮。孕媽媽長期脱髮不利於自身的健康，所以預防孕期脱髮很重要。

注意頭髮的護理

在孕期，孕媽媽要用適合自己的洗髮水清洗頭髮，能有效清除頭髮上的油脂污垢，保持頭皮清潔，有利於頭髮生長，避免脱髮。注意護髮素不要塗抹在頭皮上，並要沖洗乾淨。

用指腹按摩頭皮

孕媽媽洗頭時，避免用力抓扯頭髮，應用指腹輕輕地按摩頭皮，可促進頭髮生長。此外，梳頭時應該先梳發尾，將發尾糾結的頭髮梳開，再由發根向發尾梳理，以防止頭髮因外力牽拉而分叉、斷裂。

定期做營養保護膜

如果孕期脱髮嚴重，孕媽媽可以每 2 ～ 3 天使用一次營養保護膜，或者直接用雞蛋白塗在洗過的頭髮上，按摩後洗淨。雞蛋白中豐富的蛋白質可以為頭髮提供營養，增加頭髮的韌性。洗頭不要太頻繁，2 ～ 4 天洗一次即可，水不要太熱，避免過熱刺激皮脂分泌更多，水溫 40℃左右即可。

按摩百會改善脫髮

百會穴位於頭頂部，兩耳尖連線的中點處，孕媽媽可以用手指按頭頂，用中指揉百會穴，其他兩指輔助，順時針轉 36 圈，有熄風醒腦、升陽固脱的作用，可改善脱髮。

和準爸爸安排一次小小的旅行

制訂可行的外出計劃

在制訂行程時，要預留出足夠的休息時間，出發前徵求醫生的同意。此外，在出發前必須查明到達地區的天氣、交通、醫院等，若行程是難以計劃和安排的，有許多不確定因素的話，最好還是避開。

旅行時注意以下 5 點

準爸爸要全程陪同

孕媽媽不宜一人獨自出門，如果與一大群陌生人做伴也是不合適的，最好是與準爸爸、家人或者好友等熟悉的人前往，會使旅程更愉快。當孕媽媽覺得累或不舒服時，也有人可以照顧。

選擇合適的交通方式

短途旅行可以坐汽車，要繫好安全帶，每 2 小時要站起來活動一下。遠途旅行最好選擇火車或飛機。火車旅行宜選擇臥鋪的下鋪。飛機座位最好選擇靠近洗手間或過道的地方。

乾淨的飲食

旅行中的飲食應避免生冷、不乾淨或沒吃過的食物，以免造成消化不良、腹瀉等突發狀況；奶製品、海鮮等食物容易變質，如不能確保新鮮，最好不吃；多喝開水，多吃水果，能防止脫水和便秘。

運動量不要太大或太刺激

運動量太大或太刺激容易造成孕媽媽的體力不堪負荷，而導致流產等不良結局。

隨時注意身體狀況

旅行中，身體如感覺疲勞要及時休息；如有任何身體不適，如陰道出血、腹痛、腹脹等，應立即就醫。此外，孕媽媽如有感冒、發熱等症狀，也應及早看醫生，不要輕視身體上的任何異常表現。

馬醫生小貼士

孕期出行「選中間，避兩頭」，更安全

孕早期，胎盤發育還不成熟，與子宮壁連接也不牢固，加上有早孕反應，出行容易發生流產。而孕晚期，孕媽媽腹部隆起，身體沉重，且子宮敏感性增加，如果運動幅度較大或者腹部受到衝擊，很可能引起子宮收縮，導致早產。所以孕早期和孕晚期都不適合出行。

孕中期胎寶寶最為「穩固」，且孕媽媽身體也不太沉重、狀態最好，孕期不適和流產風險也降低很多，所以孕中期外出遊玩最安全。

孕期失眠怎麼辦

孕期失眠煩惱多

對於孕媽媽來說，失眠不僅影響心情，而且對整個身體系統都可能造成傷害。因為睡眠不足可能導致孕媽媽體內的胰島素水平過高，增加孕媽媽患妊娠糖尿病的風險，也容易使孕媽媽血壓升高，造成產程遲滯，給分娩帶來意料不到的障礙。

對付孕期失眠，過來人有哪些小妙招

很多孕媽媽都會因為各種原因出現失眠的情況，在實際生活中這些「過來人」總結出了很多緩解孕期失眠的小妙招，下面我們就分享一下。

妙招一：創造良好的睡眠氛圍

選擇家中安靜的房間作為臥室，佈置得溫馨點，營造一個舒適的氛圍。將燈光調得暗一些，掛上厚厚的窗簾或是隔音壁紙來隔絕噪聲。此外，不要在臥室裏放電視，或在床上看書、看手機、工作，這些都是導致入睡困難的原因。

妙招二：適當增加生活內容

孕媽媽要根據懷孕情況和個人愛好，適當增加生活內容，如聽聽音樂、進行放鬆訓練、適當運動等，既有利於調節情緒，又有利於胎寶寶成長。

妙招三：養成規律的睡眠時間

孕媽媽儘量每晚在同一時間睡眠，早晨在同一時間起床，養成有規律的睡眠習慣，有助於調節孕媽媽的睡眠狀態，提高睡眠質量。

妙招四：轉變對睡眠的態度

失眠不可怕，對失眠本身的恐懼卻可以加重失眠，因對睡眠需要的強烈動機而形成的緊張更不利於入睡。接受失眠的現實，放棄對睡眠的強烈渴望，形成「睡覺是為了放鬆、為了享受，應順其自然」的觀念，這樣更有利於入睡。

妙招五：吃些助眠的食物

睡前喝杯溫熱的牛奶或者一小碗小米粥可改善睡眠，因為奶製品和小米中含有色胺酸——一種有助於睡眠的物質。此外，桂圓、蓮子、紅棗等食物也有養血安神的功效，能夠促進睡眠。

馬醫生小貼士　孕期失眠慎用藥物

孕期，大部分孕媽媽的睡眠障礙多是心理因素引起的，極少部分是生理原因引起的。調理失眠應慎用藥物，多採用心理輔導，要積極引導孕媽媽轉變和適應目前的懷孕狀況，從對外界的高度關注轉變到對即將為人母的幸福感的體驗上來。

孕期抑鬱，可能是體內激素在作怪

懷孕是女人一生中最幸福的事情，但調查顯示，有 15% ～ 25% 的女性會有不同程度的孕期抑鬱，主要是因為懷孕後體內激素分泌持續增加，引起大腦中調節情緒的神經傳遞發生了變化，會讓孕媽媽感到疲憊、焦慮等，進而導致抑鬱情緒。這時，孕媽媽要時刻提醒自己，這是懷孕後的自然反應，不必過於擔心。但如果抑鬱情緒比較嚴重，就要接受治療，否則會嚴重影響母胎的健康，甚至影響產後更好地照顧寶寶。

孕期抑鬱的表現

- 沒有原因的想哭
- 感覺對身邊事漠不關心，注意力下降
- 睡眠質量差
- 暴食或厭食
- 焦慮、內疚
- 疲勞、缺乏安全感
- 喜怒無常

如果孕媽媽發現自己有上述 3 種或 3 種以上症狀，而且持續 2 周以上，那麼很有可能是孕期抑鬱，應及時與家人溝通，向醫生諮詢。

緩解孕期抑鬱的 5 個方法

如果真的遭遇了孕期抑鬱症，孕媽媽和家人也不要過於擔心，可以嘗試用這些方法來緩解。

1. 自我放鬆。儘量放鬆自己，多做一些平時感興趣的事，如看書、看電影、聽音樂等。如果財務狀況允許，職場媽媽可以適當請假休息。
2. 向丈夫傾訴。將自己的煩惱多和丈夫交流。作為丈夫，要學會傾聽，做孕媽媽最堅強的後盾。
3. 與孕友分享。找幾個孕周相近的朋友，一起分享懷孕過程中的不安和擔憂，將自己的情緒釋放出來，也是很好的減壓方式。
4. 生活規律。培養規律的作息時間，均衡飲食，合理運動，保證充足的睡眠，可以幫助孕媽緩解抑鬱情緒。
5. 及時就醫。如果以上措施效果不佳，或是抑鬱情況對日常生活造成嚴重影響，或孕媽媽的抑鬱症狀有加重的傾向，那麼請一定要及時就醫，醫生可能會開一些對孕媽媽和胎寶寶影響較小的藥物進行調理和治療。

養胎飲食
促進胎兒大腦發育該怎麼吃

增加優質蛋白質，來點低脂牛奶、雞蛋和豆腐

優質蛋白質是胎寶寶大腦發育必不可少的營養素，瘦肉、蛋類、低脂牛奶和豆製品是優質蛋白質的絕好來源，不僅可以為人體提供優質蛋白質、磷脂、鈣、鋅等成分，還不會導致脂肪攝入過多。

增加不飽和脂肪酸，吃點堅果和海魚

不飽和脂肪酸是大腦和腦神經的重要營養成分，核桃、葵花子、南瓜子、松子、開心果、腰果等堅果中富含不飽和脂肪酸，孕媽媽可以適量食用。每天以 25 ～ 30 克為宜，也就是一手掌心的量，進食過多容易導致肥胖。

魚肉中富含 ω-3 脂肪酸，能促進大腦發育，但是鑒於當前的水域污染問題，吃魚也不要過量，可以每周吃 1 ～ 2 次，每次在 100 克以內就行。吃魚以清蒸、紅燒、燉為主，不宜油炸，油炸不僅會導致脂肪含量高，還可能會使魚的汞含量上升。

吃了未經煮熟的魚可能會導致寄生蟲或病菌感染，因此孕媽媽吃魚一定要確保熟透，不宜吃生魚片。

馬醫生小貼士 **可適當增加健康零食**

對孕媽媽來說，比較好的零食是水果、乳酪。此外，儘量選擇天然來源的零食，比如南方的五香煮毛豆、煮菱角、茴香豆和奶油蠶豆，北方的烤番薯、番薯乾、煮粟米和五香煮花生，能補充礦物質和膳食纖維等，是營養價值比較高的零食。

供給好脂肪，促進胎寶寶器官發育

脂肪是促進人體生長發育和維持身體功能的重要物質。胎寶寶大腦和身體其他部位的生長發育需要脂肪，尤其是胎寶寶的大腦，50% ～ 60% 由各種必需脂肪酸構成。

在攝入脂肪時，應以植物性脂肪為主，多吃豆類、堅果等；適當食用動物性脂肪，如瘦肉、動物內臟、奶類等，避免食用肥肉、雞皮、鴨皮等。

多吃高鋅食物，避免胎兒發育不良

鋅是體內多種酶的組成成分，參與體內熱量代謝，與蛋白質的合成密切相關。胎兒缺鋅會影響大腦發育和智力，出現低體重，甚至畸形。

牡蠣含鋅量最高，其他海產品和肉次之。含鋅比較高的植物性食物有黑芝麻、糯米、黃豆、毛豆、紫菜等；動物性食物有牛肉、豬肝、蝦等。

增加維他命 A 或 β- 胡蘿蔔素的攝入，促進胎兒視力發育

維他命 A 對胎寶寶的視力發育、皮膚發育、提升抵抗力等關係密切。孕中期每天應攝入 770 微克維他命 A。動物性食物如動物肝臟、動物血、肉類等不但維他命 A 含量豐富，而且能直接被人體吸收，是維他命 A 的良好來源。

β- 胡蘿蔔素在體內可以催化生成維他命 A，在紅色、橙色、深綠色蔬果中廣泛存在，所以西蘭花、紅蘿蔔、菠菜、南瓜、芒果等也是維他命 A 的一個重要來源。

1 根紅蘿蔔（約 100 克）
含有 4107 微克胡蘿蔔素

1/5 個豬肝（約 100 克）
含有 4972 微克維他命 A

孕期營養廚房

蒜蓉開邊蝦

材料 基圍蝦 200 克，蒜蓉 30 克。

調料 葱花、鹽各 3 克，麻油適量。

做法

1. 基圍蝦剪去蝦鬚，挑去蝦線，洗淨。
2. 取盤，將收拾乾淨的基圍蝦整齊地平鋪在盤內，均勻地撒上鹽和蒜蓉，送入燒開的蒸鍋中大火蒸 6 分鐘，取出，淋上麻油，撒上葱花即可。

蝦是優質蛋白質的來源，且富含多種礦物質，如鈣、磷、鋅等，孕媽媽吃蝦，可以促進寶寶骨骼和腦部發育。

南瓜沙律

材料 南瓜 300 克，紅蘿蔔 50 克，豌豆 30 克。

調料 沙律醬 10 克，鹽 3 克。

做法

1. 南瓜去皮洗淨，切成丁；紅蘿蔔洗淨削皮，切成丁。
2. 鍋置火上，加清水燒沸，將南瓜丁、紅蘿蔔丁和豌豆下沸水煮熟後撈出，放涼。
3. 將南瓜丁、紅蘿蔔丁、豌豆盛入碗中，加入沙律醬、鹽拌勻即可。

南瓜含有豐富的鈣、磷等，南瓜和紅蘿蔔中的胡蘿蔔素含量都很高，有利於胎兒的視力發育。

每天胎教 10 分鐘

撫摸胎教前的準備工作

輕輕撫摸孕媽媽的腹部，是對胎寶寶的一種愛撫，可以促進胎寶寶的感覺系統發育。準爸爸還可以把耳朵貼在孕媽媽的肚皮上，聽一聽胎寶寶的聲音。這種親密的互動可以促進準爸爸、孕媽媽及胎寶寶的情感交流。

在做撫摸胎教前，孕媽媽要先排空小便，坐靠在床上，膝關節向腹部彎曲，雙腳平放在床上，全身放鬆，此時的腹部較柔軟，很適合撫摸。

撫摸胎教的方法

剛開始做撫摸胎教時，胎寶寶的反應較小，準爸爸或孕媽媽可以先用手在腹部輕輕撫摸，再用手指在孕媽媽的腹部輕壓一下，給他適當的刺激。

胎寶寶習慣後，反應會越來越明顯，每次撫摸都會主動配合。每次撫摸開始時，可以跟着胎寶寶的節奏，胎寶寶踢到哪裏就按到哪裏。重複幾次後，換一個胎寶寶沒有踢到的地方按壓，引導胎寶寶去踢，慢慢地，胎寶寶就會跟上爸媽的節奏，按到哪踢到哪。

長時間進行撫摸胎教後，準爸媽可以用觸摸方式分辨出胎寶寶圓而硬的頭部、平坦的背部、圓而軟的臀部以及不規則且經常移動的四肢。

哪些情況不宜進行撫摸胎教

1. 胎動頻繁時。胎動頻繁時，最好不要做撫摸，要注意觀察，等待寶寶恢復正常再進行。
2. 出現不規則宮縮時。孕晚期，子宮會出現不規律的宮縮，宮縮的時候肚子會發硬。孕媽媽如果摸到肚皮發硬，就不能做撫摸胎教了，需要等到肚皮變軟了再做。
3. 習慣性流產、早產、產前出血及早期宮縮。孕媽媽如果出現這些現象時，則不宜進行撫摸胎教。

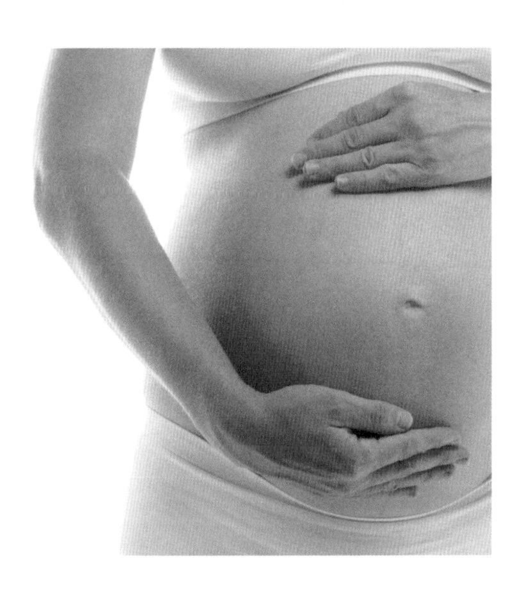

健康孕動
改善孕中期腰背痠痛

權威解讀

《中國居民膳食指南 2016（孕期婦女膳食指南）》

孕期如何進行適當的身體活動

若無醫學禁忌，多數活動和運動對孕婦都是安全的。孕中、晚期每天應進行 30 分鐘中等強度的身體活動。中等強度一般為運動後心率達到最大心率的 50% ～ 70%，主觀感覺稍疲勞，但 10 分鐘左右得以恢復。最大心率可用 220 減去年齡計算得到，如年齡 30 歲，最大心率為 220-30=190，活動後的心率以 95 ～ 133 次 / 分為宜。常見的中等強度運動包括：快走、游泳、打球、跳舞、孕婦瑜伽、各種家務勞動等。應根據自己的身體狀況和孕前的運動習慣，結合主觀感覺選擇活動類型，量力而行，循序漸進。

孕 5 月運動原則

- 隨着腹部的增大，很多孕媽媽都有背部和肩部疼痛的情況。孕媽媽可以通過簡單的運動，如舒展運動、游泳等來緩解背部和肩部的疼痛。
- 別整天待在家裏，可以每天適當做些戶外運動。做戶外運動時要穿上合腳舒適的鞋子。
- 保持良好的姿勢，站立時骨盆稍後傾，抬起上半身，肩稍向後落下。此外，還要避免長時間站立。

貓式跪地：緩解腰背痛

孕媽媽的小腿及腳背緊貼墊子，十指張開撐地，指尖向前，手臂、大腿挺直與地面成直角。然後雙臂向前伸直、平行着地，臀部向上撅起，跪趴在墊子上休息。

孕中期怎麼補鈣才科學

孕中期，每天鈣需要量為 1000 毫克

孕媽媽對鈣的需要量隨着胎寶寶的成長而變化。到了孕中期，孕媽媽對鈣的需要量比孕早期要大。中國營養學會建議孕中期每天補充 1000 毫克的鈣。

出現哪些情況表明嚴重缺鈣

孕中期，如果孕媽媽已經補充了複合營養片，沒有出現任何不適症狀，就不需要單獨補鈣。但是，如果出現了小腿抽筋、牙齒鬆動、妊娠高血壓綜合症、關節疼痛、骨盆疼痛等症狀，那就需要有針對性地補鈣了。

哪些食物含鈣量高

孕媽媽從食物中補鈣以乳類及乳製品為好，雖然乳類的含鈣量不是最高的，但是其吸收率是最好的。另外，水產品中的蝦皮、海帶等含鈣量也較高，堅果、豆類及豆製品、綠葉蔬菜中含鈣也較多，它們都是補鈣的良好來源。

吃不下食物要補鈣劑

如果孕媽媽由於受食量的限制，不能從飲食中攝入足量的鈣，可從孕中期（孕 18 周左右）開始補充鈣劑。

服用鈣片不宜空腹

由於胃酸可以分解食物中的鈣和各種鈣劑中的鈣，所以補鈣不能空腹。晚飯後半小時是最佳的補鈣時間。因為鈣質容易與食物中的油類結合形成皂鈣，會導致便秘，跟草酸結合形成草酸鈣，容易形成結石，所以最好是晚飯半小時後再喝牛奶或者吃鈣片。

鈣的吸收沒有維他命 D 怎麼行

維他命 D 是一種脂溶性維他命。維他命 D 可以全面調節鈣代謝，增加鈣在小腸的吸收，維持血中鈣和磷的正常濃度，促使骨和軟骨正常鈣化。

目前有關食物中維他命 D 含量的數據很少，主要是因為天然食物中很少富含維他命 D，而維他命 D 主要來源於動物性食物，如肉、蛋、奶、深海魚、魚肝油等，植物性食物中的香菇也含有較多的維他命 D。維他命 D 另外一個主要來源就是曬太陽，上午 9 ～ 10 點和下午 4 ～ 5 點都是曬太陽補維他命 D 的好時段。

馬醫生小貼士 **孕期補鈣可以通過食物＋鈣劑的方式**

從孕中期開始，胎兒進入了快速發育的時期，必須補充足夠的鈣質來保證四肢、脊柱、牙齒等部位的骨化。中國營養學會推薦孕媽媽在孕中期每天攝入 1000 毫克的鈣。喝牛奶是孕媽媽補鈣的聰明選擇。孕媽媽如果在孕中期不能保證每天攝入 300 ～ 500 克牛奶（或含有等量鈣質的奶製品），就需要補充一定量的鈣劑。但現在市場上一些鈣劑中含有對孕媽媽身體有害的元素，如鎘、鉍、鉛等，長期服用可能導致重金屬中毒，因此建議孕媽媽買質量有保障的鈣劑。

網絡點擊率超高的問答

能根據胎動判斷男孩女孩嗎？

馬醫生回覆：沒有任何科學證據說明胎動可以判斷男女，每個寶寶的性格都是不一樣的，還是把這個謎底留到分娩那一刻揭開吧。

胎寶寶的檢查結果和標準值有差異就是不合格嗎？

馬醫生回覆：每個胎寶寶都有獨特性，檢查結果會與標準值有所差異，足月時出生體重在2.5～4.0千克都是正常的。因為胎寶寶入盆或者體位的問題可能會造成測量誤差，所以當你的檢查結果和標準值不一樣的時候，不要過於緊張，先諮詢醫生。

孕5月了，突然牙疼得要命，如何緩解？

馬醫生回覆：牙痛是口腔科牙齒疾病最常見的症狀。很多牙病都能引起牙痛，常見的有齲齒、急性牙髓炎、慢性牙髓炎、牙周炎、牙齦炎等。

孕媽媽最好去醫院做全面檢查，以便對症治療。到孕5月，胎寶寶各方面發育都已經穩定，牙齒問題一般不會引起流產，但孕媽媽也要及時治療，因為如果沒有得到及時治療的話，到孕晚期有可能會造成早產。

生頭胎時沒有妊娠紋，這次再懷也不會有吧？

馬醫生回覆：盡管頭胎沒有長妊娠紋，但懷二胎時如果體重增長過快，還是有可能產生妊娠紋的。只要肚子變大，就會加重孕媽媽身體的負擔，而皮膚的伸縮程度是有限的，體重增加過快，妊娠紋會隨之出現。孕媽媽如果能讓自己的體重緩慢增加，那麼皮膚也能逐漸適應、展開，這樣出現妊娠紋的可能性就會降低。

懷孕 6 個月（懷孕 21 至 24 周）

注意補鐵補血，應對四肢腫脹

孕媽媽和胎寶寶的變化

媽媽的身體：容易出現貧血

子宮　子宮底高度 20~24 厘米

這一時期，大部分孕媽媽感覺到了胎動。因為血容量增加了，孕媽媽很容易出現貧血。因乳腺發育，有些孕媽媽在洗澡時按壓乳頭，會有淡黃色的初乳溢出。

肚子裏的胎寶寶：長出了眉毛、睫毛

身長　28~30 厘米　　體重　600 克

頭髮稍微多了一些，開始長眉毛、睫毛、手指甲了。到目前為止，一直閉着的鼻孔打開了。寶寶的身體還很瘦，因為皮膚開始伸展開來，所以寶寶有皺紋了。骨骼、肌肉、神經進一步發育，動作更加有力、順暢了。寶寶的耳朵開始聽得見了。

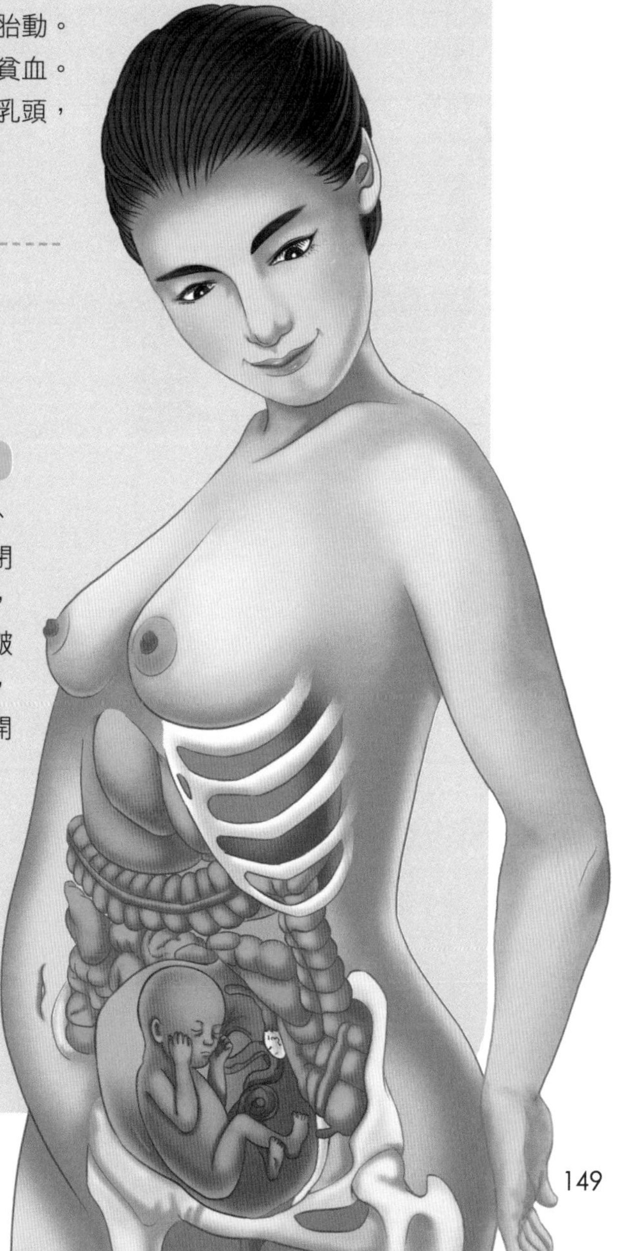

關注孕期不同階段睡覺姿勢，不遭罪

孕媽媽應該從甚麼時候開始注意睡姿

睡眠姿勢對胎寶寶和孕媽媽的影響並不是從懷孕那一刻就開始的。而是隨着子宮的增大、孕期的推進慢慢影響健康的。

睡眠姿勢對胎寶寶和孕媽媽的影響，來源於子宮對腹主動脈、下腔靜脈、輸尿管的壓迫，而增大的子宮才會產生這樣的影響。到了妊娠 6 ～ 7 個月，子宮會迅速增大，此時睡姿容易對孕媽媽和胎寶寶產生影響，孕媽媽從這時起就要注意睡姿了。

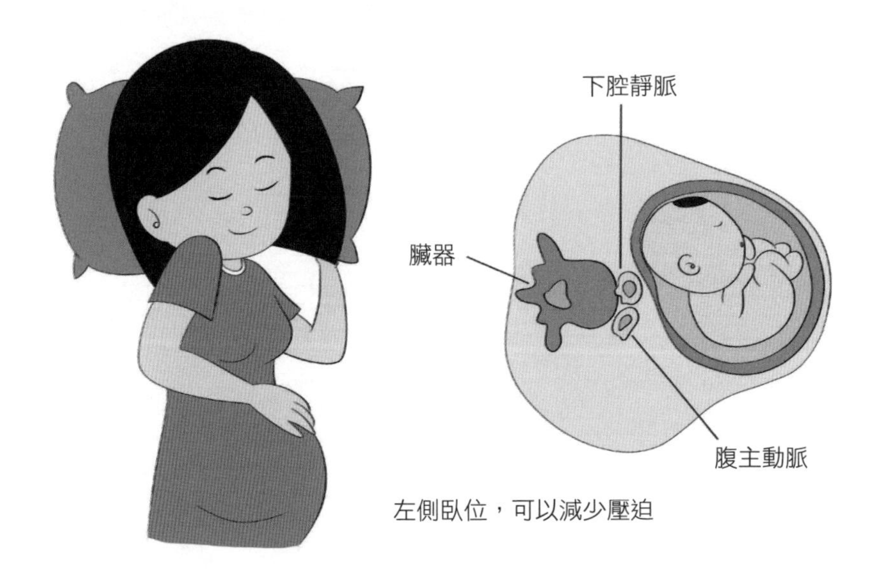

左側臥位，可以減少壓迫

孕媽媽左側臥位有甚麼好處

當孕媽媽採取左側臥位時，右旋的子宮得到放鬆，減少了增大的子宮對腹主動脈、下腔靜脈和輸尿管的壓迫，同時增加了子宮、胎盤血流的灌注量和腎血流量，使回心血量和各器官的血液供應量增加，有利於減少妊娠高血壓的發生，減輕水鈉瀦留和水腫。所以採取左側臥位睡覺對胎寶寶的生長發育和孕媽媽的健康都是有好處的。

孕媽媽仰臥位可能產生的問題

孕媽媽仰臥位導致的直接問題是增大的子宮對脊柱側前方腹主動脈和下腔靜脈的壓迫；間接影響是子宮、胎盤血流灌注量減少，回心血量、心血輸出量減少，各器官血供減少，腎血流量減少，加重或誘發妊娠高血壓，加重水鈉瀦留和水腫。

不必苛求整夜都保持左側臥位

雖然左側臥位有種種好處，但並不是要求孕媽媽整夜都保持左側臥位，因為沒人能整夜保持一種睡姿，孕媽媽只要做到以下幾點就足夠了。

1. 躺下休息時，儘量採取左側臥位，這樣能減少增大的子宮對腹主動脈、下腔靜脈和輸尿管的壓迫，增加子宮、胎盤血流的灌注量和腎血流量，減輕或預防妊娠高血壓。
2. 半夜醒來時發現自己沒有採取左側臥位，就改為左側臥位，如果感覺不舒服，就採取讓自己舒服的體位。胎寶寶有自我保護能力，如果他感覺不舒服時，就會讓你醒來或者在睡夢中採取舒服的體位。
3. 孕媽媽要相信身體的自我保護能力，如果仰臥位壓迫了動脈，回心血量減少導致血供不足，即使在睡眠中也會自我改變體位。切記，感到舒服的睡眠姿勢就是最好的姿勢。
4. 定時排便，改善便秘。定時排便可以給增大的子宮騰出更多的空間，減少子宮右旋的程度。

孕期靜脈曲張，如何減輕症狀

為甚麼孕中期容易發生靜脈曲張

孕媽媽懷孕後，很容易出現下肢和外陰部靜脈曲張。靜脈曲張往往會隨着妊娠月份的增加而逐漸加重。而且經產婦會比初產婦更加嚴重。這主要是因為在懷孕後，子宮和卵巢的血容量增加，以致下肢靜脈回流受到影響。增大的子宮壓迫盆腔內靜脈，阻礙下肢靜脈的血液回流，使靜脈曲張更為嚴重。

緩解和預防靜脈曲張的小妙招

避免體重增加過多

如果體重超標，會增加身體的負擔，使靜脈曲張更加嚴重。孕媽媽應將體重控制在正常範圍之內，必要時可諮詢醫生。

不要久站或久坐

孕媽媽不能長時間站或坐，否則會影響下腔靜脈和腹主動脈的血液供應量。在孕中、晚期，要減輕工作量並且避免長時間一個姿勢站立或仰臥。坐時兩腿避免交疊，以免阻礙血液的回流。

多採用左側臥位

休息或者睡覺時，孕媽媽採用左側臥位更有利於下肢靜脈的血液循環。另外，睡覺時可用毛巾或被子墊在腳下，這樣有利於血液回流，減小腿部壓力，緩解靜脈曲張的症狀。

不要穿緊口襪和緊身褲

孕媽媽不宜穿緊口襪和緊身褲。醫用彈性襪是孕媽媽的理想選擇，這種襪子以適當壓力讓靜脈失去異常擴張的空間。堅持穿這種襪子，因靜脈曲張引起的不適症狀，包括疼痛、抽筋、水腫等，都將伴隨着靜脈逆流的消除與靜脈回流的改善而逐漸消除。

每天堅持鍛煉

孕媽媽最好每天堅持鍛煉，如散步、孕婦操等，這樣有利於全身血液循環，能有效地預防靜脈曲張。

孕期乳房巧護理，為哺乳做好準備

孕中期，乳房繼續增大，可能出現妊娠紋

受到逐漸升高的激素的驅動，這一時期乳腺組織繼續發育，血液的供應也增加，以用來支持這種擴張。主要表現為乳暈更加突出，乳房繼續增大，表皮的紋理更加清晰。同時，由於乳房的增大，可能會出現妊娠紋。

乳頭有初乳溢出

很多孕媽媽在這個時期乳房會分泌一些黃色液體，沒有經驗的孕媽媽可能以為自己的身體出現了問題。在孕期這是很正常的現象，要知道，乳房正在為未來製造乳汁開始做準備，這種黃色液體其實就是初乳，是將來寶寶的糧食。

在孕期，大腦垂體開始釋放人量的催乳素，催乳素促使乳汁分泌。不過放心，它不會大量釋放刺激泌乳，因為孕激素會抑制它的作用，直到孕媽媽生出寶寶，才開閘放奶。

按摩乳房，促進乳腺管通暢

從孕中期開始，孕媽媽的乳腺組織迅速增長，這時做做乳房按摩操，可以緩解胸大肌筋膜和乳房基底膜的黏着狀態，使乳房內部組織疏鬆，促進局部血液循環，有利於乳腺小葉和乳腺管的生長發育，增加產後的泌乳功能，還可以有效防止產後排乳不暢。

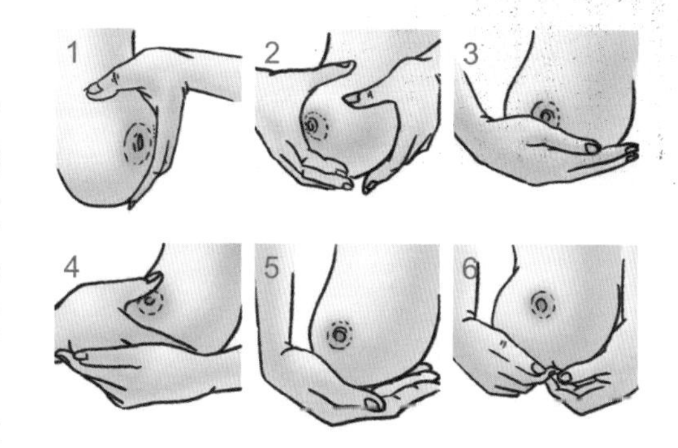

1 用一隻手包住乳房。
2 用另一隻手的拇指貼在乳房的側面，畫圈，用力摩擦。
3 按摩時用一隻手固定住乳房，從下往上推。
4 另一隻手稍微彎曲，貼在支撐着乳房的手的外部，用力往上推，再放下。
5 用手掌托撐乳房。
6 另一隻手的小拇指放在乳房正下方，用力抬起。

睡覺的時候不要壓着乳房

此時孕媽媽的乳房繼續增大，乳腺也很發達了。睡覺時要採取適宜的睡姿，不要壓着乳房，最好採取左側臥位。如果睡覺時不小心壓到乳房，醒來發現乳房上有黏黏的液體，也不要擔心，這很可能是初乳。如果感覺疼痛，可能是乳腺管堵塞，需要及時去醫院就診。

乳房脹痛時可熱敷緩解

很多孕媽媽在孕期都有乳房疼痛的情況，可以用溫熱的毛巾熱敷整個乳房來緩解疼痛。

熱敷時，水溫應與體溫相當，不宜太燙。

孕期做好乳腺檢查

孕期的激素水平變化會導致一些疾病，比如乳腺炎，而這些容易被當成正常的乳房變化而被忽視，所以孕媽媽最好能做一次乳腺檢查，尤其是乳房脹痛感明顯時。

乳頭內陷要及時矯正

如果孕媽媽有乳頭內陷，可擦洗乳房後用手指牽拉；嚴重乳頭內陷者，可以借助乳頭吸引器和矯形內衣來矯正。使用吸引器的時候要注意，一旦發生下腹疼痛則應立即停止。曾經有過流產史的孕媽媽儘量避免使用牽拉的方法刺激乳頭。

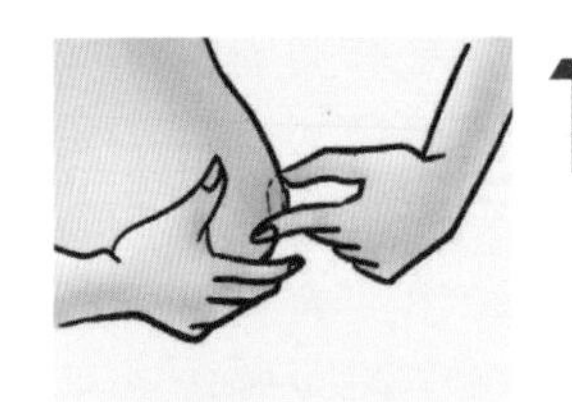

1 用一隻手托着乳房，另一隻手以拇指、食指和中指牽拉乳頭下方的乳暈，改善乳頭伸展性。

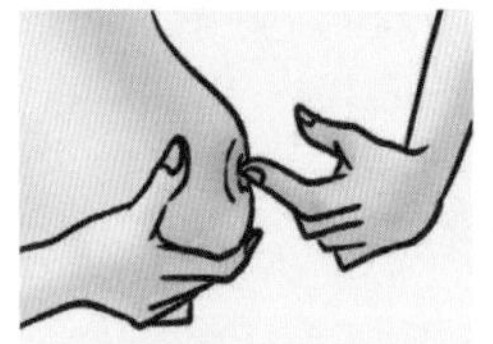

2 抓住乳頭，往裏壓到感到疼痛為止。

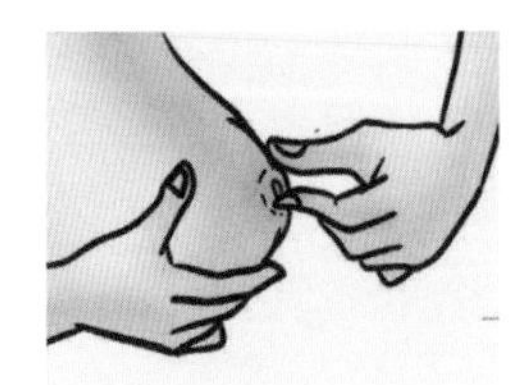

3 用手指拉住乳頭，然後擰動，反復 2 ～ 3 次，使乳頭凸起。

馬醫生小貼士 **對乳暈變黑這事兒別太糾結**

在整個孕期，乳暈會變大、顏色會變深，而且會持續整個哺乳期，哺乳期結束後乳暈會適當變小變淺，但恢復情況因人而異，即使不能完全恢復到孕前的模樣，孕媽媽也要理性看待，就把這當成是「光榮印記」吧。

超聲波大排畸，篩查大腦、四肢、心臟等畸形

最佳篩查時間為 20 ～ 24 周

超聲波大排畸最佳檢查時間是孕 20 ～ 24 周，因為此時胎寶寶的基本結構已經形成，在子宮內的活動空間比較大，羊水量適中，對胎兒骨骼回聲影響較小，圖像比較清晰，能夠比較容易地看到胎兒的發育狀況，有利於醫生查看胎寶寶是否存在畸形等異常。

如果太晚做，胎寶寶長大很多，在子宮內的活動空間變小，檢查時就會由於遮擋等因素而看不到某些器官的形態結構，而羊水量的增加也會影響成像。

教你看懂超聲波單（請參考後頁）

1 雙頂徑（BPD）

頭部左右兩側之間最長部位的長度，又稱為「頭部大橫徑」。當初期無法通過頭臀長來確定預產期時，往往通過雙頂徑來預測；中期以後，在推定胎兒體重時，往往也需要測量該數據。在孕 5 月後，雙頂徑基本與懷孕月份相符合，也就是說，孕 28 周（7 個月）時雙頂徑約為 7 厘米，孕 32 周（8 個月）時約為 8 厘米。依此類推，孕 8 月以後，平均每周增長約 0.2 厘米為正常，足月時一般 ≥ 9.3 厘米。

2 頭圍

測量的是胎兒環頭一周的長度，確認胎兒的發育狀況。孕 24 周的胎兒頭圍為 22±1 厘米。此超聲波單上結果為 21.3 厘米，在正常範圍內。

3 腹圍

也稱腹部周長，測量的是胎兒腹部一周的長度。孕 24 周的胎兒腹圍為 18.74±2.23 厘米。此超聲波單上結果為 19.3 厘米，在正常範圍內。

4 股骨長

大腿骨的長軸，用於推斷孕中、晚期的妊娠周數。孕 24 周的胎兒股骨長為 4.36±0.5 厘米。此超聲波單上結果為 4 厘米，在正常範圍內。

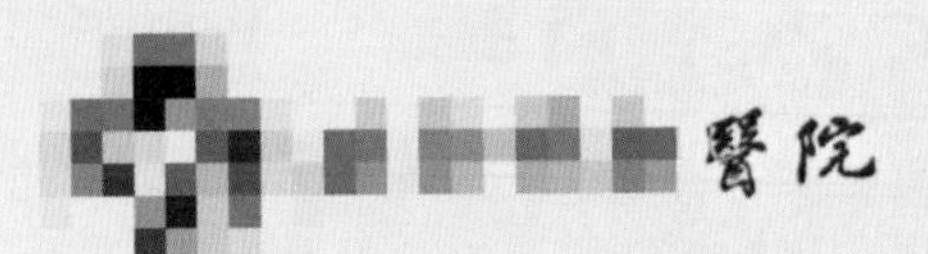

超声诊断报告

姓　名：　　　　性 别：女　　　　年 龄：

科　室：产科门诊　　　　HISID：

病　房：--------　　　　病历号：

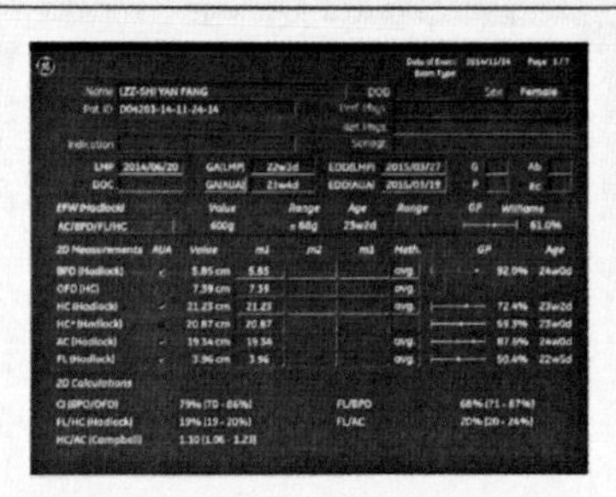

超声所见：

双顶径5.9cm，[1] 头围21.2cm，[2] 腹围19.3cm，[3] 股骨长4.0cm [4]

四腔心可见，胎心规律

胃泡、膀胱、双肾可见，脐带腹壁入口未见异常

脊柱强回声排列未见明显异常

双侧上肢肱/尺/桡骨、下肢股/胫/腓骨可见

上唇形态未见明显异常

胎盘前壁及右侧壁，羊水4.8cm，脐动脉S/D：2.3

超声提示：

宫内中孕

检查医生：　　　　记录员：

告知：超声检查受患者自身因素如肥胖、气体干扰、病变位置特殊、疾病所处不同阶段等，及设备因素、不同检查者对图像的判读可能存在差异等影响。超声检查系辅助检查，其检查结果仅为临床医师提供辅助依据，请以临床最后诊断或病理诊断为准。

大排畸重點篩查甚麼

超聲波大排畸是通過彩超瞭解胎寶寶組織器官的發育情況，主要排除先天性心臟病、唇齶裂、多趾、脊柱裂、無腦兒等重大畸形。

大排畸都排查甚麼

臉部：首先胎寶寶有沒有唇齶裂是重點排查項目，上唇連續就是正常的，同時排查齶裂、小頜畸形、鼻骨缺失等問題。

頭部：主要排查腦積水、無腦兒、小頭畸形、21-三體的短頭顱、18-三體的頭骨突出等。

脊柱：排除脊柱裂、脊柱腫塊等。胎兒脊柱連續為正常，缺損為異常，提示可能脊柱有畸形。

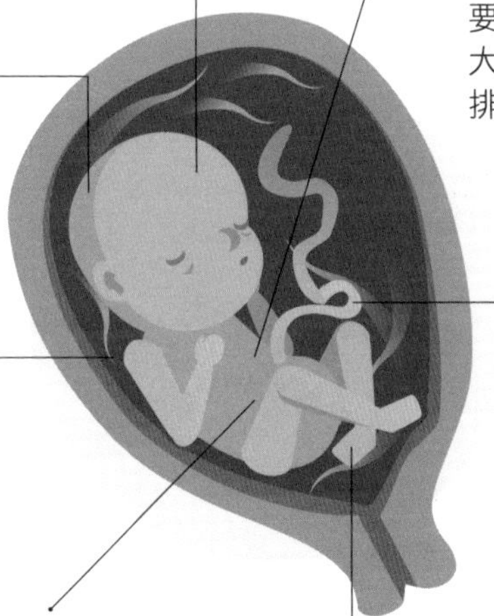

腹部：胎兒肚子裏空間最大，器官也多，篩查只能保證主要部件齊全，排查臍部腸膨出、內臟外翻、腸道閉鎖及巨結腸、腎積水、多囊腎及巨膀胱、尿道梗阻等主要問題，有些細小的管道存在的問題是無法看到的。

心臟：孕4月後，胎寶寶心臟血管已經形成，並具有正常的胎心功能，此時通過超聲波，要明確心率、心律、心臟位置、大小、心臟腔室、血管等情況，排除心臟畸形。

臍帶：在正常情況下，臍帶應漂浮在羊水中，如在胎兒頸部見到臍帶影像，可能為臍帶繞頸。

骨骼及四肢：並不是把全身的骨頭都看全，而是主要排查肋骨、鎖骨、肩胛骨等方面的發育不良。對於上肢，就看上臂、下臂和手掌是不是存在，而對於下肢，就看大腿骨、小腿骨和腳掌骨是不是都有。

做超聲波時要把胎寶寶叫醒

超聲波大排畸是對胎寶寶頭部、臉部、軀幹、骨骼等方面進行全面的檢查，所以需要胎寶寶最好是活動的狀態，這樣更便於檢查。但有時候胎寶寶並不配合，要麼趴着不動，要麼就不停地吃着大拇指看不到嘴唇……很多孕媽媽因為胎寶寶的不配合需要反復做超聲波。一般胎寶寶睡着的時候孕媽媽最好動一動，輕拍肚子叫醒寶寶，或者做一些安全的小運動，實在不行也可以吃點東西將胎寶寶弄醒。

養胎飲食 孕媽媽血容量增加，避免貧血該怎麼吃

權威解讀

《中國居民膳食指南 2016（孕期婦女膳食指南）》

關於鐵的推薦量

孕中期和孕晚期每天鐵的推薦攝入量比孕前分別增加 4 毫克和 9 毫克，達到 24 毫克和 29 毫克。孕中、晚期每天增加 20～50 克紅肉可提供鐵 1～2.5 毫克，每周攝入 1～2 次動物血和肝臟，每次 20～50 克，可提供鐵 7～15 克，以滿足孕期增加的鐵需要。

孕期補鐵，預防缺鐵性貧血

鐵能夠參與血紅蛋白的形成，從而促進造血。孕中期的孕媽媽對鐵的需求量增加，如果鐵的攝入量不足，孕媽媽可能會發生缺鐵性貧血，這對孕媽媽和胎寶寶都會造成不利影響。

血紅蛋白 110～150 克 / 升
96 偏低

血清鐵蛋白 9～27 微摩 / 升
06 偏低

診斷結果
缺鐵性貧血

食補 ＋ 鐵劑 =
孕期完美補鐵方案

血常規告訴你是否貧血

懷孕期間的女性血容量能增加 1300 毫升左右，但增加的主要是血漿，血液

由血漿和血細胞組成，如果紅血球無法增加就會導致生理性貧血。貧血是孕期最常見的問題，孕媽媽可以通過血常規化驗單和鐵營養狀態的檢查來知悉自己是否貧血或缺鐵。孕媽媽血清鐵蛋白及血紅蛋白檢查是最敏感的指標。

定期檢查血常規（血紅蛋白）和血清鐵蛋白，儘早確定是否有缺鐵性貧血，兩次孕檢之間如懷疑缺鐵性貧血應及時就醫。醫生會根據檢查結果及症狀確診。

補鐵首選動物性食物，吸收率高

鐵元素分兩種，血紅素鐵和非血紅素鐵，前者多存在於動物性食物中，後者多存在於蔬果和全麥食品中。血紅素鐵更容易被人體吸收，因此，補鐵應該首選動物性食物，比如動物血、牛肉、動物肝臟、魚類等。

豬肝補鐵效果好，可每周吃 1 次

為預防缺鐵性貧血，整個孕期都應該注意攝入含鐵豐富的食物，如豬肝。為使豬肝中的鐵更好地被吸收，建議孕媽媽食用豬肝堅持少量多次的原則，每周吃 1 ～ 2 次，每次吃 20 ～ 50 克。但是為避免豬肝的安全隱患，應購買來源可靠的豬肝，烹調時一定要徹底熟透再吃。

植物性食物中的鐵不易吸收

植物性食物中鐵的吸收率比動物性食物低，同時植物中的植酸、草酸等也會影響鐵的吸收，因此補鐵效果不是很理想。但是一些含鐵量比較高的植物性食物可以作為補鐵的次要選擇，如黃豆、小米、紅棗、桑葚、豌豆苗、菠菜、芝麻、木耳等。

補鐵也要補維他命 C，以促進鐵吸收

維他命 C 可以促進鐵吸收，幫助製造血紅蛋白，改善孕媽媽貧血症狀。維他命 C 多存在於蔬果中，如鮮棗、橙子、奇異果、櫻桃、檸檬、西蘭花、南瓜等均含有豐富的維他命 C，孕媽媽可以在進食高鐵食物時搭配吃些富含維他命 C 的蔬果，或喝一些這些蔬果打製的蔬果汁，都是促進鐵質吸收的好方法。

出現明顯缺鐵症狀時，可服用鐵劑

對某些孕媽媽來説，孕期僅從飲食中攝取的鐵質，有時還不能滿足身體的需要。對於一些中、重度缺鐵性貧血的孕媽媽來説，可在醫生的指導下選擇攝入胃腸容易接受和吸收的鐵劑。

常見的三種補鐵藥物每片的鐵含量為：力蜚能 150 毫克、愛樂維 60 毫克、速力菲 100 毫克。

孕期營養廚房

菠菜炒豬肝

材料 豬肝 250 克，菠菜 100 克。

調料 生粉 30 克，料酒 10 克，葱末、薑末、蒜末各 5 克，鹽 3 克。

做法

1. 豬肝洗淨，切片，加生粉、料酒抓勻上漿；菠菜擇洗乾淨，焯水，撈出瀝乾，切段。
2. 鍋置火上，倒油燒至六成熱，炒香葱末、薑末、蒜末，放豬肝片炒散，放菠菜段、鹽翻勻即可。

菠菜富含鐵和葉酸，豬肝富含維他命 A 和鐵，二者一起食用可以為孕媽媽補充大量的鐵，防止孕媽媽出現貧血，還能促進胎寶寶視力發育。

雙耳炒苦瓜

材料 水發木耳、水發銀耳各 50 克，苦瓜 100 克。

調料 葱花 3 克，鹽 2 克。

做法

1. 銀耳和木耳擇洗乾淨，撕成小朵，入沸水中焯透，撈出；苦瓜洗淨，除子，切條；取盤，放入木耳、銀耳和苦瓜條，加鹽拌勻。
2. 鍋置火上，倒入適量油燒至七成熱，放入葱花炒香，關火，將油淋在木耳、銀耳和苦瓜條上拌勻即可。

苦瓜中的苦瓜皂苷有助於平穩血糖；木耳和銀耳中的膳食纖維有助於改善便秘和血糖。

每天胎教 10 分鐘

情緒胎教：五子棋，準爸媽的快樂遊戲

五子棋是一種兩人對弈的純策略性遊戲，容易上手。孕媽媽和準爸爸今天就開始玩吧。

玩這個遊戲能增強孕媽媽和胎寶寶的思維能力，而且還富有哲理，能幫助孕媽媽修身養性。

傳統五子棋的棋具與圍棋相同，棋子分為黑白兩色，棋子放置於棋盤線的交叉點上。兩人對局，各執一色的棋子，輪流下一子，先將橫、豎或斜線的 5 個同色棋子連成不間斷的一排者為勝。

美育胎教：看着漂亮寶寶的圖片，放鬆心情

把漂亮寶寶的圖片收集起來，貼在臥室或書房的牆上，一邊欣賞一邊期待自己也能生下同樣漂亮的寶寶，孕媽媽的心情也會開朗起來，這也是一種不錯的胎教方法。

漂亮寶寶

帥氣寶寶

開心寶寶

健康孕動
改善靜脈曲張和水腫

孕 6 月運動原則

- 每次鍛煉要有 5 分鐘的熱身練習，運動終止也要慢慢來，逐漸放緩。
- 運動時最好選擇木質地面或鋪有地毯的地方，這樣更安全。
- 如果感到不舒服和勞累，就休息一下，等感覺好轉後再繼續運動。
- 孕中期容易出現靜脈曲張和水腫，可以做一些伸展四肢的運動，以促進血液循環，改善症狀。

側抬腿運動：促進腿部血液循環，擺脫水腫

1 孕媽媽左側臥在墊子上，雙膝微屈，左手支撐頭部，右手自然地放在右膝處。

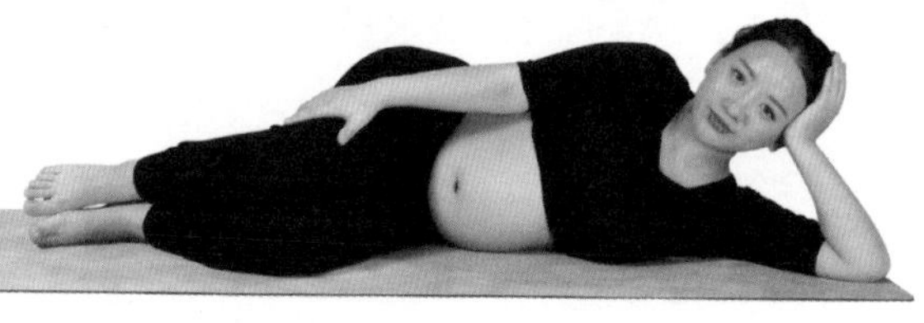

2 抬起右腿，儘量抬至右膝與頭部同高，右手食指和中指抓住小腳趾。

註：也可以做 78 頁推薦的腿部運動，有緩解水腫的作用。

3 慢慢伸直右腿，直到不能伸展為止，保持 3～5 秒，做深呼吸。恢復左側臥姿勢，休息 2～3 秒，重複上述動作 5～8 次。

4 身體換成右側臥，換成左腿做同樣的動作 5～8 次。

孕期膳食補充劑該如何補

以食補為先，食物補不夠再選用膳食補充劑

如果飲食能夠滿足孕媽媽一日營養需求時，不需要額外補充膳食補充劑。如果孕媽媽的飲食長期無法保證均衡營養時，遵醫囑選擇營養補充劑。理想的情況是，測定營養指標來選擇，請醫生根據孕媽媽的膳食結構來推薦。

維他命 C 製劑，根據飲食來定

胎兒生長發育需要維他命 C，對胎寶寶的骨骼和牙齒的正常發育、造血系統健全等都有促進作用；孕媽媽長期缺乏維他命 C 時，易疲勞、牙齦出血等。

補充原則

如果每天蔬菜水果吃得比較多，可不用補充維他命 C 製劑。

如果孕媽媽感到身體疲勞、感冒不適等，可以適當補充維他命 C 製劑，最好選擇從天然蔬菜水果中提取的。

鈣劑，建議孕中、晚期每天 1 片

胎寶寶的骨骼和牙齒發育需要調動孕媽媽體內的鈣。如果孕媽媽飲食中鈣攝入長期不足，容易出現腿腳抽筋，同時骨鈣會被調用以滿足胎寶寶的需要，嚴重時會造成孕媽媽骨質軟化，影響分娩。建議妊娠早期每日鈣供給量為 800 毫克，妊娠中、晚期為 1000 毫克。

補充原則

孕媽媽每天喝 2 杯牛奶（約 500 克），能補充 500 毫克的鈣質。豆腐、紫菜、海帶、蝦皮等也是鈣的良好來源，可以適當多吃。但如果仍未滿足一天的需求時，建議在孕中、晚期開始補鈣，每天 1 片，最好選用含維他命 D 的鈣劑。

蛋白粉對孕媽媽有幫助嗎？

關於蛋白質，孕早期和孕前可以保持一致，孕中期和孕晚期應比平時分別增加 15 克和 30 克。如果孕媽媽的胃口允許，能夠通過飲食增加這些蛋白質，或基本滿足上述的量，就不用補充蛋白粉。如果你是素食孕媽媽或攝入的優質蛋白質與建議量相差甚遠，應該考慮補充蛋白粉。

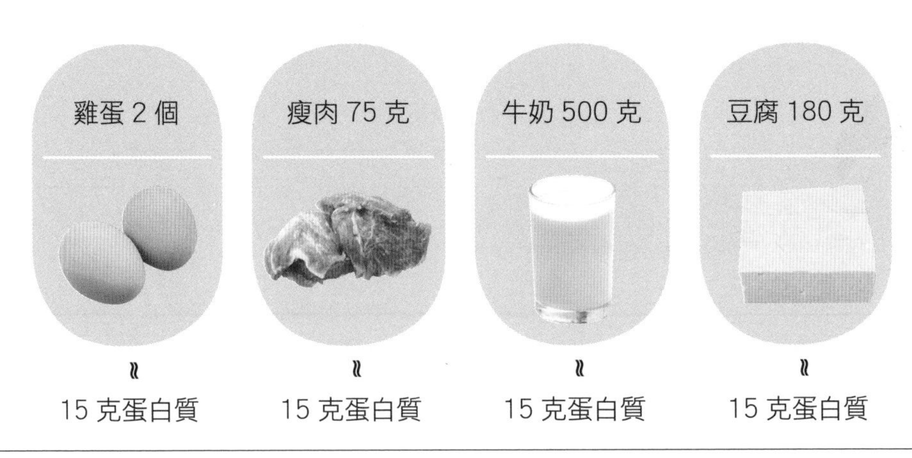

註：不少孕媽媽會出現缺鐵性貧血，需要在醫生指導下補充鐵劑，補充方法請參考 159 頁相關內容。

網絡點擊率超高的問答

懷孕6個月了，還不顯懷，需要調理嗎？

馬醫生回覆：每個孕媽媽的情況都是不一樣的，有的是前期看着不明顯，到了7個多月才慢慢顯懷的，只要定期孕檢，孕媽媽和胎寶寶都健康就行。

寶寶白天的胎動不多，晚上卻很頻繁，為甚麼？

馬醫生回覆：每個胎寶寶都是不同的，習慣也不同，只要有規律就成。白天感覺不到胎動，可能是因為孕媽媽忙着做其他事情忽略了，而到了晚上對胎動的感覺更明顯一些。這是正常的，沒問題。

懷孕6個月能游泳嗎？

馬醫生回覆：可以的。妊娠5個月以後，胎寶寶的狀況已經比較穩定了，此時孕媽媽可以主動參加適度運動。這樣不但能控制體重，還能提高孕媽媽的抵抗力，改善妊娠不適，加強骨盆和腰部的肌肉，使寶寶在分娩時容易娩出。游泳是比較好的運動方式，能鍛煉全身。

總是愛出汗是怎麼回事？

馬醫生回覆：懷孕後的女性基礎代謝率會增高，因此孕中期以後很少會感覺到冷，甚至比男性更耐寒、更容易出汗。不過，如果天氣轉涼了，孕媽媽要適當保暖，不要穿得過於單薄，以不出汗為宜，以免感冒。

懷孕 7 個月（懷孕 25 至 28 周）

數胎動，做妊娠糖尿病篩查

孕媽媽和胎寶寶的變化

媽媽的身體：容易氣喘吁吁

子宮 子宮底高度 24~28 厘米

子宮越來越大，肚子前面和上腹部都突出來了。由於大腹便便，孕媽媽重心不穩，所以在上下樓梯時必須十分小心，應避免劇烈的運動，更不宜做壓迫腹部的姿勢。孕媽媽在站立的時候為了保持平衡，會自然地向後傾，下肢容易水腫。此外，因子宮的壓迫和激素的影響，有些孕媽媽還會出現便秘和痔瘡等不適。

肚子裏的胎寶寶：能聽到外界的聲音了

身長 35~38 厘米　**體重** 1200 克

皮膚厚度增加，基本完成發育，也能開閉眼瞼了。孕 25 周時聽力發育完成，所以寶寶除了能聽到媽媽的心跳外，還能聽到外界傳來的聲音。寶寶開始長腳指甲。此時的寶寶已經能完成一些細微的動作了，如蜷縮、舒展自己的身體，握住臍帶和自己的手腳等。

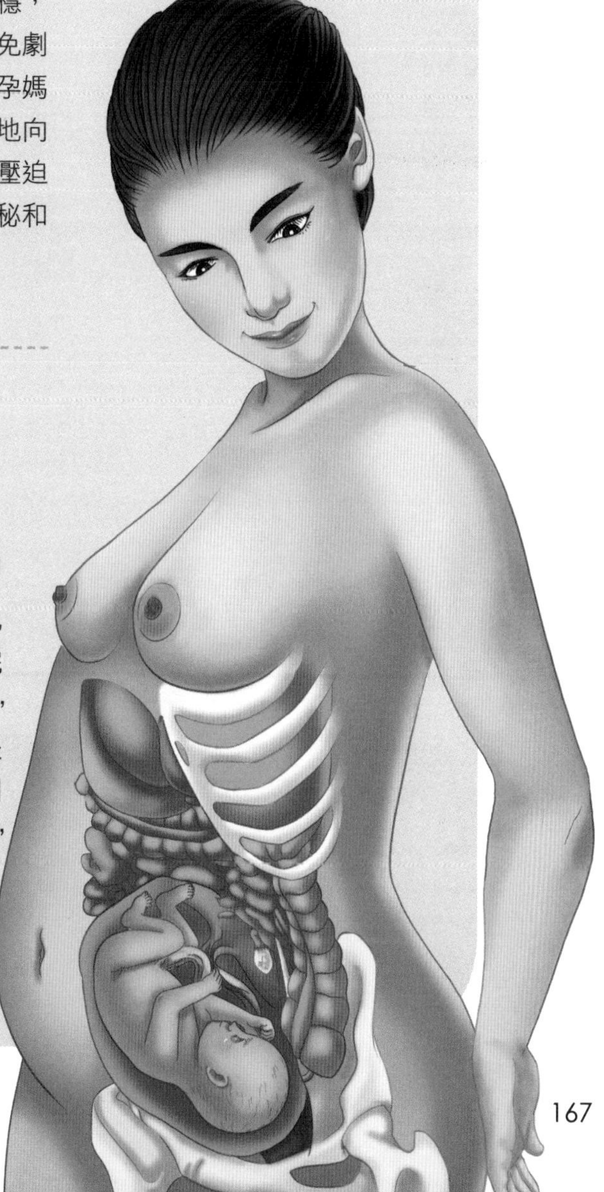

孕 24~28 周，妊娠糖尿病篩查

權威解讀

《婦產科學第 8 版（妊娠特有疾病）》

妊娠糖尿病的診斷方法和處理原則

- 妊娠合併糖尿病中 80% 以上為妊娠期糖尿病。
- 臨床表現不典型，75 克糖耐量試驗是主要的診斷方法。75 克糖耐量試驗的診斷標準為：空腹及服糖後 1、2 小時的血糖值分別為 5.1 毫摩 / 升、10.0 毫摩 / 升、8.5 毫摩 / 升，任何一項達到或超過對應數值則可診斷為妊娠糖尿病。
- 處理原則是通過飲食、運動積極控制孕婦血糖，預防母胎合併症的發生。

孕後血糖易升高

胰島素是人體內唯一調節血糖的激素，懷孕後，孕媽體內會產生一些抗胰島素樣物質，這種物質會隨着孕周的增加而增多，同時孕期吃得太多、熱量太高、消耗太少，都會讓胰島不堪重負，導致血糖異常升高，發生妊娠期糖尿病。

「糖媽媽」高危人群有哪些

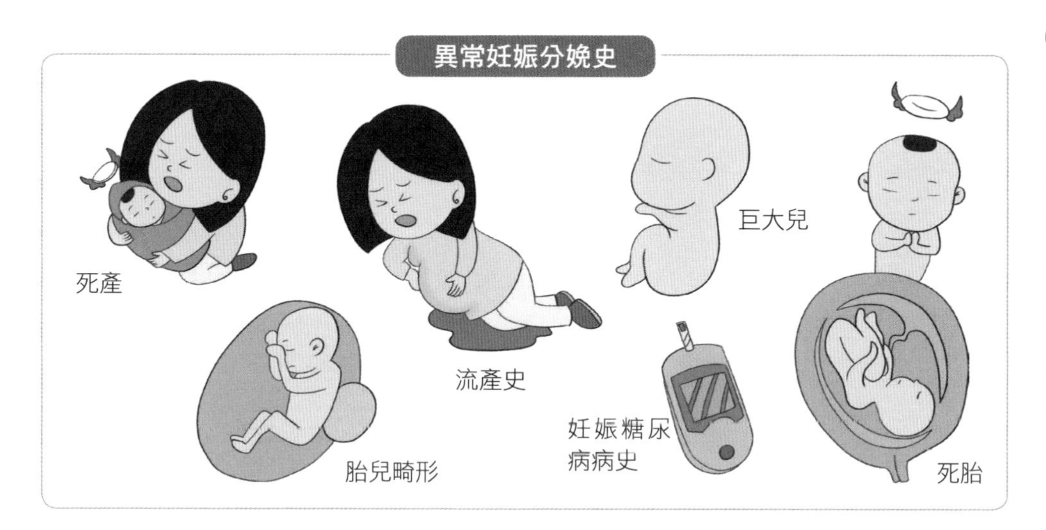

妊娠糖尿病篩查流程

妊娠糖尿病的篩查有兩個途徑，一個途徑是做血糖篩查試驗（GCT），簡稱糖篩，一個途徑是葡萄糖耐量試驗（OGTT），簡稱糖耐。其中，糖篩只喝一次糖水，只抽一次血，如果糖篩不過，需要做糖耐進行確認。糖耐需要喝一次糖水，抽三次血。其實糖篩的通過率不高，很多做了糖篩的孕媽媽還要再經歷一次糖耐，所以現在有很多醫院直接做糖耐，數據也比較準確。

50 克葡萄糖試驗

篩查前空腹 12 小時（禁食禁水），醫院會給你 50 克口服葡萄糖粉，將葡萄糖粉溶於 200 毫升溫水中，5 分鐘內喝完，喝第一口水開始計時，服糖後 1 小時抽血查血糖。

如果 1 小時血糖值 < 7.8 毫摩 / 升，那麼恭喜你通過了檢查，沒有妊娠糖尿病的可能。

如果 1 小時血糖值 ≥ 7.8 毫摩 / 升，需要進一步做 75 克糖耐量試驗。

75 克糖耐量試驗

空腹 12 小時（禁食禁水），先空腹抽血，然後將 75 克口服葡萄糖粉溶於 300 毫升溫水中，0 小時、1 小時、2 小時後分別抽血測血糖，正常值是分別是 5.1，10.0，8.5 毫摩 / 升。

診斷結果

以下 3 項數值中有 1 項或 1 項以上達到或超過正常值，就可以診斷為妊娠期糖尿病：
空腹：5.1 毫摩 / 升
1 小時血糖：10.0 毫摩 / 升
2 小時血糖：8.5 毫摩 / 升

註：這裏以北京協和醫院的篩查流程為標準：分 2 步走，50 克糖篩沒過需要繼續做 75 克糖耐量試驗。有的醫院是直接做 75 克糖耐量試驗。

讀懂糖尿病篩查單

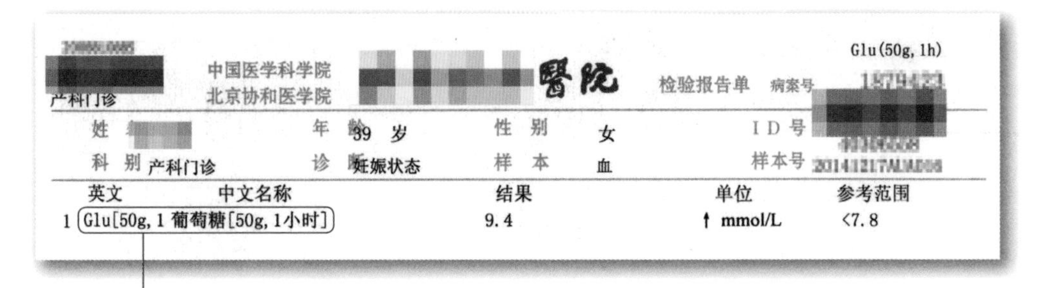

中国医学科学院 北京协和医学院 醫院 检验报告单

Glu(50g, 1h)

产科门诊 病案号

姓名		年龄	39 岁	性别	女	ID号	
科别	产科门诊	诊断	妊娠状态	样本	血	样本号	

	英文	中文名称	结果	单位	参考范围
1	Glu[50g, 1	葡萄糖[50g, 1小时]	9.4	↑ mmol/L	<7.8

葡萄糖【50 克，1 小時】(Glu)
孕媽媽隨機口服 50 克葡萄糖，溶於 200 毫升水中，5 分鐘內喝完。從開始服糖計時，1 小時後抽靜脈血測血糖值，血糖值 ≥7.8 毫摩 / 升，為葡萄糖篩查陽性，應進一步進行 75 克葡萄糖耐量試驗。

做糖篩需要注意甚麼

1 糖篩的前一天要清淡飲食，適當控制糖分的攝入，但也不要過分控制，否則反映不出真實情況。

2 在做糖尿病篩查前，要先空腹 10 小時再進行抽血，也就是説孕媽媽在產檢的前一天晚上 10 點以後應禁食。檢查當天早晨不能吃東西、喝水。

3 喝葡萄糖粉的時候，孕媽媽要儘量將糖粉全部溶於水中。如果喝的過程中灑了一部分糖水，將影響檢測的準確性，建議改天重新檢查。

馬醫生小貼士

沒必要為了過糖篩「弄虛作假」

做這項檢查是為了真實監測孕媽媽的身體狀況，因此孕媽媽去做糖篩之前，除了空腹，不需要做特別的準備，不要刻意改變平時的飲食習慣，否則檢測就沒有任何意義了。如果為了達標而「弄虛作假」，欺騙的不僅是醫生，更是你和寶寶。

想要糖篩一次過，我們需要的不是甚麼臨時抱佛腳的獨門秘籍，而是從懷孕開始就合理安排飲食，少食多餐、少油少鹽、營養均衡，並根據自己的情況選擇做一些溫和的運動，比如散步、游泳、慢跑、瑜伽等。

糖尿病妊娠與妊娠糖尿病不完全是一回事

糖尿病妊娠需要區別於妊娠糖尿病

妊娠糖尿病（GDM）

- 孕前血糖正常，或高血糖但未達到糖尿病診斷標準。

且

- 在孕期首次診斷。
- 可以發生在孕期的任何階段，但通常在孕 24 周後多見。

糖尿病妊娠（PGDM）

- 妊娠發生在已知糖尿病患者。

或

- 根據 WHO 標準在孕期首次診斷的糖尿病。
- 可以發生在孕期的任何階段包括孕早期。

糖尿病孕媽媽分為兩種情況：一種是妊娠前已有糖尿病，又稱「糖尿病妊娠」（PGDM），另一種是妊娠前糖代謝正常，妊娠後才出現的糖尿病，又稱「妊娠糖尿病」（GDM）。據統計，在所有糖尿病孕媽媽中，80% 以上為妊娠糖尿病，而糖尿病妊娠不足 20%。

延伸閱讀

2016 年美國糖尿病學會（ADA）糖尿病醫學診斷標準

- 空腹血糖（FPG）⩾ 7 毫摩 / 升（126 毫克 / 分升）
- 或餐後 2 小時血糖（2hPG）⩾ 11.1 毫摩 / 升（200 毫克 / 分升）
- 或糖化血紅蛋白（HbA1C）⩾ 6.5%
- 或高血糖典型症狀或高血糖危象加任意時間血漿葡萄糖 ⩾ 11.1 毫摩 / 升（200 毫克 / 分升）

即可診斷患有糖尿病。

妊娠糖尿病的診斷標準要比普通人更嚴格。這是因為孕媽媽除了自身對熱量有需求外，還得供應胎兒生長所需要的熱量，而這些熱量只能來自母體的血糖，因此妊娠期血糖本身就應比非妊娠期要低。另外，母體的血糖會通過胎盤直接運輸到胎兒體內，將血糖保持在較低範圍，對胎兒胰島刺激較小，使胎兒幼小的胰島不必天天被母體流來的高糖血液所刺激，產生胎兒胰島細胞增生，而後者正是新生兒低血糖、小兒肥胖和長大後肥胖乃至發生糖尿病的重要原因。

延伸閱讀

2015 年 FIGO（國際婦產科聯盟）指南和 2017 年 ADA 指南對妊娠糖尿病的認定標準

兩者判定的標準是一致的，對妊娠期糖尿病（GDM）都是這麼診斷的，在妊娠 24 ～ 28 周採用 75 克口服葡萄糖耐量試驗（OGTT）：

- 空腹血糖 ≥ 5.1 毫摩 / 升
- 或餐後 1 小時血糖 ≥ 10.0 毫摩 / 升
- 或餐後 2 小時血糖 ≥ 8.5 毫摩 / 升
- 血糖值滿足以上任何一點即可診斷為妊娠糖尿病（GDM）

北京協和醫院在診斷妊娠糖尿病時採用這種標準。

糖尿病妊娠和妊娠糖尿病的不同點

血糖升高的時機不同

糖尿病妊娠是女性在懷孕前糖尿病就已經存在，可能在孕前已經確診，也可能在孕前未被發現。而妊娠糖尿病是指懷孕前糖代謝正常或有潛在糖耐量減退，懷孕後才出現的糖尿病。

診斷標準不一樣

糖尿病妊娠，其診斷標準與普通糖尿病患者完全相同。有一些孕媽媽在懷孕前從未化驗過血糖，但在妊娠後的首次產前檢查中，只要血糖升高達到診斷糖尿病的任何一項標準（見 171 頁），也應診斷為孕前糖尿病，儘管其高血糖是在懷孕以後才發現的。妊娠糖尿病診斷過程和認定標準見 172 頁。

孕前準備不同

糖尿病妊娠的女性最好在孕前把血糖控制在正常水平，在醫生指導下選擇口服降糖藥或是胰島素。另外，還要圍繞糖尿病併發症進行全面篩查，包括血壓、心電圖、眼底、腎功能以及 HbA1C 等。最後，由內分泌科醫生和婦產科醫生根據檢查結果評估是否適合懷孕。如果孕前血糖正常，懷孕過程中需要注意控制熱量攝入、適度運動，預防妊娠糖尿病。

對母胎的影響不同

孕前有糖尿病的女性，一旦血糖控制不好，其不良影響貫穿整個孕期，如孕前高血糖容易導致不孕，孕早期可顯著增加流產、胎兒畸形等的風險，妊娠中、晚期高血糖可顯著增加巨大兒、早產、剖宮產的機率。因此，在孕中期超聲波檢查的重點應放在胎兒心血管和神經管系統，排除胎兒嚴重的畸形。

妊娠糖尿病主要發生在妊娠中、晚期，對胎兒的影響主要是引起巨大兒、誘發早產、增加分娩難度和剖宮產率等，對孕媽媽來說可能誘發酮症酸中毒。

治療時程不同

糖尿病妊娠的血糖控制貫穿孕前、妊娠期及產後，需要終身治療。妊娠糖尿病的血糖升高多始於妊娠的中、晚期，隨着分娩的結束，血糖大多可恢復正常（少數例外），也就是說，對大多數妊娠糖尿病患者的降糖治療主要集中在孕中、晚期。分娩之後仍需注意監測血糖，控制飲食，堅持運動，避免發展成為真正的糖尿病。

治療難度不同

患糖尿病的女性懷孕後，其血糖升高及波動往往比孕前更明顯，且難以控制，幾乎都需要使用胰島素來控制血糖。

相較來說，妊娠糖尿病患者的糖代謝紊亂較輕，大多數通過控制飲食、適當運動就能使血糖控制達標，只有少數孕婦需要用胰島素控制血糖。

預後不同

孕前就有糖尿病的女性分娩後糖尿病仍然存在，治療不能中斷。絕大多數妊娠糖尿病患者產後血糖即可自行恢復正常，要遵醫囑調整或者停止用藥。需要注意，妊娠糖尿病患者需要在產後6～12周做糖耐量試驗，重新評估糖代謝情況。如果達到糖尿病診斷標準，即確診為糖尿病；如果正常，今後每隔2～3年要再複查血糖。妊娠糖尿病是2型糖尿病的高危因素，患者日後罹患糖尿病的風險很高。

糖尿病妊娠和妊娠糖尿病的相同點

血糖控制一樣嚴格

無論是糖尿病妊娠還是妊娠糖尿病，都必須嚴格控制血糖，具體目標是：空腹、餐前或睡前血糖3.3～5.3毫摩/升，餐後1小時血糖≤7.8毫摩/升，或餐後2小時血糖≤6.7毫摩/升，夜間凌晨血糖4.4～5.6毫摩/升，HbA1C盡可能控制在6.0%以下。

都應警惕低血糖

由於妊娠期的血糖控制目標比非妊娠時更加嚴格，這就意味着患者面臨着更大的低血糖風險，而低血糖同樣會對母胎造成嚴重的傷害。因此，千萬不可忽視對妊娠期的血糖監測，應當增加監測頻率，在確保血糖達標的同時，儘量避免發生低血糖。

降糖藥物均首選胰島素

懷孕期間，無論是哪種類型的糖尿病，如果單純飲食控制不能使血糖達標，皆需選用胰島素治療，並且人胰島素優於動物胰島素。

做好飲食控制，別矯枉過正

與普通糖尿病患者不同，孕媽媽的飲食控制不宜過嚴，要求既能保證孕媽媽和胎寶寶熱量需要，又能維持血糖在正常範圍，而且不發生饑餓性酮症，最好採取少食多餐制，每日分5～6餐，並盡可能選擇低升糖指數的碳水化合物。

病情監測用血糖，不用尿糖

這是因為孕媽媽腎糖閾下降，尿糖不能準確反映血糖水平。如果尿酮陽性而血糖正常或偏低，考慮為「饑餓性酮症」，應及時增加食物攝入；若尿酮陽性且血糖明顯升高，考慮為「糖尿病酮症酸中毒」，應在醫生指導下按酮症酸中毒治療原則處理。

養胎飲食 胎兒生長加速，該怎麼吃

權威解讀

《中國居民膳食指南 2016》

每天攝取的食物種類最好達到 12 種以上

孕媽媽飲食種類越多越好，可確保膳食結構的合理性和營養的均衡性，避免飲食單一對母體和胎兒的不利影響。孕媽媽每天不重複的食物種類應該達到 12 種以上，如果每天進食有難度，也可以每周為單位，每周達到 25 種。

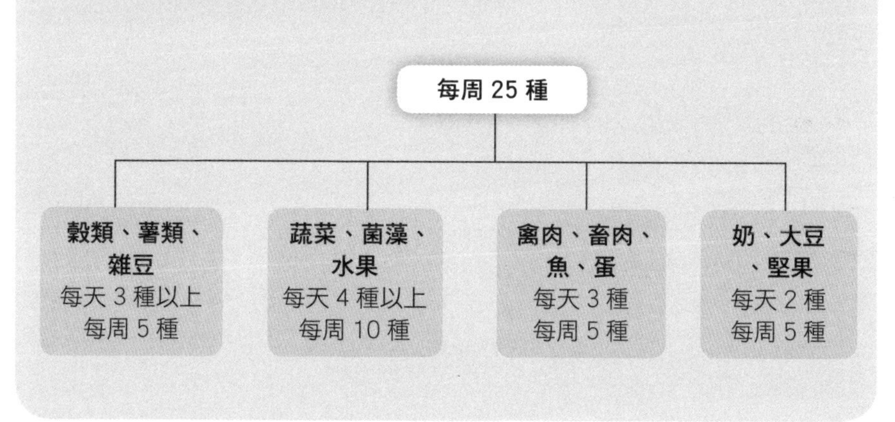

每天都要有奶及奶製品

牛奶、乳酪等具有營養豐富、易消化吸收的特點，含有豐富的蛋白質、維他命 A、維他命 B_2 及鈣、磷、鉀等多種礦物質，是孕媽媽膳食中鈣的最佳來源，也是優質蛋白質的良好來源。從孕中期開始，孕媽媽每天宜攝入 300 ～ 500 克牛奶。也可以食用奶酪、乳酪等奶製品，能夠補充同樣的營養。

攝入維他命 C，防止妊娠斑、促進胎兒結締組織發育

很多孕媽媽會出現妊娠斑，要防止妊娠斑的出現，除了注意休息和睡眠外，還要多喝水、多吃蔬果，尤其是番茄（熟吃），它含有抗氧化劑番茄紅素，有很好的抗氧化功效。西蘭花、青瓜、草莓等富含維他命 C 的蔬果也可以增強皮膚彈性。

胎兒大腦發育加快，每天應吃一掌心的堅果

花生、腰果、核桃、葵花子、開心果、杏仁等堅果類食品，孕媽媽每天可選擇其中一種食用。堅果類富含多不飽和脂肪酸、維他命 E 和鋅，可促進食慾，幫助排便，對孕期食慾缺乏、便秘都有好處。但是堅果類油性比較大，而孕媽媽的消化功能相對較弱，過量食用很容易引起消化不良，每天一掌心的量就足夠了。

一掌心瓜子仁≈10 克

一掌心的花生米≈20 克

多吃富含銅的食物，預防早產

銅元素是無法在人體內儲存的，所以必須每天攝取。如果攝入不足，就會影響胎兒的正常發育。孕中、晚期如果缺銅，則會使胎膜的彈性降低，容易造成胎膜早破而早產。補充銅質的最好辦法是食補，含銅豐富的食物有口蘑、海米、榛子、松子、花生、芝麻醬、核桃、豬肝、大豆及豆製品等，孕媽媽可選擇食用。

遠離反式脂肪酸

研究表明，攝入大量含有反式脂肪酸的膳食對孕媽媽的心血管系統和胎兒的生長發育有不良影響。食物經高溫煎炸後，反式脂肪酸含量比之前高，如炸薯條、炸糕等；在甜食和含人造黃油的食物中，如麵包圈、甜甜圈、餅乾、蛋糕等中含量也很高，孕媽媽要遠離這些食物。

孕期營養廚房

冬瓜粟米燜排骨

材料 排骨400克，冬瓜、粟米各150克。

調料 葱段、蒜片、薑片各5克，生抽10克，鹽3克。

做法

1. 排骨洗淨，切塊，煮8分鐘，撈出，用水沖洗，瀝乾；冬瓜去皮、瓤，洗淨，切片；粟米去皮，洗淨，切段。
2. 鍋內倒油燒熱，爆香蒜片、薑片，倒入排骨塊翻炒幾下，再加入粟米段翻勻，加適量開水，蓋蓋子，水開後轉中火燜1小時，加冬瓜片再煮10分鐘。
3. 打開蓋子，加鹽、生抽翻勻，放葱段翻勻即可。

排骨可幫孕媽媽補充蛋白質、維他命和鈣，具有滋陰壯陽、益精補血的功效；粟米、冬瓜可幫助孕媽媽消除水腫、護膚美白。

雜豆粗糧飯

材料 大米、糙米、小米、紫米、紅豆、綠豆、芸豆各30克。

做法

1. 大米、小米分別洗淨，大米用水浸泡30分鐘；糙米和紫米混合洗淨，用水浸泡2小時。
2. 紅豆、綠豆、芸豆混合洗淨，用清水浸泡4小時。
3. 將大米、小米、糙米、紫米、紅豆、綠豆、芸豆倒入電飯鍋中，加適量水，按下「蒸飯」鍵，蒸至電飯鍋提示米飯蒸好即可。

這碗飯搭配了粗細糧，膳食纖維豐富，能促進腸道蠕動，對便秘有一定的緩解作用。

補充膳食纖維，預防和改善孕中、晚期便秘

膳食纖維促進腸道蠕動，幫助排便

孕媽媽可在飲食中適量增加富含膳食纖維的食物，能促進腸道蠕動、保護腸道健康、預防便秘。膳食纖維還能幫助孕媽媽控制體重，預防齲齒，預防糖尿病、乳腺病、結腸癌等多種疾病。

孕媽媽每天需要 25 克膳食纖維

建議孕媽媽每天攝入 25 克左右的膳食纖維。要攝入這 25 克膳食纖維，孕媽媽每天可吃 60 克蒟蒻、50 克豌豆和 75 克蕎麥饅頭就夠了。

60 克蒟蒻　＋　50 克豌豆　＋　75 克蕎麥饅頭

註：此處的食材類別和克數是建議用量，讀者可根據實際情況攝取。

膳食纖維有可溶性和不可溶性，不是有筋食物含量就高

膳食纖維根據水溶性的不同分為可溶性和不可溶性兩種。可溶性膳食纖維主要存在於水果和蔬菜中，如紅蘿蔔、柑橘、綠色蔬菜、蒟蒻、海帶，尤其是橙子、橘子等柑橘類水果中含量較多。不可溶性纖維主要存在於穀類、豆類食物中，如穀物的麩皮、全谷粒、堅果類、乾豆等，不是有筋食物含量就高。

蔬果、粗糧、豆類都是膳食纖維好來源

蔬果、粗糧、豆類都含有豐富的膳食纖維，常見食物來源有猴頭菇、銀耳、木耳、紫菜、黃豆、豌豆、蕎麥、黑米、綠豆、玉米麵、燕麥、紅棗、石榴、桑葚、芹菜莖等。

粗糧細糧巧搭配

精米、細麵在加工處理時，會損失掉很多膳食纖維和維他命B雜，孕媽媽日常飲食不要吃得過於精細，要粗細糧搭配食用。孕媽媽可多選擇全穀類食物，如全麥麵包、全麥餅乾等。粗細糧搭配食用時，孕媽媽不需要將細糧全部換成粗糧，只要讓粗糧的量佔到主食總量的1/3就行，比如煲一鍋雜糧粥，加點燕麥、小米、雜豆；做麵食的時候，在精麵粉裏摻點全麥粉。

每周吃1～2次菌藻類食物

海藻、菌菇類蔬菜中的膳食纖維含量較高，比如海帶、木耳、香菇等，孕媽媽以周為單位，可以每周攝入1～2次。

補充膳食纖維的同時一定要多喝水

孕媽媽在食用含膳食纖維豐富的食物後一定要多喝水，孕期宜每天喝1500～1700毫升的溫水，這樣才能發揮膳食纖維的功效。因為膳食纖維會吸收腸道內的水分，如果腸內缺水就會導致腸道堵塞，嚴重時還會引起其他腸道疾病。特別是有便秘症狀的孕媽媽，補充膳食纖維的同時更需多喝水，否則便秘症狀有可能加劇。

經常吃點番薯、山藥等薯類

番薯、芋頭、山藥、馬鈴薯等薯類食物含有豐富的維他命B雜、維他命C等，且膳食纖維的含量也比較高，孕媽媽可以經常吃點薯類食物，在補充多種營養的同時，還可促進胃腸蠕動、控制體重、預防便秘。孕媽媽每次攝入薯類的量宜在50～100克，並適當減少穀麵主食的攝入量，最好採用蒸、煮、烤的方式，這樣營養素損失少、含油脂少，更健康。

水果最好吃完整的

研究發現，同種蔬菜或水果表皮中膳食纖維的含量比果肉含量要高，所以孕媽媽在吃水果時，最好在保證食品安全的情況下，將果皮與果肉一同吃掉，這樣膳食纖維損失少。

蔬果打成汁，連同渣滓一起喝

在日常飲食中，不少孕媽媽很難保證每天吃夠指南推薦的200～400克水果、300～500克蔬菜的量。因此，除了吃完整蔬果，還可以將水果和蔬菜打汁飲用，但飲用時最好不要過濾，否則會濾掉大部分的膳食纖維。

每天胎教 10 分鐘

美育胎教：剪個簡單的心形，讓胎寶寶感受藝術美

孕媽媽嘗試着自己動手剪剪紙吧。剪紙不僅能提高人的審美能力，產生美的感受，還能通過筆觸和線條，釋放內心情感，放鬆解壓。

剪紙，又叫刻紙、窗花或剪畫，在創作時，有的用剪子，有的用刻刀，雖然工具有別，但創作出來的藝術作品基本相同，人們統稱為剪紙。學做剪紙有一個由簡到繁、由易到難的過程。

孕媽媽可以先勾畫出剪紙作品的輪廓，然後細細剪。沒有剪紙、刻紙經驗的孕媽媽不妨先從簡單的圖案開始。可以是一個心形、一個桃子或者僅僅是簡單的線條。有經驗的孕媽媽可以剪蝴蝶、胖娃娃、「雙喜臨門」、「小牧牛」，或寶寶的生肖等。別怕麻煩，別説沒時間，別説不會剪；因為問題不在於剪得好壞，而在於孕媽媽在進行藝術胎教，同時在向胎兒傳遞深深的愛，傳遞美的信息。

情緒胎教：準爸爸朗誦古詩，陶冶胎寶寶的情操

要知道，唐詩是中華文化的精髓，無數優美詩歌被人們代代傳唱。這些詩歌所表達出來的美麗意境，不但陶冶了準爸爸的情操，也影響着胎寶寶。

春江花月夜

（張若虛）

春江潮水連海平， 海上明月共潮生。
灩灩隨波千萬裏， 何處春江無月明？
江流宛轉繞芳甸， 月照花林皆似霰。
空裏流霜不覺飛， 汀上白沙看不見。
江天一色無纖塵， 皎皎空中孤月輪。
江畔何人初見月？ 江月何年初照人？
人生代代無窮已， 江月年年只相似。
不知江月待何人， 但見長江送流水。
白雲一片去悠悠， 青楓浦上不勝愁。
誰家今夜扁舟子？ 何處相思明月樓？
可憐樓上月徘徊， 應照離人妝鏡台。
玉戶簾中卷不去， 擣衣砧上拂還來。
此時相望不相聞， 願逐月華流照君。
鴻雁長飛光不度， 魚龍潛躍水成文。
昨夜閒潭夢落花， 可憐春半不還家。
江水流春去欲盡， 江潭落月複西斜。
斜月沉沉藏海霧， 碣石瀟湘無限路。
不知乘月幾人歸？ 落花搖情滿江樹。

這首詩以寫月作起，以寫月落結，在從天上到地下這樣廣闊的空間中，從明月、江流、青楓、白雲到水波、落花、海霧等眾多景物，以及遊子、思婦種種細膩的感情，通過環環緊扣、連綿不斷的結構方式組織起來。由春江引出海，由海引出明月，又由江流明月引出花林、引出人物，轉情快意，前後呼應，若斷若續，使詩歌既完美嚴密，又有反復詠歎的藝術效果。

健康孕動
鍛煉盆底肌，助順產、防漏尿

孕 7 月運動原則

- 需集中注意力，平躺、站着或坐着均可。
- 堅持每天練習，分娩受益。

凱格爾運動：有效縮短產程

凱格爾運動主要是鍛煉盆底肌，以便更好地控制尿道、膀胱、子宮。研究表明，加強盆底肌鍛煉可改善直腸和陰道區域的血液循環，有助於產後會陰撕裂的癒合及預防產後痔瘡。甚至有研究表明，強有力的盆底肌可有效縮短產程。孕媽媽可以在任何地方做凱格爾運動，在上網、看電視甚至在超市排隊時都可以做。按照以下方式即可：

1 吸氣收緊陰道周圍的肌肉，就像努力憋尿一樣。
2 保持收緊狀態，從 1 數到 4，然後呼氣放鬆，如此重複 10 次，每天堅持做 3 次。

敬禮蹲式：打開骨盆

敬禮蹲式能鍛煉盆底肌肉，打開骨盆，促進順產。產後也可以做，有助於會陰撕裂傷的癒合。具體做法如下：

坐姿，雙腳打開，腳尖微朝外。雙手於胸前合十，肘關節抵在雙膝內側。吸氣，背部挺直，肘關節發力推向膝，膝蓋發力推向肘關節，保持 20 秒。

凱格爾運動

胎動怎麼數

胎動到底怎麼數？怎麼才算一次？

怎麼算胎動異常？胎動異常了怎麼辦？

胎兒的四種運動形式

運動種類	運動特點	孕媽媽的反應
單純運動	純粹是某一肢體的運動	大多數孕媽媽能夠感覺到
翻滾運動	胎寶寶的全身性運動	孕媽媽可明顯感覺到
高頻運動	胎兒胸部或腹部的突然運動，類似於新生兒打嗝。	孕媽媽可以感覺到胎寶寶在有規律地跳動，多在孕晚期。
呼吸樣運動	胎兒胸壁、膈肌類似呼吸的運動。	孕媽媽察覺不到此類胎動

胎動監測的方法

從懷孕 7 個月開始至臨產前，孕媽媽每天在相對固定的時間段，如 8 ～ 9 點、13 ～ 14 點、20 ～ 21 點，各觀察 1 小時，將 3 個小時的胎動總數乘以 4，即是 12 小時的胎動數。如果每日計數 3 次有困難，可以每天臨睡前 1 小時計數一次。將每日的數字記錄下來，畫成曲線。在記錄胎動時，孕媽媽宜在安靜的環境中採用左側臥位，集中注意力。一般來説，連續幾秒或幾十秒都在動算是一次胎動。因為胎兒在裏面踢小腳的時間會短些，但是翻身用的時間會長些，一般持續十幾秒。

結果判斷

正常胎動數12小時內為30次以上，若低於20次，或1小時內胎動小於3次，往往就表示胎動異常，可能胎兒宮內缺氧；如果在一段時間內感覺胎動超過正常次數，動得特別頻繁，也是胎兒宮內缺氧的表現，應立即去醫院檢查。

胎動異常需注意，或許是胎寶寶發出的「求救信號」

異常狀況 1：發熱時，胎動突然減少

一般來説，如果孕媽媽有輕微的發熱情況，胎兒因有羊水的緩衝作用，並不會受到太大的影響。

值得注意的是引起孕媽媽發熱的原因，如果是一般性感冒引起的發熱，對胎兒不會有太大的影響。如果是感染性疾病或是流感，尤其對於接近預產期的孕媽媽來説，對胎兒的影響就比較大。孕媽媽的體溫如果持續過高，超過 38℃ 的話，會使胎盤、子宮的血流量減少，小傢伙也就變得安靜許多。所以，為胎寶寶健康着想，孕媽媽需要儘快去醫院就診。

馬醫生指教

- 懷孕期間要注意休息，特別要避免感冒。
- 有流行性疾病發生時，要避免去人多的地方。
- 每天保持室內的空氣流通和清新。
- 多喝水、多吃新鮮蔬菜和水果。

異常狀況 2：外傷後，胎動突然加快

一般來説，胎寶寶在孕媽媽的子宮裏有羊水的保護，可減輕外力的撞擊，在孕媽媽不慎受到輕微撞擊時，不至於受到傷害。但如果孕媽媽受到嚴重的外力撞擊時，就會引起胎兒劇烈的胎動，甚至造成流產、早產等情況。此外，如果孕媽媽有頭部外傷、骨折、大量出血等狀況出現，也會造成胎動異常，需儘快到醫院急診。

馬醫生指教

- 少去人多的地方，以免被撞到。
- 堅持運動，保持身體平衡和肌肉力量，可預防外傷。但要減少有風險的運動。

異常狀況 3：胎動突然加劇隨後很快停止運動

這種情況多發生在孕中期以後，有高血壓、嚴重外傷或短時間子宮內壓力減少的孕媽媽較容易出現此狀況。主要的不適症狀有：陰道出血、腹痛、子宮收縮、休克。

孕媽媽一旦出現上述不適，胎兒也會隨之做出反應：胎兒會因為突然的缺氧而出現短暫的劇烈運動，隨後又很快停止。要儘早去醫院檢查。

馬醫生指教

- 有高血壓的孕媽媽，要定時去醫院做檢查，並依據醫生的建議安排日常的生活起居。
- 避免外力衝撞和刺激。
- 保持良好的心態，放鬆心情，減輕精神緊張。

網絡點擊率超高的問答

孕期需要補充孕婦奶粉嗎？

馬醫生回覆：孕婦奶粉強化了孕媽媽所需的各種維他命和礦物質，比如鈣、維他命D等，可以為孕媽媽和胎寶寶補充較全面的營養，孕媽媽可以適當選用。但是日常飲食是獲取營養的最好途徑，孕媽媽仍然要以均衡飲食為根本。孕媽媽如果體重過輕，可以適當補充孕婦奶粉。

腹股溝疼痛怎麼辦？

馬醫生回覆：連接子宮和骨盆的韌帶鬆弛會使孕媽媽感到腹股溝疼痛，尤其是當孕媽媽打噴嚏、大笑或者咳嗽時，疼痛的感覺會加重。孕媽媽可以在疼痛時改變姿勢，症狀多可緩解。孕媽媽平常要注意增加核心肌群力量，如需長時間步行，可考慮使用托腹帶，減輕增大的子宮對腹股溝的壓迫。

總是睡不好覺怎麼辦？

馬醫生回覆：有些孕媽媽到了孕中期會出現失眠，如何緩解失眠情況呢？（1）為自己創造一個良好的睡眠環境；（2）睡前2小時內不要吃不易消化的食物；（3）睡前半小時喝一杯牛奶；（4）睡前可以適當聽聽音樂、散散步，定時上床睡覺；（5）每天晚上洗個溫水澡或用熱水泡腳；（6）最好能保持左側臥的習慣，以促進血液回流，減輕心臟負擔，提高睡眠質量；（7）放鬆心情，白天適當進行如散步、做孕婦操等適度活動，也可減輕緊張情緒，提高睡眠質量。

孕期發生小腿抽筋怎麼辦？

馬醫生回覆：（1）孕媽媽平躺時如出現抽筋，可用腳跟抵住牆壁，也可以立即下床，用腳跟着地站一會兒。孕媽媽要在自己承受範圍內用力按摩抽筋部位，然後儘量伸直腿，將腳趾上勾，都可以緩解抽筋不適；（2）多攝入含鈣和維他命D豐富的食物；（3）進行適量的戶外活動，多接受日光照射；（4）孕媽媽可以每天睡前用40℃的溫水泡泡腳（也可以用薑水），以10分鐘為宜，能起到舒筋活血、緩解痙攣的作用。

老人都說胎兒是七活八不活，是這樣嗎？

馬醫生回覆：這種說法是沒有科學依據的。現在醫學界認為，胎兒在子宮內待的天數越多（排除過期妊娠），存活可能性越大。正常孕媽媽懷孕 35 周以後，胎兒出生存活率可能性很大。而患有妊娠高血壓綜合症或者胎兒子宮內發育遲緩、胎兒肺發育早熟等特殊情況，胎兒出生後存活率另當別論。隨着現代醫學的發展，早產兒的存活率大大提高了，孕媽媽不要輕信這種說法。

隔窗曬太陽能吸收維他命 D 嗎？

馬醫生回覆：很多孕媽媽在冬天時不願意出門曬太陽，就選擇在陽台隔着玻璃窗曬，其實這樣做是不能幫助身體吸收維他命 D 的，因為只有讓皮膚與紫外線充分接觸才能合成維他命 D。隔着玻璃窗曬太陽，玻璃會將紫外線擋在外面，達不到目的。所以還是建議孕媽媽，即使在冬天也要在中午太陽好、比較暖和的時候到戶外曬曬太陽。不少孕媽媽的體內會存在維他命 D 不足，建議在醫生指導下補充維他命 D 製劑。

睡覺經常打鼾，有時會影響睡眠，怎麼辦？

馬醫生回覆：孕中晚期很多孕媽媽都會打鼾，這主要是因為體重進一步增加，以及鼻塞更為頻發。如果鼻塞嚴重，可使用止鼾貼來開放鼻道，能幫助改善夜間睡眠呼吸。持續打鼾的孕媽媽可以使用一種家用的正壓通氣裝置，開放氣道，保證睡眠時氧氣的供應。

《美國婦產科雜誌》上的一項研究發現，那些在孕期一開始就打鼾的孕媽媽發生妊娠高血壓甚至子癇前期的風險更高，請注意留心這種症狀。

出現體位性低血壓怎麼辦？

馬醫生回覆：孕中期後，子宮逐漸增大，人體會出現血液分配的重新調整，優先保障對子宮的血液供應。因此，孕媽媽就會容易因為體位的改變而出現大腦暫時性缺血缺氧，導致暈倒。這時，可以參考高血壓中老年人預防腦血管意外發生的「3 個 5 分鐘」：醒來後先賴床 1 ～ 5 分鐘，在床上坐 1 ～ 5 分鐘，在床邊坐 1 ～ 5 分鐘，然後再起來活動。除了臥床久了起身要注意外，其他情況下的體位改變也要注意，如坐久了起身時等。

孕媽媽故事

妊娠糖尿病管理經驗分享

今天，來說說看我門診的一位孕媽媽，在老大 15 歲的時候懷上了老二，此時已經邁入了高齡妊娠的行列。當時做 50 克糖篩的結果是 9.4 毫摩 / 升，需要做 75 克糖耐量試驗，2 小時血糖的結果為 9.2 毫摩 / 升。她在懷孕之前未有高血糖，這是典型的妊娠糖尿病。

於是，我建議她對目前的飲食習慣進行調整：多選擇低升糖指數（GI）和低血糖負荷（GL）的主食食材；選擇大量的綠葉蔬菜，最好在吃主食之前食用；奶類、蛋類、魚肉、豆製品和主食搭配食用；降低烹調油脂用量；避免食用甜飲料、餅乾、曲奇等甜品，即使是號稱「無糖」也不要選擇；適當限制水果的攝入量；食物烹調時，主食不要蒸煮得太過軟爛，也不要打糊、打漿、榨汁食用。這些飲食措施綜合應用，能有效降低餐後的血糖負荷。

此外，我建議她注意適當增加運動，飯後半小時最好不坐着，而是站起來活動一下，比如散散步、在家裏走一走、做些輕鬆的家務都可以，這樣能及時消耗血糖，幫助控制餐後血糖高峰的高度。

我讓她每周鍛煉 3 ～ 5 次，每次運動間隔為 3 次，每次持續 15 分鐘，然後休息 5 ～ 10 分鐘，再繼續下一個 15 分鐘，總計 45 分鐘運動即可。運動強度按照她的身體承受能力來定，一般建議以有點難、稍微有點累的程度是合適的。

每天餐後 2 小時監測血糖，每天將吃飯、運動、血糖監測記錄在案，產檢的時候帶過來給我看。總體控制得很好，在孕 40 周順利生下了老二，分娩後也沒有得糖尿病，現在這個媽媽恢復得很好，寶寶也健康成長着。

懷孕 8 個月（懷孕 29 至 32 周）

孕期不適又來了

孕媽媽和胎寶寶的變化

媽媽的身體：胃口變差了

子宮 子宮底高度 26~30 厘米

孕媽媽的肚子越來越大，時而會感到呼吸困難。因胎動有力而頻繁，有的孕媽媽會覺得疼痛，也有的孕媽媽會失眠。一天中，會多次看到孕媽媽的肚子有小包鼓起。因為皮膚急劇伸展，所以肚子、乳房、大腿根等部位的妊娠紋可能更為明顯了。妊娠水腫可能會加重；陰道分泌物增多，排尿次數也更頻繁了。

肚子裏的胎寶寶：器官發育成熟

身長 40 厘米 **體重** 1500~1800 克

寶寶的身體開始堆積皮下脂肪，身體變得圓潤，皺紋也漸漸消失。肺和胃腸功能已接近成熟，能分泌消化液。男寶寶的睾丸這時正處於從腎臟附近的腹腔沿腹溝向陰囊下降的過程中；女寶寶的陰蒂已突現出來，但並未被小陰唇所覆蓋。羊水和以前相比並沒有增加，但寶寶長大了不少，所以寶寶的位置和姿勢漸漸固定下來。

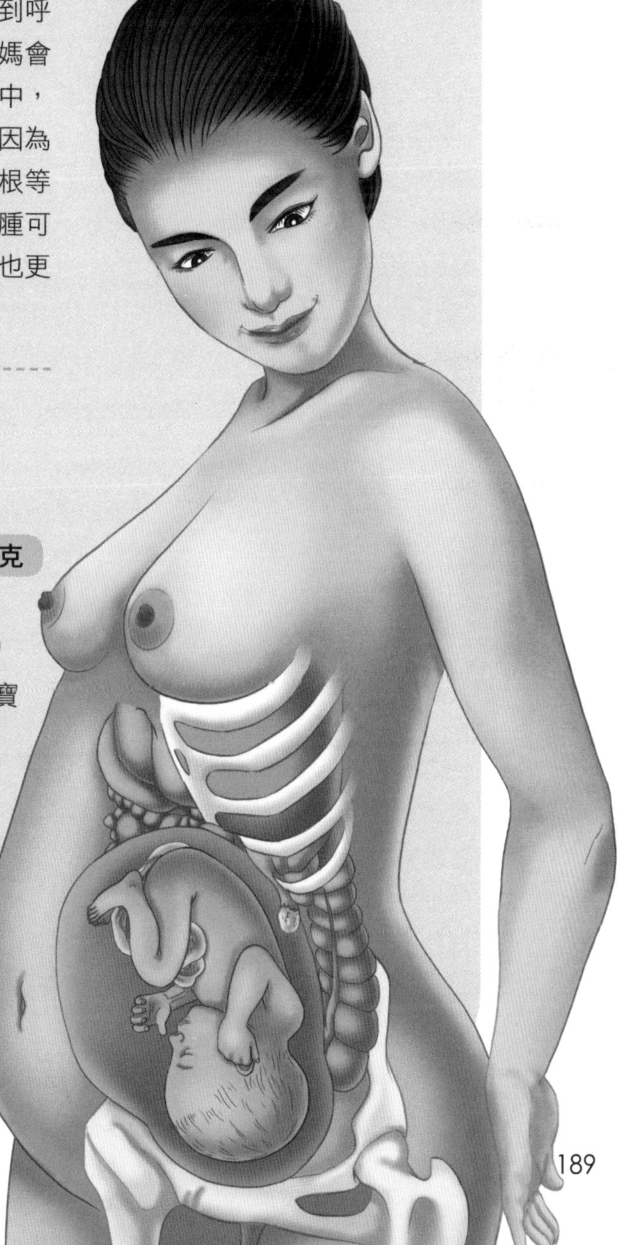

進入圍產期，如何躲過早產危機

甚麼是圍產期

所謂「圍產期」，是指懷孕滿 28 周到產後 1 周這一重要時期。這段時期對媽媽和寶寶來說是容易出現危險的時期，少部分孕媽媽可能會出現某些併發症，對自身及胎兒的安全構成威脅。如果能夠做好圍產期的保健工作，可降低孕媽媽及胎兒的發病率和死亡率，幫助孕媽媽及胎兒平安度過這一時期。

甚麼是早產

早產是指懷孕滿 28 周，但未滿 37 足周就把寶寶生下來了。早產的寶寶各器官發育得還不夠成熟，獨立生存的能力較差，稱為早產兒。早產可能對寶寶造成以下危害：

1 早產兒各器官發育不成熟，功能不全，如寶寶的肺不成熟，肺泡表面缺乏一種脂類物質，不能使肺泡很好地保持膨脹狀態，導致寶寶呼吸困難、缺氧。

2 寶寶的吸吮能力差，吞咽反射弱，胃容量小，而且容易吐奶和嗆奶。吃奶少，加上肝臟功能發育不全，容易出現低血糖。

3 體溫調節功能弱，不能很好地隨外界溫度變化而保持正常的體溫，多見體溫低等。

早產徵兆是甚麼

1 早產的主要表現是子宮收縮，常伴有少量陰道流血或血性分泌物。

2 如果宮縮變得比較頻繁了，最初為不規則宮縮，逐漸發展到 7 ～ 8 分鐘一次，即半小時有 3 ～ 4 次，還可能伴隨腰痠、腰痛，這種有規律的且伴隨疼痛的宮縮變得越來越頻繁時，子宮口則開大，這就是要早產了。

如何預防早產

1 孕媽媽要保證充足的睡眠，上班族孕媽媽還要注意工作強度，適時休息，不要給自己太大的壓力。

2 避免感染，如陰道感染，腹瀉等腸道感染，甚至泌尿道、口腔感染。

3 孕媽媽不要進行長時間的逛街、遠行等；家裏擦地板不要使用肥皂水，更不宜在剛擦完的地板上走動。要穿舒適、防滑的鞋子。

4 孕媽媽在下樓梯或者行走在不平的道路上時要注意安全。如果天氣適逢雨雪，最好不要外出。

5 遵醫囑，認真做好孕期各項檢查。

哪些孕媽媽要警惕發生早產

1 有早產史或因為以前做過流產手術或生寶寶時子宮頸有裂傷史的孕媽媽。

2 誘發早產的常見原因是炎症，佔早產的 30% ～ 40%。懷孕時，因為激素的影響，生殖道出血，分泌物常常增多，加上懷孕時抵抗力降低，很容易被病原菌侵襲，引起炎症。

3 如果子宮過度膨脹，如羊水過多、雙胎等，子宮被撐得過大，也容易發生早產。

4 子宮先天發育畸形，如單角子宮、縱隔子宮等；有子宮肌瘤時，特別是肌瘤比較大的容易誘發早產。

5 宮頸功能不全，胎寶寶長大了，「氣球」脹大了，而「氣球口」的宮頸鬆了，就會「漏氣」，導致早產。

6 嚴重缺乏維他命 C、鋅及銅等，可以使胎膜的彈性降低，容易引起胎膜早破，導致早產。

別把早產徵兆當成假性宮縮

徵兆	早產徵兆	假性宮縮
子宮收縮	在懷孕滿 28 周至 36 周時，如果出現有規律的子宮收縮，約 5 分鐘一次，並逐漸增強。	出現不規則的子宮收縮，第 3 分鐘、5 分鐘或 10 分鐘一次，不會增強。
下腹變硬	下腹反復變軟、變硬，且肌肉緊張、發脹，並伴有持續、較規律的宮縮。	當子宮收縮出現腹痛時，可感到下腹部很硬。實際上，如果孕婦較長時間用同一個姿勢站或坐，會感到腹部一陣陣變硬。
陰道流血	孕晚期（29 ～ 36 周時），孕媽媽出現子宮有規律收縮，並伴隨有陰道流血，這時出血量較多，可能是早產的徵兆，應立即去醫院檢查。	無陰道流血現象
羊水流出	孕媽媽在孕 29 ～ 36 周期間，如果陰道中有一股溫水樣的液體如小便樣，無法控制地慢慢流出，是早產的徵兆。	無羊水流出
持續陣痛	在孕 29 ～ 36 周時，子宮收縮頻率每 10 分鐘 2 次以上，孕媽媽會開始感覺到痠痛，有點類似月經來臨般的腹痛，不止下腹部不舒服，還會痛到腹股溝甚至有持續性下背痠痛；嚴重的還會伴隨陰道分泌物增加及陰道出血。	陣痛時間短，而且不連續。

出現前置胎盤，怎麼辦

權威解讀

《婦產科學第 8 版（胎盤與胎膜異常）》

關於前置胎盤

前置胎盤的典型症狀是妊娠晚期無痛性陰道流血；超聲波檢查是主要的診斷依據；臨床處理包括抑制宮縮，盡可能延長孕周，根據類型決定分娩方式。

胎盤的位置

胎盤負責合成和分泌激素，以及供應胎寶寶所需的營養。胎盤附着在子宮的位置是很有講究的，一般做超聲波的時候會順便看上一眼。胎盤附着在腹部就是胎盤前壁，附着在靠近後背的位置就是胎盤後壁，附着在子宮側面就是子宮側壁，這些位置都是正常的。

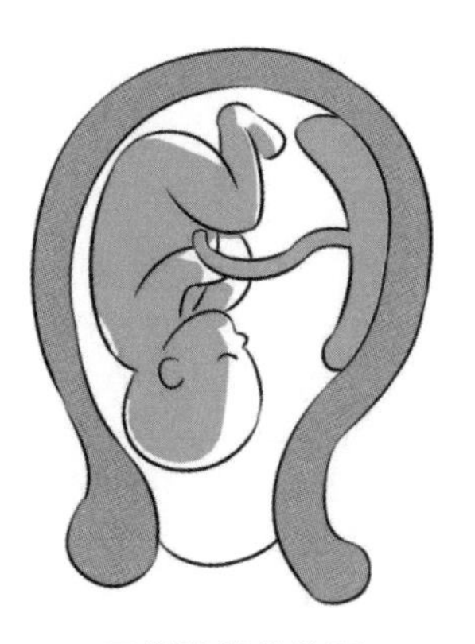

正常胎盤的位置

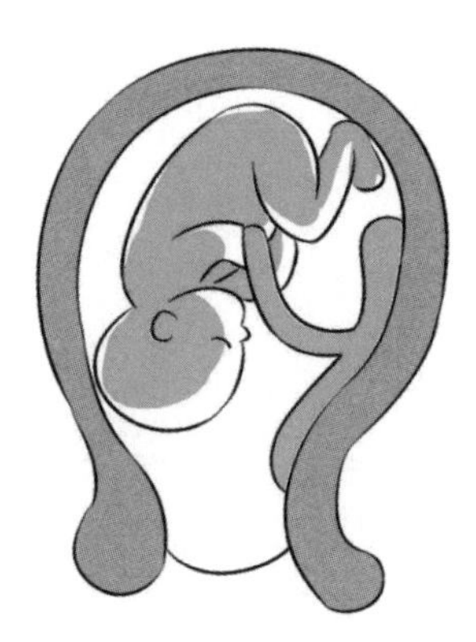

邊緣性前置胎盤

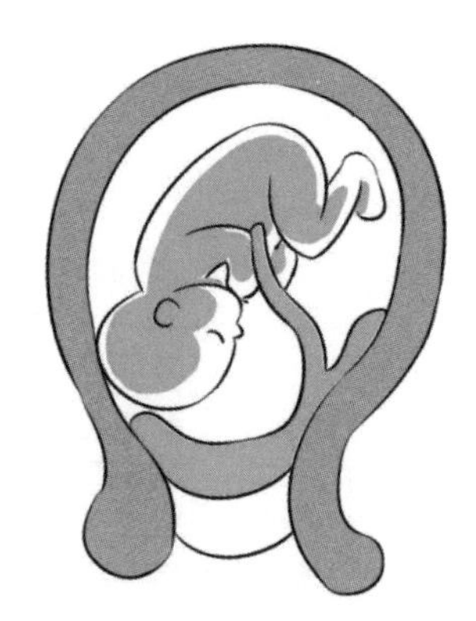

重型前置胎盤

甚麼是前置胎盤

妊娠 28 周後，胎盤附着於子宮下段，甚至胎盤下緣達到或覆蓋宮頸內口，其位置低於胎先露部，稱為前置胎盤。

前置胎盤是一種嚴重的妊娠期併發症，如果孕媽媽有無誘因、無痛性的反復陰道流血，那就要超聲波檢查是否為前置胎盤以及前置胎盤的類型了。

妊娠周數是超聲波診斷前置胎盤時必須考慮在內的一個因素。妊娠中期，胎盤佔宮腔 1/2 的面積，胎盤覆蓋或靠近宮頸內口的可能性大；妊娠晚期，胎盤只佔宮腔面積約 1/3，且會跟隨子宮上移，從而變為正常位置胎盤。所以，如果孕中期，孕媽媽通過超聲波檢查發現胎盤位置較低，可定期去醫院觀察，如果到妊娠 28 周後，胎盤位置仍然沒有改變，可做前置胎盤的診斷。醫生會根據陰道流血量、有無休克、妊娠周數、產次、胎位、胎兒是否存活、是否臨產及前置胎盤類型等綜合考慮做出決定。

別擔心，很多前置胎盤可以慢慢長上去

妊娠 28 周前，胎盤幾乎佔據宮壁面積的一半。妊娠 28 周後子宮下段逐漸形成，原呈前置狀態的胎盤可被動向上遷移而成正常位置的胎盤。大概 90% 孕 28 周前的胎盤前置在生產前可以變為正常位置。

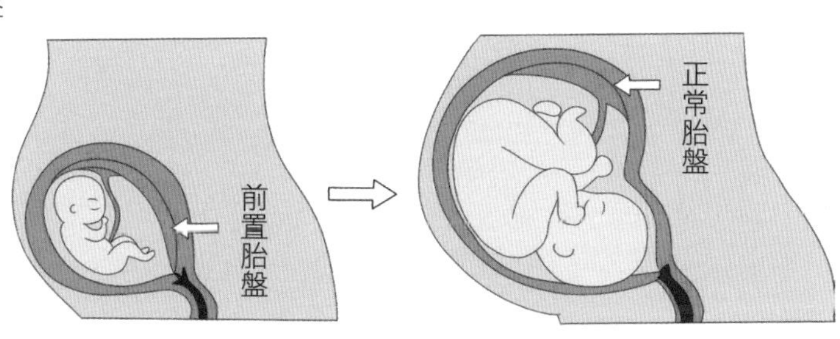

妊娠 28 周前　　妊娠 28 周後

出現哪種情況需要臥床休息

如果出現反復的陰道出血，伴有子宮收縮，就應該入院觀察，遵醫囑臥床休息。

沒必要一直臥床休息

前置胎盤如果沒有出血或宮縮的症狀，不需要絕對臥床。不過，也別同房，不要做特別劇烈的活動。

馬醫生小貼士

超聲波檢查也有助於診斷胎盤形態異常

孕 28 ～ 34 周，孕媽媽做超聲波檢查有時可以看到胎盤的臍帶入口，可能發現臍帶入口靠近胎盤邊緣，考慮形狀為球拍狀的胎盤，這時絕大多數是不影響寶寶發育和順產的，所以只要定期監測胎兒生長情況，進行胎心監護即可。但必要時，需用超聲波排除血管前置等罕見情況。

懷孕期間出現胎位不正，30~32 周可嘗試糾正

92% 的寶寶是頭位出生

寶寶在子宮裏的位置分為頭下腳上的頭位、頭上腳下的臀位和身體橫在子宮中的橫位。92% 的胎兒都是頭位。

懷孕 28 周前，胎寶寶的身體還很小，羊水也綽綽有餘，所以胎寶寶可以在子宮中不停地自由活動。隨着分娩的臨近，大多數胎寶寶都會變成頭朝下的姿勢，而最後以臀位姿勢出生的寶寶大約只有 5%。

幾種常見的胎位不正

枕前位，正胎位

前囟先露

額前露

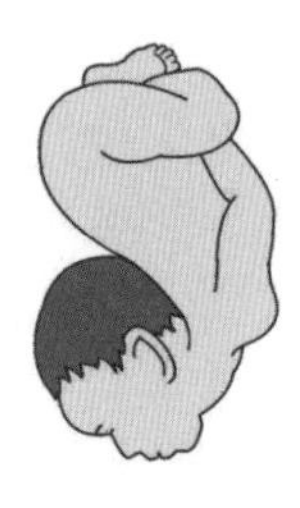
面前露

混合臀位

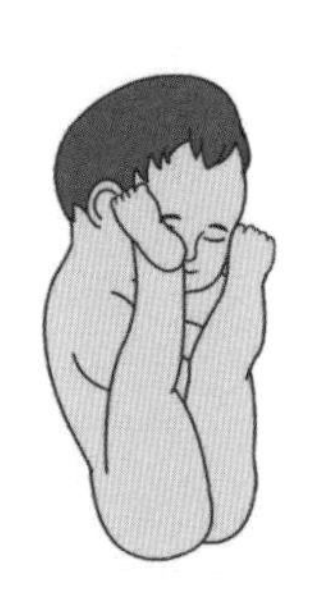
腿直臀位

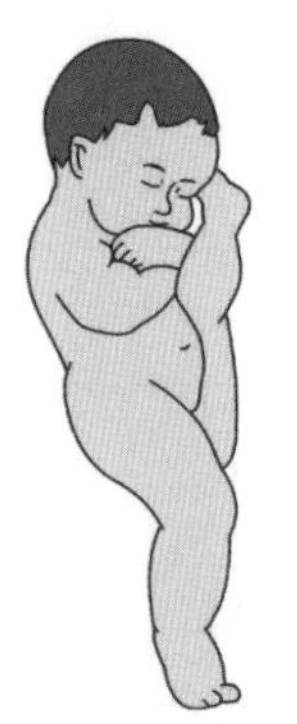
單足先露

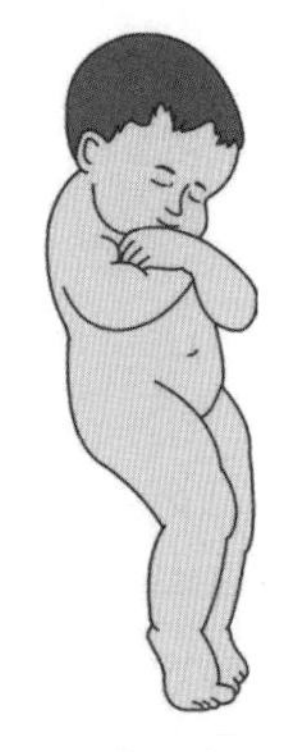
雙足先露

除了第一個枕前位，上述其他胎位都屬胎位不正，常在孕媽媽的分娩過程中出現障礙，容易導致難產。

胎位甚麼時候固定

孕 8 月（孕 32 周）以後，胎兒的增長速度加快，在孕媽媽子宮內的活動空間越來越小，這時候胎位相對固定，且胎寶寶自行糾正的機會變小。胎位不正會直接影響正常分娩，所以孕媽媽要及時糾正，對預防難產至關重要。孕媽媽可通過適當運動、按摩等方法來糾正，同時也不排除胎寶寶通過不斷地旋轉而自己糾正的情況。

糾正胎位不正的最佳時間

胎位不正與妊娠周數也有很大的關係，糾正胎位不正的最佳時間可參考下表：

妊娠周數	胎位不正
孕 28 周之前	只需加強觀察，這個時期胎兒個體小、活動空間較大，胎位不固定。
孕 30 ～ 32 周	孕媽媽糾正胎位的最佳時間
孕 32 周以後	胎位基本固定

膝胸臥位糾正法

膝胸臥位是矯正胎兒體位的方法。孕媽媽排空膀胱，鬆解褲帶，保持膝胸臥位的姿勢，每日 2 ～ 3 次，每次 15 ～ 20 分鐘，連做 1 周。這種姿勢可使胎臀退出骨盆，借助胎寶寶重心改變自然完成頭先露的轉位，成功率 70% 以上。做此動作的前提是沒有臍帶繞頸，並且羊水量正常。

膝胸臥式

兩膝着地，胸部輕輕貼在地上。儘量抬高臀部。雙手伸直或疊放於臉下。睡前做 15 分鐘左右。

註：胎位不正也可艾灸至陰穴。至陰穴，屬足太陽膀胱經，位於足小趾外側趾甲角旁 0.1 寸。每天用艾灸條溫和灸 1 次，每次 15～20 分鐘，每日 1 次，5 次為一療程，以孕媽媽感覺溫熱但不灼痛為度，能幫助矯正胎位。

側臥位糾正法

橫位或枕後位可採取此法。就是孕媽媽在睡覺的時候採取讓胎寶寶背部朝上的姿勢，通過重力使胎位得以糾正，又或者之前習慣左側臥的孕媽媽現在改為右側臥，而原本習慣右側臥者現在改為左側臥。

具體做法是：側臥，上面的腳向後，膝蓋微微彎曲（見下圖）。

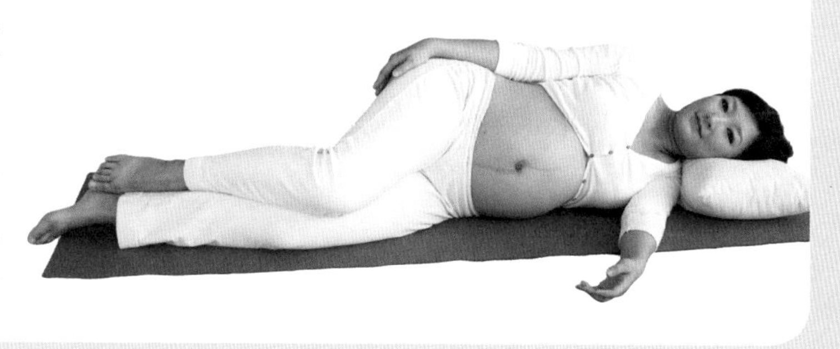

戰勝分娩恐懼

到了孕晚期，很多孕媽媽對分娩的恐懼感與日俱增，下面介紹幾種戰勝分娩恐懼感的方法。

直面恐懼

對於分娩，你最害怕甚麼？是怕疼呢，還是因為以前有過不好的體驗？是擔心剖宮產，還是會陰側切？是擔心生到一半受不了，還是怕寶寶會有甚麼問題？最好把所有擔心的事情都寫在一張紙上，並在旁邊注明避免這種恐懼的方法。如果有些事你無力改變，那就想辦法讓自己不要擔心，因為再多的擔心也於事無補。

多瞭解分娩信息

你知道得越多，就越不會害怕。儘管每一位媽媽分娩的具體情況都不盡相同，分娩的經驗也因人而異，但是大致上還是有一個共同的過程。倘若你提前瞭解分娩的過程、會有的感覺，以及為甚麼會有這些感覺，到時候你就比較有自信，自然不會被輕易嚇倒。

選擇導樂

分娩時如果能有一位專業的陪護在身邊，相信你的擔心會減少很多。她可以在分娩過程中為你解釋各種感覺，提供一些處理陣痛的建議，同時在需要做決定時，還可以協助你瞭解情況以及參與決策過程，她會幫助你進行心理上的一系列調適。

多跟不怕分娩的親友相處

不良情緒是會傳染的，恐懼自然也不例外。千萬別讓那些被嚇破膽的親友進產房陪你，應該讓那些能坦然面對分娩的親友進產房鼓勵你。

避免回想後怕的經驗

記住，別把過去可怕的經歷回憶帶進產房。分娩會引起先前難產經歷等不愉快的回憶，這可能會讓你不由自主地全身緊張起來。因此，在分娩之前，一定要妥善處理好過去重大創傷所引起的附加後果，必要時可以求助於醫生或陪產員。

孕期檢查出妊娠高血壓怎麼辦

權威解讀

《婦產科學第 8 版（妊娠特有疾病）》

妊娠高血壓

- 為妊娠與高血壓並存的一組疾病，嚴重威脅母胎健康。
- 基本病例生理變化是全身小血管痙攣，內皮損傷及局部缺血。
- 主要臨床表現為高血壓，較重時出現蛋白尿，嚴重時發生抽搐。
- 基本治療原則包括休息、鎮靜、解痙，有指標地降壓、利尿，密切監測母胎情況，適時終止妊娠。

單純性妊娠水腫無須特殊治療

孕晚期出現的單純妊娠水腫，一般無須進行特殊治療，只要孕媽媽注意休息，平常注意飲食，少食鹽、多吃一些含高蛋白質的食物，適量吃些西瓜、紅豆、茄子、芹菜等利尿消腫的食物，不吃難消化的食物，避免長時間站立、久坐等，即可好轉。

正確測量血壓的方法

排查異常水腫

孕中、晚期，孕媽媽會出現腿腳水腫，如果是凹陷性水腫，即用手指按壓後被按壓處出現一凹陷，但不嚴重，凹陷復原快，休息 6 ～ 8 小時腿腳水腫消失，那麼無須就醫。但如果水腫嚴重，指壓時出現明顯凹陷，恢復緩慢，休息之後水腫並未消退甚至加重，就要警惕發生妊娠高血壓的可能，需要全面檢查治療。

發生嚴重水腫時的進一步檢查

水腫嚴重的時候，還需要通過如下方法進一步檢查：24 小時尿蛋白定量、血常規、血沉、血漿白蛋白、血尿素氮、肌酐、肝功能、眼底檢查、腎臟超聲波、心電圖、心功能測定。具體需要做哪項檢查，醫生會根據孕媽媽的身體情況而定。

妊娠高血壓以預防為主

目前還沒有預測妊娠期高血壓的可靠方法，做好預防對於降低妊娠高血壓的發生具有重要意義，而自覺進行產前檢查就是一個有效預防的手段。同時注意合理飲食，進食富含蛋白質、維他命、鐵、鈣、鋅等營養素的食物，減少動物脂肪和過量鹽的攝入。平時要保證足夠的休息和保持愉快的心情。

先兆子癇是非常危險的併發症

先兆子癇是以高血壓和蛋白尿為主要臨床表現的一種嚴重的妊娠高血壓併發症。孕 24 周後，在常規檢查中發現蛋白尿、血壓升高、體重異常增加，且腳踝部開始水腫，休息後水腫也沒有消退，同時在這些症狀的基礎上伴有頭暈、頭痛、眼花、胸悶、噁心甚至嘔吐，以及隨時都有可能出現的抽搐，這就是先兆子癇。先兆子癇的危險性在於，它會造成以下影響：

對孕媽媽的影響

出血、血栓栓塞（DIC 等）、抽搐、肝功能衰竭、肺水腫、遠期的心腦血管疾病甚至死亡。

對胎兒的影響

早產、出生體重偏低（低體重兒）、生長遲緩、腎臟損傷、胎死宮內。

如何預防先兆子癇的發生

1 注意休息：正常的作息、足夠的睡眠、保持心情愉快。

2 控制血壓和體重：平時注意血壓和體重的變化。

3 均衡營養：不要吃太鹹、太油膩的食物；多吃新鮮蔬菜和水果。

4 堅持合理的運動鍛煉。

孕期痔瘡來襲，應對有高招

權威解讀

《婦產科學第 8 版（產前檢查與孕期保健）》

關於孕期痔瘡

痔靜脈曲張可在妊娠期間首次出現，妊娠也可使已有的痔瘡復發和惡化。主要是因為增大的子宮或妊娠期便秘使痔靜脈回流受阻，引起直腸靜脈壓升高。除多吃蔬菜和少吃辛辣食物外，通過溫水坐浴、服用緩瀉劑可緩解痔瘡引起的疼痛和腫脹感。

要堅持合理飲食

要多吃富含膳食纖維的蔬菜，如芹菜、韭菜等，飲食結構要均衡，注意粗細搭配，養成定時排便的好習慣。要預防便秘，否則用力排便會對血管施加壓力，造成痔瘡出血，使得痔瘡加重。

每天鍛煉，保持規律的作息

進行規律的盆底肌鍛煉，如凱格爾運動（做法見 182 頁），有利於改善盆底血液循環。

用特定的墊子緩解局部疼痛

買個痔瘡緩和型坐墊，能有效緩解局部疼痛。

按揉長強穴

長強穴位於尾骨端與肛門連線的中點處，孕媽媽可以讓家人用食指和中指指腹用力按揉，以有痠脹感為度，從而達到促進直腸的收縮，使大便通暢，減輕盆腔壓力，使痔靜脈叢血流順暢的作用。

溫水坐浴

由於痔瘡會引起疼痛，每日可局部熱敷 2 ～ 3 次，並輕輕按摩，這樣有助於解除肌肉痙攣，從而減輕疼痛感。

定時排便

孕媽媽每天早上定時大便，且每次大便時間不要超過 10 分鐘，有利於緩解痔瘡。

孕期胃灼熱，如何減少刺激

甚麼是孕期胃灼熱

孕晚期，孕媽媽每次吃完飯之後，總覺得胃部有燒灼感，有時燒灼感逐漸加重而成為燒灼痛，晚上症狀還會加重，甚至影響睡眠。這種胃灼熱通常在妊娠晚期出現，分娩後消失。主要原因是內分泌發生變化，胃酸反流，刺激食管下端的痛覺感受器，從而引起灼熱感。此外，增大的子宮對胃有較大的壓力，胃排空速度減慢，胃液在胃內滯留時間較長，也容易使胃酸反流到食管下端。

預防和緩解胃灼熱，過來人有哪些建議

1 建議孕媽媽在日常飲食中一定要少食多餐，平時隨身帶些有營養、好消化的小零食，餓了就吃一些，不求吃飽，不餓就行。

2 避免飽食，少食用高脂肪和油膩的食物，吃東西的時候要細嚼慢嚥，否則會加重胃的負擔；臨睡前喝一杯熱牛奶。

3 多喝水，補充水分的同時還可以稀釋胃液。攝入鹼性食物，如饅頭乾、烤饃、蘇打餅乾等，可以中和胃酸，緩解症狀。

4 可以在一杯冷牛奶中加入一匙蜂蜜，並在睡前或是孕媽媽覺得有胃灼熱不適的時候飲用，可以緩解不適。

5 可飲用生薑茶，生薑茶是最常被用來紓緩胃灼熱的配方。將水煮開後放入薑片，等溫度適中，就可以將生薑去除飲用。

6 孕媽媽可以試着將一杯溫水加一匙蘋果醋和蜂蜜。但是一天只能飲用一杯，喝太多反而會導致症狀更嚴重。

尷尬的尿頻、漏尿，怎麼應對

為甚麼會出現尿頻、漏尿

孕期尿頻是很多孕媽媽都會遇到的情況，這是一個生理現象。主要有 2 個原因：

1 孕媽媽體內代謝物增加，同時胎寶寶代謝物也需要孕媽媽排出體外，這樣就會增加孕媽媽腎臟工作量，進而導致尿量增加。

2 孕媽媽的子宮逐漸增大和胎寶寶下移壓迫到膀胱，導致膀胱容量減小，增加了小便的次數。

孕晚期也會經常發生漏尿，有時候大笑、咳嗽、打噴嚏、彎腰時都會有少量的尿液滲出，甚至有時候剛上完廁所就發生了漏尿。這是因為孕媽媽盆底肌肉、括約肌都變得鬆弛，而子宮對膀胱的擠壓更嚴重導致的。

尿頻、漏尿的應對策略

1 孕媽媽可以繼續做憋氣提肛練習，這可以鍛煉括約肌和骨盆肌肉，有助於增強其彈性，減少漏尿。具體做法：孕媽媽全身放鬆，夾緊臀部和大腿，做深呼吸，吸氣提收肛門，呼氣時放鬆，一提一鬆為一次，可做 20 ～ 30 次，每日做 3 ～ 5 次。

2 孕媽媽應及時調整飲水時間，白天適當多飲水，晚上少喝水，臨睡前 1 ～ 2 小時內不要喝水。

3 平時孕媽媽一有尿意應及時排尿，不可憋尿，否則會影響膀胱的功能，不利於尿液的控制。

4 有尿頻不適的孕媽媽應少吃利尿的食物，如西瓜、蛤蜊、冬瓜、粟米鬚等。

養胎飲食
避免妊娠高血壓應該怎麼吃

控制體重增長，每周增重不超過 400 克

整個孕期，孕前體重正常的孕媽媽，體重增長應控制在 11.5 ～ 16 千克，而孕晚期每周增重不宜超過 400 克。如果孕期體重增長過多，不僅會增加妊娠高血壓等併發症的風險，也會增加孕育巨大兒的風險，同時造成難產等。因而孕媽媽要注意控制體重增長，熱量的攝入要適中，避免營養過量、體重過度增加。

馬醫生小貼士 **堅持低鹽飲食**

建議孕媽媽每天食鹽的攝入量要低於 6 克，烹飪時除了少放鹽，還要注意少放醬油、蠔油、味噌、雞精等含鹽量高的調味品；少吃醃菜、醃製肉食等含鹽量較高的食物。

孕晚期每天的熱量需求要增加 450 千卡

孕晚期，胎寶寶生長迅速，孕媽媽每天需要增加 450 千卡熱量才能滿足需要。增加熱量，要避免單純依靠增加糖、脂肪這些純熱量食物，而應該選擇營養密度高的食物，就是那些營養素含量高、熱量相對較低的食物，比如瘦肉、蛋、奶、蔬菜和水果。

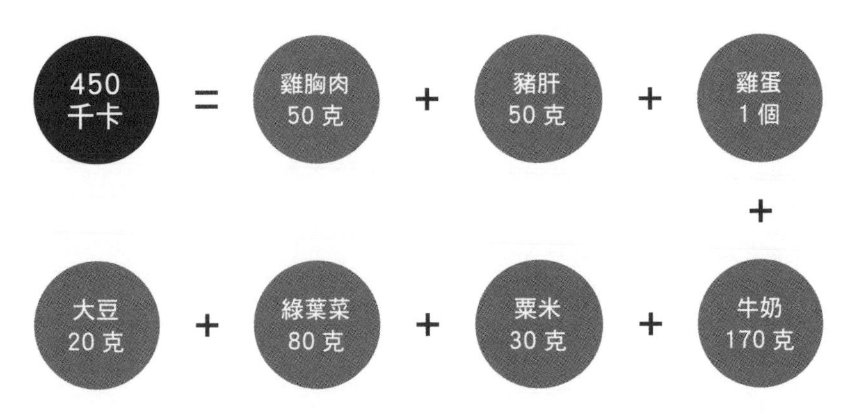

孕晚期每日蛋白質攝入量要增加至 85 克

孕晚期是胎寶寶發育最快的時期，每日蛋白質的攝入量要增加到 85 克才能滿足需要。如果蛋白質攝入嚴重不足，會影響胎寶寶的大腦發育，也是導致妊高徵發生的危險因素，所以孕媽媽每天都應攝入充足的蛋白質，並注意優質蛋白質的比例應達到總蛋白質攝入量的 1/2。瘦肉、蛋、魚、奶及奶製品、大豆及豆製品都是優質蛋白質的好來源。

優質蛋白質 = 羅非魚 100 克 + 豬肝 50 克 + 雞蛋 1 個

其餘蛋白質主要來自米麵等主食 = 麵粉 100 克 + 粟米 100 克 + 小米 100 克

減少烹調用鹽的方法

1 **最後放鹽**：這樣鹽分散於菜餚表面還沒來得及滲入內部，吃上去口感夠了，又可以少放很多鹽。

2 **適當加醋**：酸味可以強化鹹味，哪怕放鹽很少，也能讓鹹味突出。醋還能促進消化、刺激食慾，減少食材維他命的損失。檸檬、柚子、橘子、番茄等酸味食物也可以增加菜餚的味道。

3 **利用油香味增強味道**：葱、薑、蒜等經食用油爆香後產生的油香味，能增加食物的口感。

4 **不喝湯底**：湯類、煮燉的食物，鹽等調味料往往沉到湯底，因此湯底最好不喝，以免鹽攝入過多。

5 **利用芝麻醬、核桃泥調味**：芝麻醬、核桃泥味道鮮香，是很好的調味料。做涼菜、涼麵的時候，加些芝麻醬或者核桃泥，即使放很少的鹽，飯菜的味道也會可口。

6 **選擇應季食材**：每一種食物都有自己的味道，選擇時令菜、新鮮菜，可以充分享受菜品本身的味道，即使做得清淡些也很好吃。

7 **涼菜要即食即拌**：調涼拌菜時，不要提前太早拌好，最好現吃現拌，這樣鹽分主要是在菜的表面和調味汁中，還來不及滲入內部。

8 **選擇低鈉鹽**：低鈉鹽是減少了鈉的含量、增加了鉀的含量，而基本上鹹味不減，所以吃進同樣多的鹽卻減少了鈉的攝入，尤其適合患有妊娠高血壓、血脂異常的孕媽媽。

揪出隱形鹽

除了食鹽的攝入量，很多食物中也潛藏着鹽，要少吃這些食物，或者吃了這些食物就減少烹調用鹽，以免一天的鹽分攝入超標。

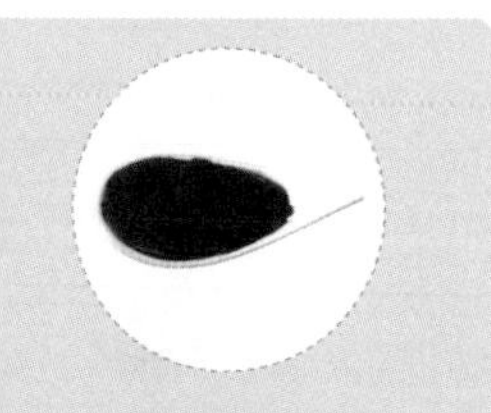

10 毫升醬油

含有 1.6 ～ 1.7 克的鹽
約佔全天吃鹽總量的 28%

一塊 20 克的腐乳

約含有 1.5 克的鹽
約佔全天吃鹽總量的 25%

10 克豆瓣醬

約含有 1.5 克的鹽
約佔全天吃鹽總量的 25%

15 克榨菜、醬大頭菜、冬菜

約含有 1.6 克的鹽
約佔全天吃鹽總量的 27%

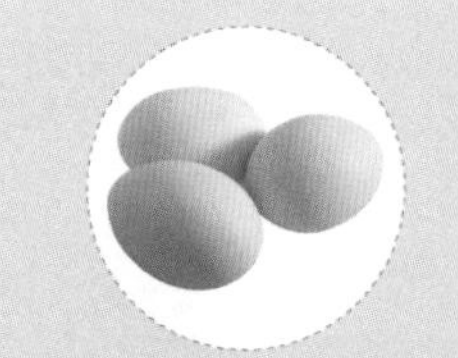

一個鹹鴨蛋（約 50 克）

約含鹽 3.6 克
約佔全天吃鹽總量的 58%

一匙雞精（約 5 克）

約含鹽 2.5 克
約佔全天吃鹽總量的 42%

別忽視掛麵和甜品中的鹽

特別值得注意的是，麵條（各種拉麵、掛麵、切麵等）的含鹽量也不少，又容易被人忽視，吃麵條時儘量不喝麵條湯。此外，一些甜品中不僅糖的含量高，其實鹽的含量也很高。

龍鬚麵

精製龍鬚麵含鈉高達
292.8 毫克 /100 克
折合成鹽是 7.3 克

普通掛麵

普通掛麵含鈉高達
150 毫克 /100 克
折合成鹽是 3.7 克

夾心餅乾 果凍
乳酪 奶油蛋糕
雪糕

這些食物在製作中加入了含鈉的發酵粉和添加劑，折合成鹽的含量也不低，也要注意。

孕期營養廚房

紅豆鯉魚湯

材料 鯉魚 1 條，紅豆 50 克。

調料 薑片、鹽、生粉各適量，陳皮 10 克。

做法

1. 將鯉魚宰殺，去鱗、鰓及內臟，洗淨；紅豆洗淨，浸泡 4 小時。
2. 將魚裹上生粉後過油煎一下；鍋中加水，燒開後加紅豆及陳皮、薑片，熬煮 1 小時，放入鯉魚煮至豆熟時，加入鹽調味即可。

紅豆、鯉魚都有很好的利水利尿、健脾祛濕的功效，一起熬湯不僅味道清淡又富有營養，還可以緩解妊娠水腫。

馬鈴薯片炒牛肉

材料 馬鈴薯 150 克，牛瘦肉 200 克，青椒 80 克。

調料 生粉、鹽各適量。

做法

1. 牛肉洗淨，切絲，加鹽、生粉醃片刻；馬鈴薯去皮，洗淨，切片，撈出瀝水；青椒洗淨，去蒂及子，洗淨，切絲。
2. 鍋內倒植物油燒至四成熱，下牛肉絲滑熟，撈出瀝油；馬鈴薯片放入微波爐中，高火加熱 4 分鐘後取出。
3. 鍋內放油燒熱，下馬鈴薯片，加鹽炒勻，下青椒絲炒熟，加入牛肉絲炒勻即可。

馬鈴薯富含鉀，能促進鈉的排出，牛瘦肉含豐富的優質蛋白質和鋅，搭配食用對控制高血壓有幫助。

每天胎教 10 分鐘

美育胎教：孕媽媽學插花，裝扮溫馨居室

插花藝術在孕媽媽中是很流行的，孕媽媽可以選擇相關的課程學習一下。如果沒有時間去上專門的課程，為了陶冶性情，也可以在家裏嘗試一下。

這樣來插花

孕媽媽可以在一間燈光柔和的房間裏儘量放鬆自己，使自己的身體和精神都達到穩定的狀態。選好自己喜歡的花材和容器，根據自己的興趣插出理想的效果，也可以參考一些專門的插花類書籍。

花材與容器搭配小妙招

就花材與容器的色彩配合來看，素色的細花瓶與淡雅的菊花更協調；濃烈且具裝飾性的大麗花配釉色烏亮的粗陶罐，可展示其粗獷的風姿；淺藍色水盂宜插低矮密集的粉紅色雛菊或小菊；晶瑩剔透的玻璃細頸瓶宜插非洲菊加飾文竹，並使其枝莖纏繞於瓶身。

手工胎教：摺紙葫蘆

孕媽媽來折一個紙葫蘆吧，這對孕媽媽來說很有挑戰！

折紙葫蘆的步驟

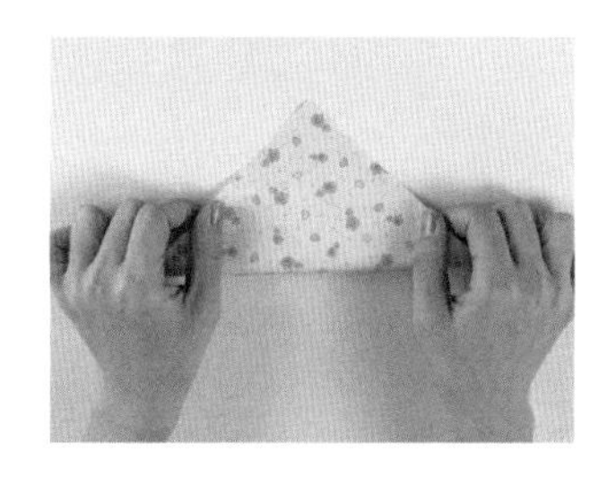

1 準備一張正方形的紙，先按對角線對摺。

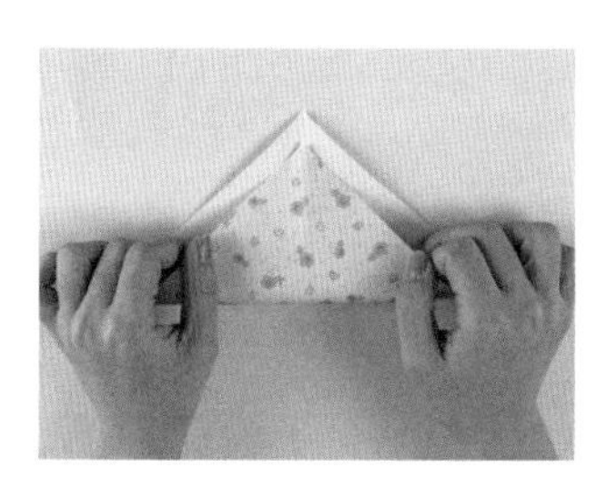

2 打開後，沿另一對角線對摺。

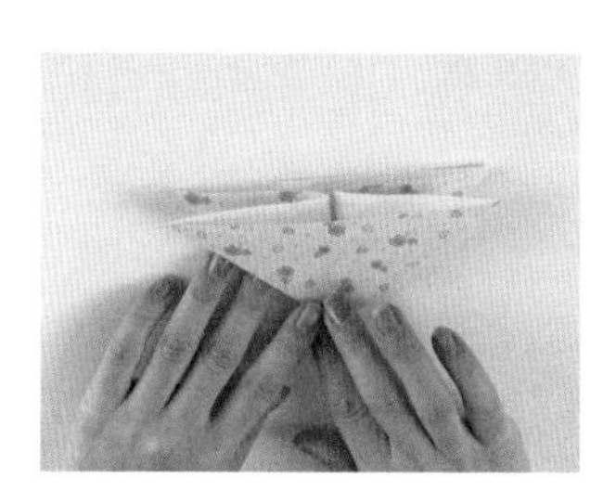

3 如圖所示沿摺線摺成三角形。

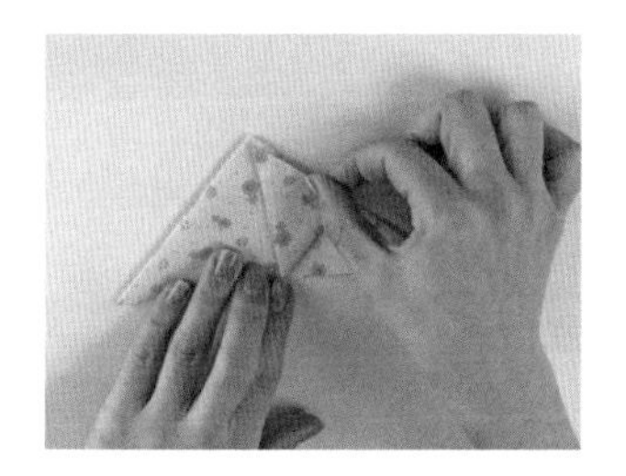

4 將右上角向上對摺，左上角同樣向上對摺。

5 四個角分別摺起，形成一個小方塊。

6 將小方塊的前後四個角分別摺起。

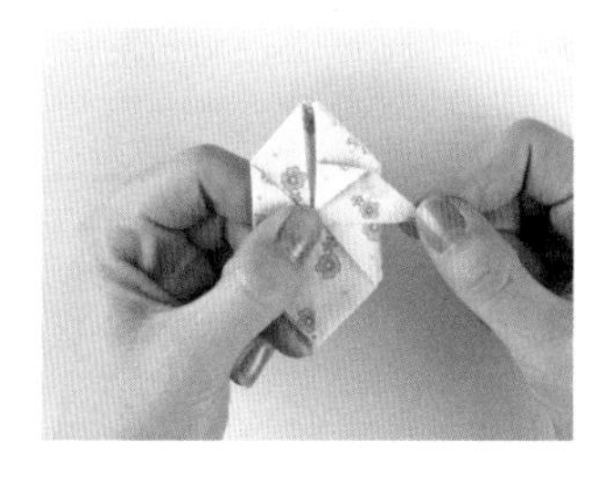

7 打開其中的一個角，按摺過的痕跡摺過來，把右上角的角用手壓過來，摺回來，左邊的角向右摺。

8 同樣的方法，摺其餘三個角。

9 摺完四個角後向小孔處吹一口氣，讓其鼓起，紙葫蘆做好了。

健康孕動 緩解腰背痛、四肢痛

孕 8 月運動原則

- 活動四肢時，不可用力過猛。
- 孕媽媽可將運動分幾次完成，間歇性練習既能保證充足的休息，也可有效改善不適症狀。
- 運動前最好排空膀胱，使身體處於放鬆狀態，這樣可以最大程度促進血液循環，更好地改善腰背痛、四肢痛。

腰部伸展運動：緩解腰背痛

1 孕媽媽雙膝着地，雙手掌心朝下撐於地上，使身體呈臥弓式。

2 雙手、右腿不動，伸直左腿，使左腳背着地。

3 抬起右手，用力向上向後伸去，然後回到初始姿勢。換個方向重複上述動作。左右交替各做 5～10 次。

孕晚期腹痛怎麼辦

進入孕晚期，孕媽媽身體的各個器官都在加緊為胎寶寶的出生做着各方面的準備，腹痛的出現次數和頻率會比孕中期明顯增加。然而，對於孕晚期腹痛，要具體情況具體對待。

懷孕8個月了，肚子突然痛起來，是怎麼回事？

孕晚期肚子痛，是要生了嗎？

生理性腹痛：假性宮縮

隨着胎寶寶長大，孕媽媽的子宮也在逐漸增大，增大的子宮會刺激肋骨下緣，引起孕媽媽肋骨鈍痛。一般來講這是生理性疼痛，不需要特殊治療，採取左側臥位有利於緩解疼痛。到了孕晚期，孕媽媽會出現下腹陣痛，子宮收縮不規則、強度不強、頻率不高，即假性宮縮。

病理性腹痛：胎盤早剝

一般有高血壓、抽煙、多胞胎和子宮肌瘤的孕媽媽容易在孕晚期發生胎盤早剝的現象。胎盤剝離產生的疼痛通常是劇烈的撕裂痛，多伴有陰道流血。所以在孕晚期，患有高血壓或腹部受到外傷時應及時到醫院就診，以防出現意外。如果孕媽媽忽然感到下腹持續劇痛，有可能是早產或子宮先兆破裂，應及時到醫院就診，切不可拖延時間。

區別臨產宮縮和假性宮縮

假性宮縮，宮縮頻率不一致，持續時間不穩定，間歇時間長且不規律，宮縮強度不會逐漸增加，伴有少許下墜感和痠痛。臨產宮縮有節律性，每次宮縮都是由弱至強，維持一段時間，一般是 30 ～ 40 秒，然後進入間歇期，間歇期為 5 ～ 6 分鐘，且間歇期逐漸縮短，每次宮縮持續時間逐漸加長，並伴有明顯腰痠、下墜感、腰痛。

網絡點擊率超高的問答

懷孕 8 個月的時候為甚麼總是感覺腰背四肢痛？

馬醫生回覆：這是一種正常現象，孕 8 月的時候，胎兒的身體迅速增長，孕媽媽的肚子明顯增大。當孕媽媽站着的時候，向前突出的腹部使得身體重心前移，孕媽媽為了維持身體平衡，身體的上半部分就會後仰，這樣長時間後仰會造成背部肌肉緊張，從而出現腰背痠痛。而四肢痛一般是因為妊娠期筋膜肌腱等的變化，造成腕管部位的軟組織變緊並對神經造成壓迫，引起疼痛。這些症狀不會造成嚴重後果，無須特殊治療，分娩後就會自行消失。孕媽媽平常要注意保持端正的站、坐、臥的姿勢，做到立如松、坐如鐘、臥如弓，增強腰背部肌肉的力量，避免長時間站立、行走；四肢疼痛嚴重時，可在醫生指導下進行適當運動。

超聲波顯示羊水過少怎麼辦，會對胎寶寶造成危險嗎？

馬醫生回覆：羊水過少是指羊水量少於 300 毫升的症狀。羊水過少的原因可能是孕媽媽腹瀉導致脫水，還有可能是胎盤功能不良，甚至是破水了但孕媽媽不知道。所以重點是查找原因，如果是因為脫水導致，孕媽媽可以多喝水、進行靜脈輸液及吸氧，能起到一定的作用。如果是胎盤功能不良，要進行胎心監護，查找胎盤功能不良的原因。醫生會幫助判斷是否破水，同時檢查是否存在宮腔感染。

孕晚期出現恥骨聯合疼痛，怎麼緩解？

馬醫生回覆：恥骨聯合處疼痛，是由於孕晚期大腿內收肌群無力，受鬆弛素影響，再加上胎兒頭部入盆後對恥骨聯合施加壓力而引起的疼痛。如果孕媽媽出現恥骨疼痛，應避免重力下的開髖，如屈膝下蹲的動作，這樣做會引發更加強烈的疼痛。

可以通過拉梅茲呼吸法（見 230 頁）、膝胸臥位（見 195 頁）、貓式跪地（見 144 頁）等動作來緩解。

孕晚期經常手腕疼，是因為缺鈣嗎？

馬醫生回覆：孕晚期有的孕媽媽發現自己的手腕彎曲時感覺很疼，有的孕媽媽在孕中期就出現這種情況，主要是懷孕後激素變化造成了水鈉瀦留，引起組織水腫，水腫壓迫神經導致手腕疼痛，嚴重的也稱為腕管綜合症，這個並不是缺鈣引起的，不需要額外補鈣。症狀不嚴重的可以熱敷緩解，一般不需要治療，分娩後會逐漸好轉。

產檢要監測胎心，為甚麼還要自己數胎動？

馬醫生回覆：孕媽媽自己監測胎動，可以對腹中的胎兒多一層安全保護。因為孕期定期到醫院檢查是暫時性的、間斷性的，不是動態的、連續的觀察，只能反映檢查當時胎兒的情況。如胎兒出現突發異常情況，定期檢查就無法及時發現，錯失搶救機會。

孕期能吃火鍋嗎？

馬醫生回覆：火鍋的原料是羊肉、牛肉、豬肉等，這些肉片可能含有弓形蟲等寄生蟲。吃火鍋時習慣把鮮嫩肉片放到煮開的燙料中稍稍一燙即進食，這種短暫的加熱並不能殺死寄生蟲，所以孕媽媽最好減少吃火鍋的次數。如果一定要吃，也注意肉類要徹底煮熟後再吃，以減少感染寄生蟲的可能。

懷孕 9 個月（懷孕 33 至 36 周）

做好分娩準備

孕媽媽和胎寶寶的變化

媽媽的身體：體重增長快

子宮 子宮底高度 27~32 厘米，在劍突下 2~3 橫指

由於子宮變大、血液量持續增加等原因，心悸、氣喘等困擾在這一時期達到頂峰。因寶寶長大了，胎頭壓迫膀胱，所以孕媽媽會出現尿頻、尿失禁等症。且除了子宮的壓迫外，孕媽媽的身體開始要為生產做準備了，所以恥骨等可能會感覺疼痛。這個月末，孕媽媽體重的增長已達到高峰。現在需要每周做一次產前檢查。如果胎寶寶較小，醫生會建議你增加營養；如果寶寶已經很大，醫生可能會讓你適當控制飲食，避免難產。

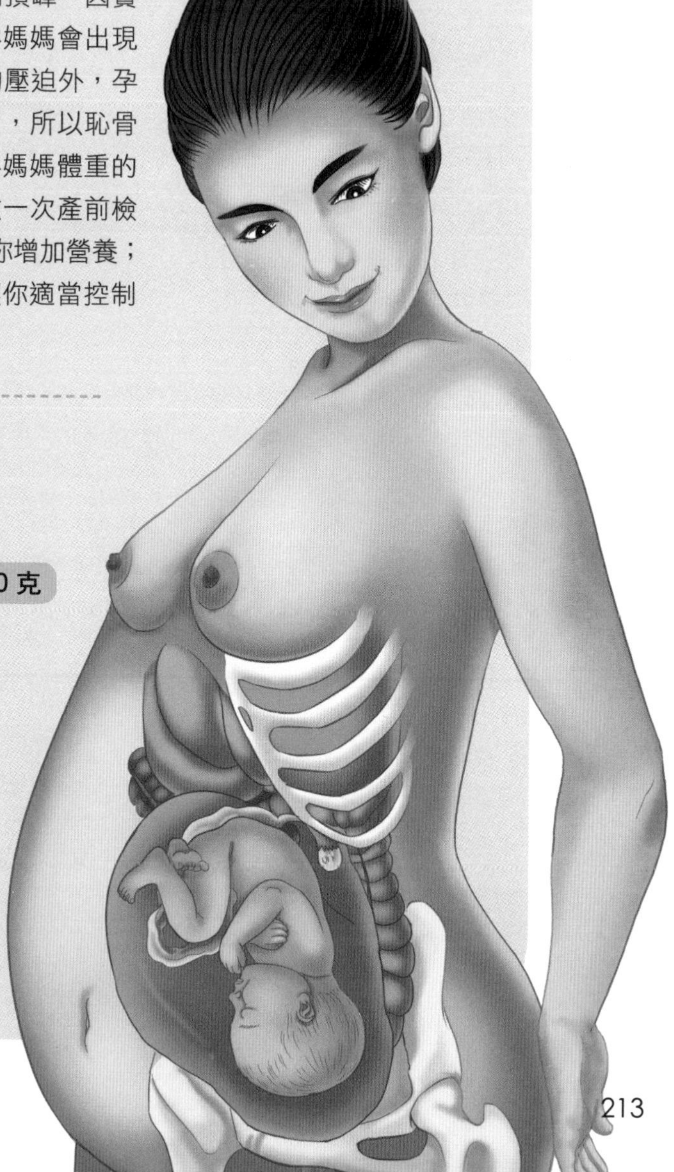

肚子裏的胎寶寶：身體變得圓潤了

身長 45~46 厘米　**體重** 2600 克

寶寶的身體在本月末發育完成。皮下脂肪堆積，身體變得圓潤了。全身的胎毛漸漸褪去。已經能用身體和臉部的表情對外界的聲音做出反應了。第 33 周，胎寶寶的呼吸系統、消化系統已近成熟。到了第 36 周，兩個腎臟已發育完全。

住院分娩準備用品最優配置

現在，孕媽媽可以開始為生產住院準備各類物品了，包括媽媽用品、寶寶用品、入院一些重要物品及出院物品。準備的物品並非多多益善，而是要合理規劃，避免浪費。在這裏，以北京協和醫院為例給大家推薦需要準備的住院分娩物品。

寶寶用品

- 潤膚油，護臀霜
- 柔濕巾（80～100 片）
- 小毛巾（2～3 條）
- 紙尿褲（30～40 片）
- 吸奶器（可生產後準備）

媽媽用品

- 洗漱用品，梳子，餐具，水杯，吸水管（彎頭）。
- 一次性便盆，2 包夜用加長型衛生巾，3 卷衛生紙。
- 換洗內褲，防滑拖鞋。
- 少量食品，適量洗淨的水果，巧克力若干（建議小塊包裝）。
- 產婦入院前應剪短指甲，指甲過長容易劃傷寶寶。

所需證件

孕婦身分證；丈夫身分證副本；產前複診咭及紀錄咭；私家醫生轉介信及按金單據。

出院用品

- 寶寶服，小帽子，棉包布（1 米左右），毛巾被（夏天），棉被（冬天）。
- 媽媽根據季節帶好合適的衣服（也可出院時讓家人帶來）。

提示：住院期間不能帶奶瓶及奶粉（提倡純母乳餵養）

註：北京協和醫院產科提供嬰兒套裝供產婦選購，裏面包括餵奶衫 2 件、厚花嬰兒衫 2 件、嬰兒衫 2 件、針織單包布 4 件、嬰兒帽 1 個、花布方褥子 1 個、花布長褥子 1 個。決定不從醫院選購的，可以提前準備嬰兒套裝。每個醫院的要求會有差異，孕媽媽可以提前打聽，並做好準備。

留心臍帶繞頸，如何化險為夷

權威解讀

《婦產科學第 8 版（妊娠生理）》

關於臍帶

臍帶是連接胎兒與胎盤的條索狀組織，胎兒借助臍帶懸浮於羊水中。足月妊娠臍帶長 30 ～ 100 厘米，平均 55 厘米，直徑 0.8 ～ 2.0 厘米。臍帶是母體與胎兒氣體交換、營養物質供應和代謝物質排出的重要通道。臍帶受壓使血流受阻時，可致胎兒缺氧，甚至危及胎兒生命。

胎寶寶太頑皮，就容易臍帶繞頸

胎寶寶在子宮裏並不是閒着的，一般從孕 17 ～ 20 周有胎動開始，他的本領會一天天強大起來，尤其是那些活潑愛動的胎寶寶，到了孕中期，轉體、翻身、拳打腳踢都不在話下，可一不小心就把臍帶繞在了自己的脖子上，臍帶繞頸會讓很多孕媽媽擔心。一般三分之一的胎寶寶出生時都會有臍帶繞頸，不必過分擔心，只是提醒孕媽媽注意胎動就可以了。

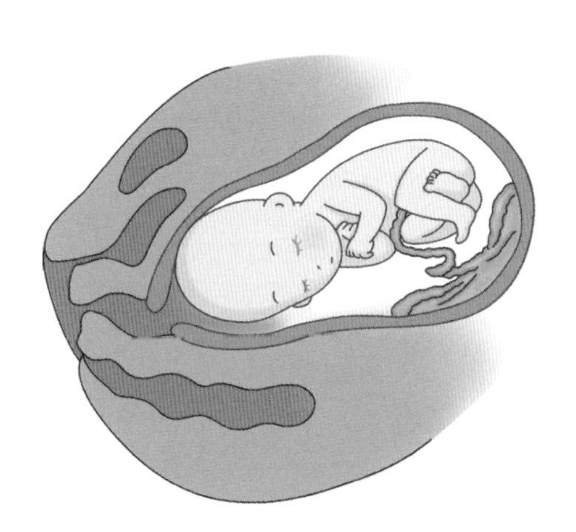

寶寶出生後剪斷的臍帶最後會成為寶寶的肚臍。

臍帶繞頸要特別注意甚麼

1 監測胎動。臍帶繞頸過緊，胎兒會出現缺氧，而胎動異常是缺氧的最早表現。孕媽媽可在家中每天進行 2 次胎動自我監測，以瞭解胎寶寶的宮內情況，發現問題及時就診。
2 加強圍產期的保健，生活規律，保證充足的休息。
3 飲食合理，遠離煙酒，避免進食沒有熟透的、辛辣刺激性的食物。
4 運動時動作宜適度、輕柔；運動胎教不可過於頻繁，時間不宜過長，以 10 ～ 15 分鐘為宜。

馬醫生小貼士 **超聲波單上的「V」與「W」**

臍帶繞頸通過超聲波檢查可以發現，如果報告單上有個「V」標誌，代表臍帶繞頸一周，如果是「W」的標誌，則表明臍帶繞頸兩周。當然也有繞頸三周甚至四周的情況，但是並不多見。

臍帶繞頸能順產嗎？

大約有 1/3 的胎兒會發生臍帶繞頸。當超聲波發現臍帶繞頸，很多孕媽媽擔心會不會影響順產。一般情況下，臍帶繞頸不影響分娩方式，除非纏繞非常緊或分娩過程出現異常，則有可能需要改成剖宮產。

臨產後如何化險為夷

隨着產程的進展，胎頭先露逐漸下降，使纏繞的臍帶過度牽拉、臍帶血管受壓，導致臍帶血液循環受阻，引起胎兒宮內缺氧。

同時，臍帶繞頸可造成臍帶相對過短，對產程的影響主要表現為影響胎先露銜接和下降，特別是在第二產程易出現繼發性宮縮乏力，導致陰道助產增加。

由於陰道助產對母兒損傷較小，能迅速分娩胎兒，若胎心下降考慮胎兒窘迫，仍是首選方法。

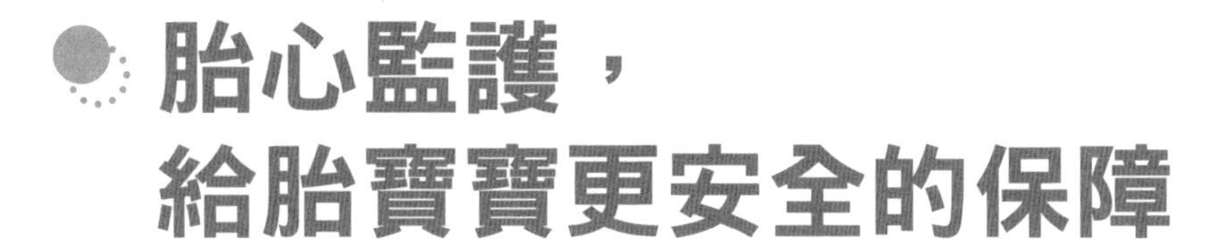

胎心監護，給胎寶寶更安全的保障

孕 34 周後，要做胎心監護

在孕 34 周後，孕媽媽去醫院產檢時要進行胎心監護，目的是通過監測胎動和胎心率來判斷胎兒在母體內的狀況是否正常。胎心監護每次最少 20 分鐘，需要詳細記錄下胎寶寶的活動情況。普通孕媽媽是在 34 周左右做一次胎心監護，臨產時再做一次，如果有其他不適症狀需要加做胎心監護。如果有合併症或併發症的孕媽媽需在 34 周後每次產檢時都需要做胎心監護。

怎樣做胎心監護

胎心監護是通過綁在孕媽媽身上的兩個探頭進行的，一個綁在子宮頂端，是壓力感受器，其主要作用是瞭解有無宮縮及宮縮的強度；另一個放置在胎兒的胸部或背部，進行胎心的測量。儀器的屏幕上有胎心和宮縮的相應圖像顯示，孕媽媽可以清楚地看到胎寶寶的心跳。另外還有一個按鈕，當孕媽媽感覺到胎動時，可以按壓按鈕，機器會自動將胎動記錄下來。胎心監護儀將胎心的每個心動周期計算出來的心跳數，依次描記在圖紙上以顯示胎心基線變化。在一定範圍內，胎心基線變化表示胎心中樞自主神經調節和心臟傳導功能建立，胎心有一定的儲備力。

在胎心監護中，胎心過快或過慢都可能是有問題的表現，但是一般性的伴隨胎動的胎心過快不能說明胎兒出現了甚麼問題，往往是胎心過慢風險更大，提示胎兒可能面臨缺氧，需要醫生及時進行處理。

胎心監護時要讓胎寶寶醒着

做胎心監護時，胎寶寶要處於醒着的狀態，這樣對監測更加有利。孕媽媽可以輕微撫摸腹部，也可在做胎心監護前的 30 分鐘吃點巧克力或甜點，以喚醒胎寶寶。

解讀胎心圖

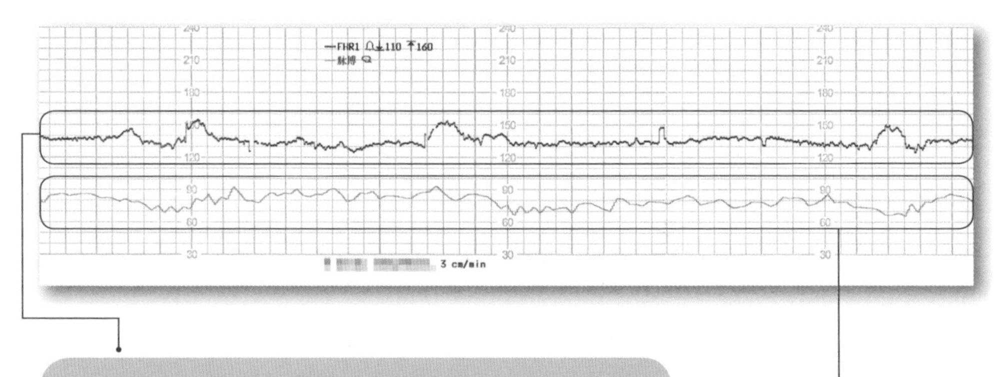

胎心率線

胎心監護儀上主要有兩條線，上面一條是胎心率，正常情況下波動在 120 ～ 160 次 / 分，多為一條波形曲線，胎動時心率會上升，出現一個向上突起的曲線，胎動結束後會慢慢下降。如果出現 2 次在胎動時有胎心率加快，比不動時的胎心率每分鐘至少快 15 次，且每次持續 15 秒，就是正常的，也被稱為「胎心監護反應型」。

宮內壓力線

下面一條線表示宮內壓力，反映子宮收縮情況，有宮縮時會增高，隨後會保持在 20mmHg 左右。

胎心監護後，會給出胎心監護單，醫生會對胎心監護進行評分，將胎心率基線、胎心率變異幅度、胎心率增速、胎心率減速這四項的分數加起來，如果⩽ 4 分則表示胎兒缺氧，5 ～ 7 分表示可疑，需進一步進行監護；8 ～ 10 分則表示本次胎心監護反應良好。

監測結果不理想怎麼辦

如果胎心監護結果不滿意，那麼監護會持續地做下去，做 40 分鐘或 1 小時也是可能的，孕媽媽不要過於焦慮。

做胎心監護時，整個過程至少需要 20 分鐘，很多孕媽媽需要排隊做，明明排隊的時候胎寶寶還動得很歡，孕媽媽暗自慶倖，這一次準能過了，結果真正做監護時，小傢伙反而安靜了。有的孕媽媽會因此心煩意亂、心生埋怨，其實可以理解為胎寶寶在跟媽媽玩遊戲，多做一次胎心監護也沒甚麼大不了的。

側切沒那麼可怕，瞭解這些就明白了

哪些情況需要會陰側切

會陰側切是一種助產手段，即在胎兒的頭快露出陰道口時，對會陰附近進行局部麻醉，用剪刀在會陰處剪開一道小口子，讓產道口變寬，幫助寶寶順利娩出。以下幾種情況可能需要做會陰側切：

1 會陰組織彈性差、陰道口狹小或會陰部有炎症、水腫，胎兒娩出時可能會發生會陰部嚴重撕裂。

2 胎兒較大、胎頭位置不正、產力不強、胎頭被阻於陰道口。

3 生產年齡在 35 歲及以上的高齡孕媽媽，或者有心臟病、妊娠高血壓等高危妊娠的孕媽媽。

4 宮頸口已開，胎頭較低，但是胎心率發生異常變化或節律不齊，並且羊水混濁或混有胎便。

與醫生事先溝通很重要

孕媽媽採用會陰側切，多是為了避免會陰部撕裂，而醫生可能同時面對好幾個孕媽媽，不太可能詳細地給你講解。所以，為了防止自己糊裏糊塗地挨上一刀，事先和醫生溝通一下很有必要。孕媽媽分娩時對助產士和醫生信任，並積極地配合，才能最大程度減少損傷的發生率。

練練縮緊陰道的分腿助產運動

為了避免會陰側切，孕媽媽可以在孕 32 周後，每天進行會陰按摩和鍛煉，能增強會陰肌肉的柔韌性。

縮緊陰道

1. 平躺，吸氣，同時慢慢從肛門發力，儘量用力緊縮陰道，注意不要把力量分散到其他部位。
2. 呼氣，同時慢慢放鬆。吸氣時數到 8，重複 5 次之後改為側躺休息。

分腿運動

1. 在平躺的姿勢下將膝蓋向上抬舉。用嘴慢慢呼氣的同時，按住膝蓋並抬起上半身。
2. 用鼻子吸氣並恢復平躺姿勢，重複 5 次之後改為側躺休息。

養胎飲食 怎麼吃既補營養又避免巨大兒

權威解讀

《中國居民膳食指南 2016（孕期婦女膳食指南）》

孕晚期營養增加和一天食物量

孕晚期孕婦每天需要增加蛋白質 30 克、鈣 200 克、熱量 450 千卡，應在孕前平衡膳食的基礎上，每天增加 200 克奶，再增加魚、禽、蛋、瘦肉共計約 125 克。

孕晚期一天食物建議量：穀類 200~350 克，薯類 50 克，全穀物和雜豆不少於 1/3；蔬菜類 300~500 克，其中綠葉蔬菜和紅黃色等有色蔬菜佔 2/3 以上；水果類 200~400 克；魚、禽、蛋、肉類（含動物內臟）每天總量 200~250 克；牛奶 300~500 克；大豆 15 克，堅果 10 克；烹調油 25 克，食鹽不超過 6 克。

控制總熱量，避免巨大兒

胎寶寶出生的體重達到 3000 ～ 3500 克最適宜，達到或超過 4000 克的為巨大兒，巨大兒會增加難產和產後出血的發生率，對於寶寶來説將來也容易出現肥胖等問題。孕晚期是孕媽媽體重增加較快的階段，要注意控制總熱量，在補充營養的同時，減少高熱量、高脂肪、高糖分食物的攝入，以保持自身和胎寶寶體重的勻速增長。

飲食追求量少又豐富

孕晚期飲食應該以量少、豐富、多樣為主。飲食的安排應採取少食多餐的方式，多食富含優質蛋白質、礦物質和維他命的食物，但要適當控制進食量，特別是高糖、高脂肪食物，如果過多地吃這類食物，會使胎寶寶生長過大，給分娩帶來一定困難。

飲食要清淡易消化

孕晚期，孕媽媽的消化系統受到子宮的壓迫，如果進食過多，會增加消化系統負擔，因此應選擇易消化吸收的食物，同時要清淡飲食，低鹽、低油，防止水腫和妊娠高血壓。烹調方式上儘量選擇蒸、煮、燉、拌、炒等，不宜選擇煎、炸，以免食物熱量過高，不易消化。

三餐要按時按點，不要饑一頓飽一頓

胎寶寶的營養完全靠孕媽媽供給，三餐按時按點吃才能保證胎寶寶獲取所需營養，孕媽媽餓肚子就等於胎寶寶餓肚子，會影響胎寶寶的正常發育。而餓了一頓後下一頓又容易吃得過多，多餘的熱量會轉化成脂肪儲存在體內。所以，孕媽媽要避免過饑過飽，三餐按時，可以在三餐之外適當加餐。

多吃高鋅食物有助於自然分娩

鋅能增強子宮有關酶的活性，促進子宮收縮，使胎寶寶順利娩出。在孕晚期，孕媽媽需要多吃一些富含鋅元素的食物，如牛瘦肉、海魚、紫菜、牡蠣（蠔）、蛤蜊、核桃、花生、栗子等。特別是牡蠣，含鋅最高，可以適當多食。

選營養密度高的食物

營養密度是指單位熱量的食物所含某種營養素的濃度，也就是說一口咬下去，能獲得更多有益成分的，就是營養密度高的食物；相反，一口咬下去，吃到的是較高的熱量、較多的油脂，就是營養密度低的。

營養密度低的食物往往會導致肥胖、「三高」、癌症等慢性病

- **高糖、高添加劑食物：**即食麵、起酥麵包、蛋黃批、油條等。
- **高鹽食物：**鹹菜、榨菜、腐乳等。
- **高脂食物：**肥肉、豬皮、豬油、奶油、棕櫚油、魚子等，以及炸雞翼、炸薯條、油條等油炸食物。
- **飲料：**碳酸飲料、運動飲料。

營養密度高的食物可增強抵抗力

- 新鮮蔬菜
- 新鮮水果
- 粗糧
- 魚蝦類
- 瘦肉、去皮禽肉
- 奶及奶製品
- 大豆及豆製品

儲存充足的維他命 B_1

從孕 8 月開始，孕媽媽可適當多吃些富含維他命 B_1 的食物，因為如果體內維他命 B_1 不足，容易引起孕媽媽嘔吐、倦怠、體乏，還可能會影響分娩時子宮的收縮，使產程延長，導致分娩困難。

維他命 B_1 的主要來源：水產品中的深海魚；穀類中的小米、麵粉；蔬菜中的青豆、蠶豆、毛豆；動物性食物中的禽畜肉、動物內臟、蛋類。

孕期營養廚房

茶樹菇蒸牛肉

材料 牛肉 200 克，茶樹菇 150 克。

調料 薑末、料酒各 5 克，蒜蓉、蠔油、生粉各 10 克，鹽少許。

做法

1. 牛肉洗淨，切薄片，加料酒、薑末、蠔油、生粉醃制 10 分鐘。
2. 茶樹菇去蒂，泡洗乾淨，放入盤中，撒少許鹽。
3. 把醃好的牛肉片放在茶樹菇上，上面再鋪一層蒜蓉，入鍋蒸 15 分鐘即可。

茶樹菇富含人體必需氨基酸，能促進代謝、增強免疫力；牛肉富含鐵和優質蛋白質，可以補血、補虛、增強體力。

蠔仔蘿蔔絲湯

材料 白蘿蔔 200 克，蠔仔肉 50 克。

調料 葱絲、薑絲各 10 克，鹽 2 克，麻油少許。

做法

1. 白蘿蔔去根鬚，洗淨，去皮，切絲；牡蠣肉洗淨泥沙。
2. 鍋置火上，加適量清水燒沸，倒入白蘿蔔絲煮至九成熟，放入蠔仔肉、葱絲、薑絲煮至白蘿蔔絲熟透，用鹽調味，淋上麻油即可。

蠔仔富含鋅，鋅可以促進胎寶寶生長和大腦發育，還可以防止孕媽媽倦怠；白蘿蔔中膳食纖維和鈣含量豐富，可以防止便秘和腿抽筋。

每天胎教 10 分鐘

情緒胎教：欣賞詩歌，感受自然的美好

《吉檀迦利》（節選）

當我送你彩色玩具的時候，我的孩子，
我瞭解為甚麼雲中水上會幻弄出這許多顏色，
為甚麼花朵都用顏色染起——當我送你彩色玩具的時候，我的孩子。
當我唱歌使你跳舞的時候，
我徹底地知道為甚麼樹葉上響出音樂，
為甚麼波浪把它們的合唱送進靜聽的大地的心頭——當我唱歌使你跳舞的時候。
當我把糖果遞到你貪婪的手中的時候，
我懂得為甚麼花心裏有蜜，
為甚麼水果裏隱藏着甜汁——當我把糖果遞到你貪婪的手中的時候。
當我吻你的臉使你微笑的時候，
我的寶貝，我的確瞭解晨光從天空流下時，是怎樣的高興，
暑天的涼風吹到我身上是怎樣的愉快——當我吻你的臉使你微笑的時候。

——泰戈爾

兒歌童謠胎教：帶着大寶跟二寶互動

孕媽媽或準爸爸可以給胎寶寶唱兒歌。唱的時候聲音要輕柔，語調要天真，節奏要歡快。一開始胎寶寶可能沒有甚麼反應，但是等他慢慢習慣了媽媽或爸爸的聲音之後，他就會很開心，還會用蠕動來回應媽媽爸爸。

孕媽媽也可以鼓勵大寶唱歌給小弟弟或小妹妹聽，這樣不僅可以促進大寶和腹中胎兒的感情，還可以激發大寶的自豪感，對兩個孩子以後的相處有利。

小白兔

小白兔　白又白，
兩隻耳朵豎起來，
愛吃蘿蔔愛吃菜，
蹦蹦跳跳真可愛。

健康孕動　促進順產的運動

孕 9 月運動原則

- 以柔和舒緩為主，調整運動強度，減少運動頻率和運動時間。孕媽媽要注意自己身體的耐受力，不要勉強做比較困難的動作，避免身體疲勞。
- 進行針對性運動調整。對身體出現明顯不適部位，如腰背疼痛、腿腳水腫、恥骨疼痛等，孕媽媽宜在醫生的指導下，針對性進行相關運動，以緩解不適。

產道肌肉收縮運動：增強陰道及會陰部肌肉彈性

1 孕媽媽仰臥，雙腿高抬，雙腳抵住牆。

2 然後雙腿用力向兩邊分開。

臍帶血留不留

快生了，有不少電話來問我要不要存臍帶血，這個到底存不存呢？

儲存那麼久，如果真的需要，臍帶血的品質能保證嗎？

臍帶血的作用

臍帶血是在胎兒娩出斷臍後短時間內從臍靜脈採集的血液。臍帶血的採集時機是在寶寶娩出、臍帶結紮並離斷後。採集人員是受過專門訓練的助產士或護士，因此採集過程不會對母嬰產生任何影響。

臍帶血中的造血幹細胞可以用來輔助治療多種血液系統疾病和免疫系統疾病，包括血液系統惡性腫瘤（如急性白血病、慢性白血病、多發性骨髓瘤、骨髓異常增生綜合症、淋巴瘤等）、血紅蛋白病（如海洋性貧血）、骨髓造血功能衰竭（如再生障礙性貧血）、先天性代謝疾病、先天性免疫缺陷疾病、自身免疫性疾病、某些實體腫瘤（如小細胞肺癌、神經母細胞瘤、卵巢癌、進行性肌營養不良等症）。

留不留，先來瞭解這 5 件事

1 臍帶血移植曾經被認為僅能使用於兒童，但是隨着臨床應用經驗的積累及治療技術的發展，這樣的局限已經不再存在。目前，臨床專家已經表示臍帶血移植的成功更多依賴於配型相合的程度而不是細胞數量，與此同時，臨床上還發展出了臍帶血聯合骨髓或者外周血治療、雙份臍帶血移植治療等技術，國際上也已經研發出了臍帶血擴增的方法。臍帶血移植既可以應用於兒童，也可以用於成年及體重超過 100 千克的大體重患者，成為骨髓、外周血以外重要的造血幹細胞來源，為患者提供更多治療選擇。

2 臍帶血既可以進行移植治療也可以作為輔助治療。對於部分先天性或遺傳性疾病，臨床醫生出於復發風險等因素的考慮，一般不會為患者採用自體臍帶血移植。對於後天獲得性疾病，自體儲存的臍帶血是完全可以使用的。臍帶血中含有豐富的造血幹細胞，對比骨髓、外周血來源的造血幹細胞，它具有實物儲存、配型成功率高、移植物抗宿主病發生率低以及出生採集未受外界污染等優點，並且它還含有自然殺傷細胞、淋巴細胞等多種免疫細胞。在臨床上，臍帶血不但可以替代骨髓、外周血進行移植治療非惡性疾病甚至罕見病，並且它也可以聯合骨髓或外周血治療惡性疾病。

3 自 1998 年起，自體臍帶血移植的成功案例陸續被報道，治療疾病包括神經母細胞瘤、再生障礙性貧血和白血病等多種疾病。患者使用自己的臍帶血，由於基因和配型完全吻合，不會出現移植後的移植物抗宿主反應和排斥現象，所以臨床在治療相關疾病時，如果患者自身儲存了臍帶血，將首選自存臍血進行治療。

馬醫生小貼士 **臍帶血保存注意**

如果新生兒有患有重大疾病的兄弟姐妹，需要幹細胞移植，或者新生兒的父母一方患有重大疾病，需要幹細胞移植，且基因檢測表明新生兒和患病父母、兄弟姐妹配型符合要求，在上述兩種情況下，鼓勵保存臍帶血。

4 臍帶血為臨床提供了更多的治療選擇和機會，自存臍血可為家庭節省治療費用。每個家庭可以根據自己的實際情況選擇儲存或無償捐獻臍帶血，使得這一資源得以有效利用。

5 臍帶血採集、製備及儲存需要遵循嚴格的流程避免污染。臍帶血的採集過程中需要對臍帶採集處進行多次消毒，採集後 24 小時內由專人送至臍帶血庫，在分離製備的同時，還需要進行細菌、黴菌和傳染病的檢測，檢測不合格的臍帶血不能進行保存。臍帶血只能儲存在國家批准設置的臍帶血庫中，目前僅在北京、上海、天津、山東、廣東、四川、浙江設有臍帶血庫。臍帶血庫按照特殊血站進行管理，醫療機構只可以使用來自於臍帶血庫的臍帶血。

網絡點擊率超高的問答

一直堅持食補，到了孕晚期，還需要額外補鈣片嗎？

馬醫生回覆：孕晚期鈣的需求量很大。如果此時的孕媽媽每天能夠喝足 500 克的牛奶或酸奶，同時沒有出現抽筋等症狀，可以暫不額外補充鈣劑。但如果不能攝入足量的奶及奶製品，則每天鈣的攝入量達不到推薦量的可能性較大。此時就建議適當補充鈣劑。可以視具體情況每天補充鈣 300 ～ 600 毫克，或隔日補充 600 毫克。

胎寶寶偏小一周，預產期也會跟着推後嗎？

馬醫生回覆：要知道，預產期並不是那麼準確的，提前 2 周或推後 2 周都是正常的。而且胎寶寶偏小一周也有可能是孕期計算錯誤了，所以不要擔心。

孕晚期不能有性生活嗎？

馬醫生回覆：孕晚期孕媽媽肚子明顯增大，子宮也增大，對外來刺激非常敏感，性生活容易引起子宮收縮而導致早產或產後大出血，因此孕晚期要節制性生活，以胎寶寶的安全為主。

為甚麼孕晚期更要注意控制體重？

馬醫生回覆：孕晚期的胎寶寶生長很快，胎寶寶所需的營養都是從媽媽體內獲取的，如果孕媽媽進食過多，容易導致營養過剩，從而使自己超重，容易引發妊娠高血壓、妊娠糖尿病等併發症，還容易造成巨大兒，造成分娩時的難產，增加剖宮產的機率。並且肥胖孕媽媽生下的寶寶將來肥胖的機率也較高，所以越是到孕晚期越要注意飲食，多吃富含優質蛋白質的低脂肉類、富含維他命的蔬菜，增加豆類、粗糧等的攝取，控制糖分和脂肪。

懷孕 10 個月（懷孕 37 至 40 周）

親愛的寶寶，
歡迎你的到來

孕媽媽和胎寶寶的變化

媽媽的身體：做好分娩準備

子宮 子宮底高度 29~35 厘米

因胎寶寶下降至骨盆內，胎動變少了。雖然胃的壓迫感減小了，卻更加壓迫膀胱，導致尿頻加劇。此時，白帶增多，是因為子宮口變軟，為分娩做準備。

肚子裏的胎寶寶：長成了漂亮的小人兒

身長 50 厘米　**體重** 3000 克

第 37 周時，胎寶寶現在會自動轉向光源，這是「向光反應」。胎寶寶的感覺器官和神經系統可對母體內外的各種刺激做出反應，能敏銳地感知母親的思考，並感知母親的心情、情緒以及對自己的態度。身體各部分器官已發育完成，其中肺部是最後一個成熟的器官，在寶寶出生後幾小時內它才能建立起正常的呼吸模式。

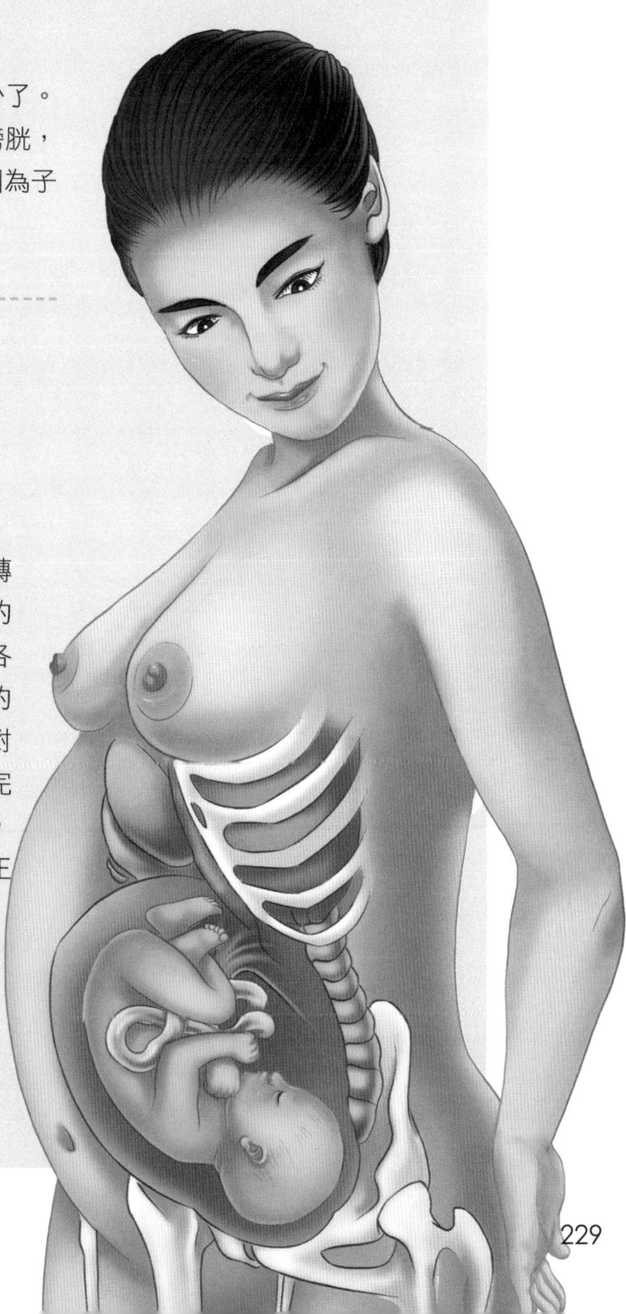

學習拉梅茲呼吸法，幫助產媽減輕陣痛

甚麼是拉梅茲呼吸法

拉梅茲分娩呼吸法，即通過對神經肌肉的控制、產前體操及呼吸技巧的訓練，有效地讓孕媽媽在分娩時將注意力集中在對自己的呼吸控制上，從而轉移疼痛，放鬆身心，能夠充滿信心地在產痛發生時冷靜應對，以加速產程並將胎兒順利娩出。

第一階段：胸部呼吸法

應用時機：孕媽媽可以感覺到子宮每 5 ～ 10 分鐘收縮一次，每次收縮約長 30 秒。

練習方法：由鼻子深深吸一口氣，隨着子宮收縮就開始吸氣、吐氣，反復進行，直到陣痛停止再恢復正常呼吸。

作用及練習時間：胸式呼吸是一種不費力且舒服的減痛呼吸方式，每當子宮開始或結束劇烈收縮時，孕媽媽可通過這種呼吸方式來緩解疼痛。

第二階段：「嘶嘶」輕淺呼吸法

應用時機：宮頸開至 3 ～ 7 厘米，子宮的收縮變得更加頻繁，每 2 ～ 5 分鐘就會收縮一次，每次持續 45 ～ 60 秒。

練習方法：用嘴吸入一小口空氣並保持輕淺呼吸，讓吸入及吐出的氣量相等，完全用嘴呼吸，保持呼吸高位在喉嚨，就像發出「嘶嘶」的聲音。

作用及練習時間：隨着子宮開始收縮，採用胸式深呼吸，當子宮強烈收縮時，採用輕淺呼吸法，收縮開始減緩時恢復深呼吸。練習時由保持 20 秒慢慢加長，直至一次呼吸練習能達到 60 秒。

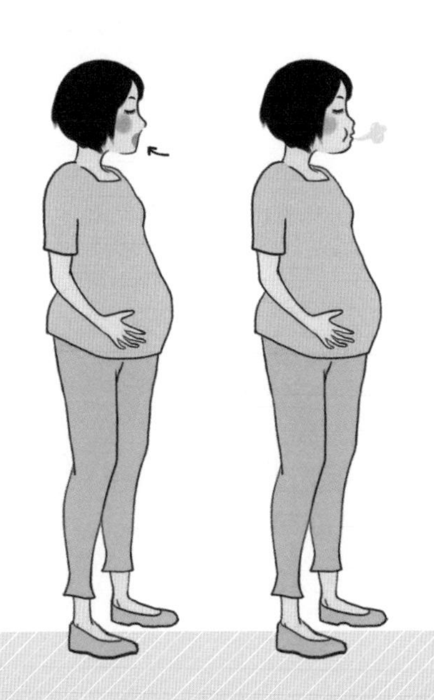

第三階段：喘息呼吸法

應用時機：當子宮頸開至 7 ～ 10 厘米時，孕媽媽感覺到子宮每 60 ～ 90 秒鐘就會收縮一次，這已經到了產程最激烈、最難控制的階段了。

練習方法：孕媽媽先將空氣排出後，深吸一口氣，接着快速做 4 ～ 6 次的短呼氣，感覺就像在吹氣球，比「嘶嘶」輕淺式呼吸更淺，也可以根據子宮收縮的程度調控速度。

作用及練習時間：練習時由一次呼吸持續 45 秒慢慢延長至一次呼吸能達 90 秒。

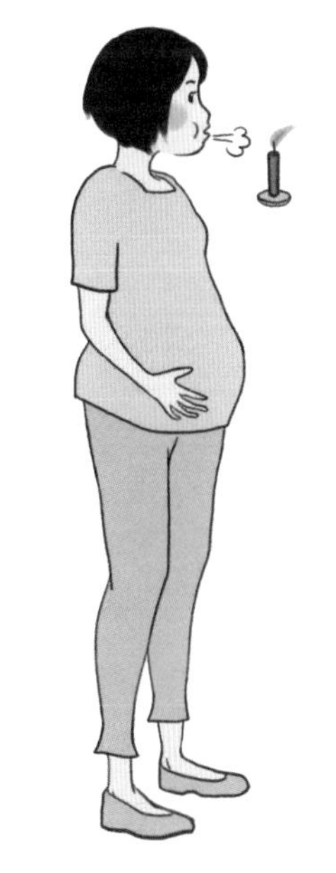

第四階段：哈氣運動

應用時機：進入第二產程的最後階段，孕媽媽想用力將寶寶從產道送出，但是此時醫生要求不要用力，以免發生會陰撕裂，等待寶寶自己擠出來。

練習方法：陣痛開始，孕媽媽先深吸一口氣，接着短而有力地哈氣，如淺吐 1、2、3、4，接着大大地吐出所有的「氣」，就像很費勁地吹一樣東西。

作用及練習時間：直到不想用力為止，練習時每次需達 90 秒。

第五階段：用力推

應用時機：此時宮頸全開了，助產士會要求產婦在即將看到胎兒頭部時用力將其娩出。

練習方法：產婦下巴前縮，略抬頭，用力使肺部的空氣壓向下腹部，完全放鬆骨盆肌肉，需要換氣時保持原有姿勢，馬上把氣呼出，同時馬上吸滿一口氣，繼續憋氣和用力，直到寶寶娩出。當胎頭已娩出產道時，產婦可使用短促的呼吸來減緩疼痛。

作用及練習時間：每次練習時至少持續 60 秒。

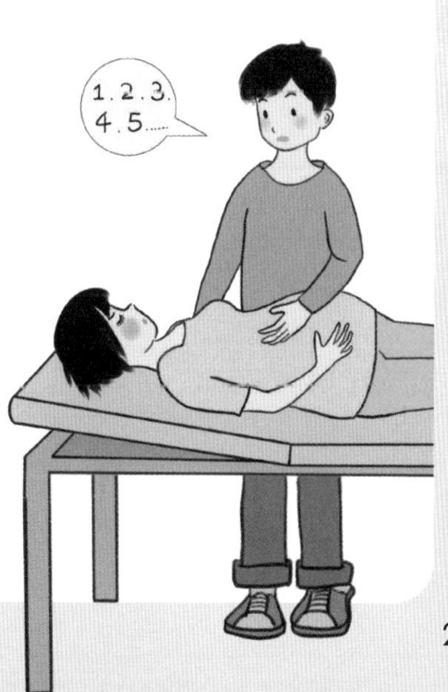

臨產徵兆，你可不能不知道

見紅，更接近分娩了

在分娩前 24 ～ 48 小時內，因宮頸內口擴張導致附近的胎膜與該處的子宮壁分離，毛細血管破裂經陰道排出少量血液，與宮頸管內的黏液相混排出，俗稱見紅，是分娩即將開始的比較可靠的特徵。

如果只是淡淡的血絲，可以不必着急去醫院，留在家裏繼續觀察，別做劇烈運動。如果出血量達到甚至超過平時月經量，顏色較深，並伴有腹痛，就要立即去醫院。

一般來説，見紅後 24 小時內會出現宮縮，進入分娩階段。

陣痛，是分娩最開始的徵兆

陣痛也就是宮縮，只有宮縮規律的時候才是進入產程的開始，它是臨產最有力的證據。如果肚子一陣陣發硬、發緊，疼痛無規律，這是胎兒向骨盆方向下降所致，屬前期宮縮，可能 1 小時疼一次，持續幾秒轉瞬即逝。當宮縮開始有規律，一般初產婦每 10 ～ 15 分鐘宮縮一次，經產婦每 15 ～ 20 分鐘宮縮一次，並且宮縮程度一陣比一陣強，每次持續時間延長，這就表示很快進入產程了。

破水，真的要分娩了

破水就是包裹胎兒的胎膜破裂了，羊水流了出來。破水一般在子宮口打開到胎兒頭能出來的程度時出現。有的人在生產的時候才破水，有的人破水成為臨產的第一個先兆。一旦破水，必須保持平躺，無論有無宮縮或見紅，立即去醫院。

破水後如何處理

1. 破水後，不管在何時何地，應立即平躺，並墊高臀部，不能再做任何活動，防止臍帶脱垂，羊水流出過多。
2. 立即去醫院準備待產，在去醫院的路上也要適度保持平躺。
3. 如果陰道排出棕色或綠色柏油樣物質，表示胎兒宮內窘迫，需要立即生產。
4. 一般破水後 6 ～ 12 小時即可分娩，如果沒有分娩跡象，大多會使用催產素引產，以防細菌感染。

馬醫生小貼士　估算好入院時間

這裏所説的入院時間，是以 30 分鐘以內路程為基礎的，如果距離醫院比較遠，要根據路況進行大致估算，甚至可以考慮出現徵兆就去醫院。

快速瞭解分娩的三大產程

第一產程：宮頸開口期

指子宮閉合至開到 10 厘米左右的過程，可以持續 24 小時。根據子宮頸的擴張程度可分為潛伏期與活躍期。潛伏期：子宮頸擴張至約 3 厘米時，產婦會產生漸進式收縮，並產生規律陣痛；活躍期：子宮頸擴張從 3 厘米持續進展至 10 厘米。初產婦需經歷 4 ～ 8 小時，經產婦需經歷 2 ～ 4 小時。宮頸開口期過程如下圖：

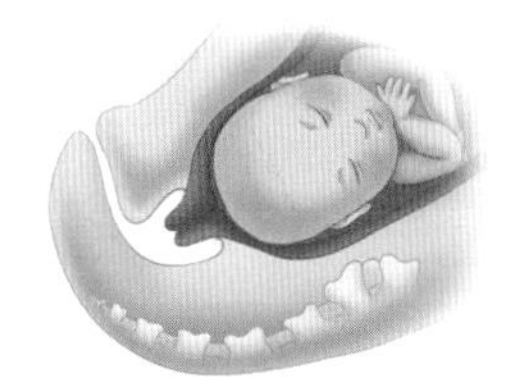

產程開始前的宮頸口

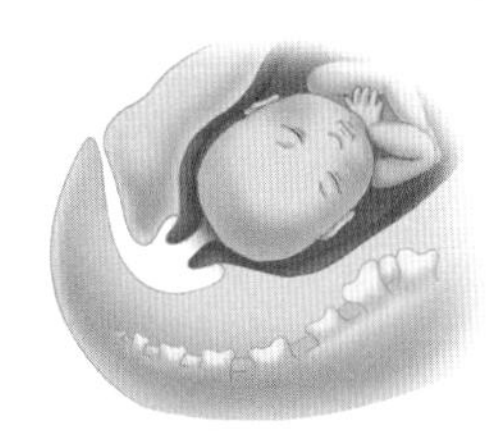

宮頸口慢慢打開

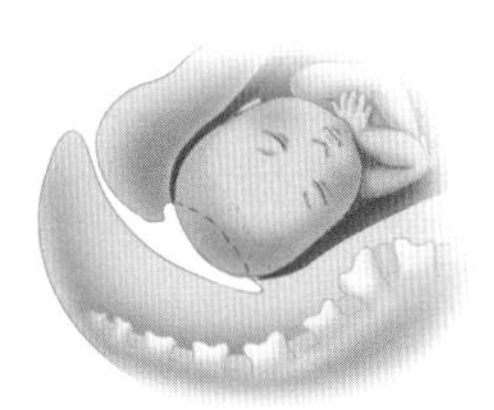

宮頸口完全縮回，
寶寶的頭進入陰道

第二產程：分娩期

是指從子宮頸全開到胎兒娩出的過程，當子宮頸全開以後，就進入第二產程。這時，胎頭會慢慢往下降，產婦會感到疼痛的部位也逐漸往下移。這時，寶寶胎頭逐漸經由一定方向旋轉下降，最後娩出。初產婦 1 ～ 2 小時，經產婦 0.5 ～ 1 小時。

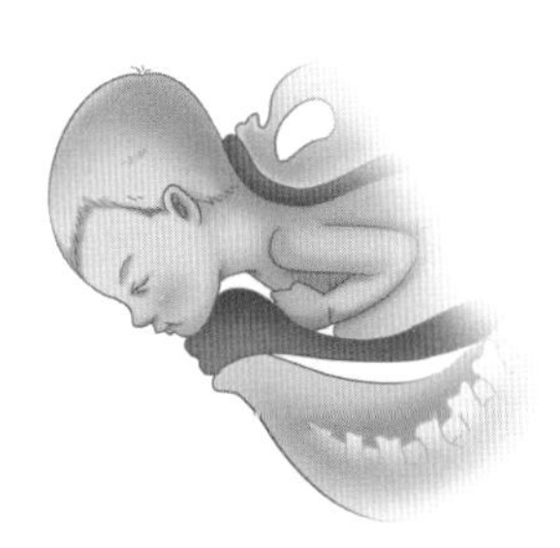

寶寶的頭完全娩出

第三產程：娩出期

是指從胎兒娩出後到胎盤娩出的過程，等寶寶娩出後將臍帶鉗夾，再等胎盤自行剝落或協助排出。一般需要 5 ～ 30 分鐘。

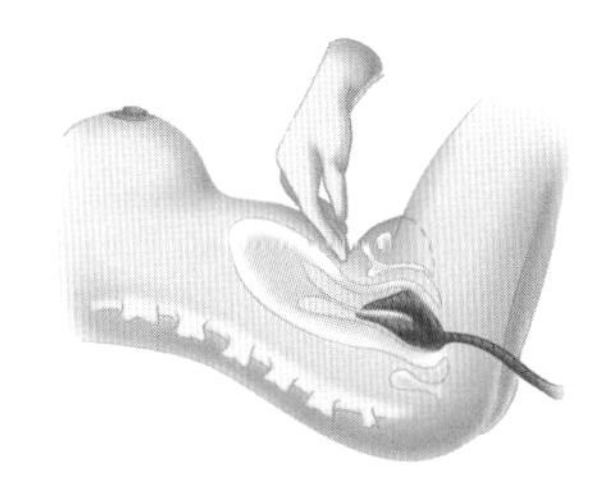

醫生按壓腹部和子宮，加速胎盤的排出

終於要見到寶寶了！在分娩台上用力

在陣痛的高峰用力，陣痛間隙放鬆

宮頸口已經完全打開，終於要開始用力了。不過，宮頸口全開後，並不需要一直用力。一定要隨着陣痛的節奏，在最痛時用力，增加腹壓。

然後，在短暫的陣痛間歇期全身放鬆。這樣可以改善子宮內的血流狀況，為寶寶送去充足的氧氣。

如果在陣痛間歇期還繼續用力，會導致子宮一直處於緊張狀態，使產婦和寶寶都疲憊不堪。所以，一定要記住節奏——在陣痛最強時憋氣用力，陣痛間歇就放鬆。

即使不知道怎麼用力也不要慌張，醫生、助產士會指導你用力，共同促進寶寶娩出。

聽從助產士的指揮就沒問題

用力時的感覺，大致如下圖：

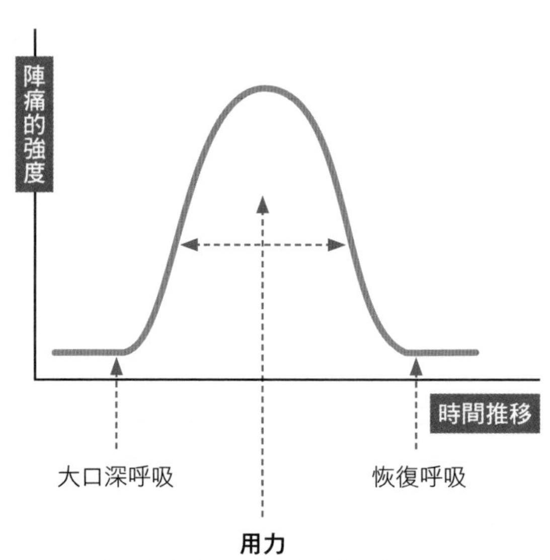

當陣痛來襲時，應大口深呼吸，果斷吸氣，也可以短促地吐幾口氣。然後儘量長時間地用力。疼痛一退去，開始緩緩呼氣，恢復正常呼吸。

如果在用力過程中覺得難受，也可喘口氣。每次陣痛持續 50 ～ 60 秒。在每一次陣痛中，可以按用力、呼氣、吸氣、再用力的順序，每次用力約 30 秒。

先記下憋氣的方法和訣竅

產婦在分娩台上用力時，要睜大眼睛，收緊下巴，背部和腰部向下壓，雙腿充分打開，然後腹部用力，往臀部方向用力（像解大便的感覺）。不要撐起胳膊，也不要扭動身體。如果雙腿夾緊，寶寶就無法分娩出來，所以一定要向兩邊充分張開雙腿。

此外，如果產婦心情緊張，就容易忽略周圍的聲音，如果心情放鬆，認真聽助產士的指導，就能正確地用力了。

在分娩台上的主流體位是仰臥位（仰面躺下）和背部稍稍抬起的半仰臥位，還有各種各樣的分娩姿勢，如側臥、四肢支撐等。無論選擇哪一種姿勢，都要保證儘量舒適、情緒鎮定。

在分娩台上用力的方法

NG

不要臉部用力
經常聽到醫護人員説「不要往臉部用力」。揚起下巴，向後弓起身子時就容易往臉上用力。產媽應將注意力集中到臀部，而不是臉部。

收緊下巴，看着肚子方向
收緊下巴，看着肚子方向，背部稍稍彎曲，這樣就容易往臀部用力了。

眼睛應關注肚臍周圍
要把關注點放在肚臍周圍，儘量不要閉眼，也不要看着天花板、揚起下巴，否則會影響用力。如果閉眼睛，看不見周圍的情況，就會把注意力全部集中在疼痛上，容易陷入恐慌，所以不要閉眼睛。

不要彎腰
要像撅起臀部那樣，把背部和腰部壓在分娩台上，不要向後弓着腰，也不要扭動身體。

張開雙腿
兩腿儘量分開，膝蓋向外側傾斜，給寶寶出生讓道，避免將大腿合併，否則會導致產道關閉。所以一定要向外側反轉膝蓋，張開雙腿，腳底要緊緊踩住踏板，努力向腳後跟方向用力。

抓緊把手
緊緊抓住分娩台上的把手，腹肌用力，向靠近自己的方向使勁兒拉。

向臀部方向用力
用力時要將意識集中在臀部。其實憋氣用力的感覺就像在解大便，要果斷地向臀部方向用力，儘量延長用力時間。

提前瞭解剖宮產

順產、剖宮產利弊分析

順產：恢復快，有利於母乳餵養；產後後遺症少；能鍛煉寶寶的肺功能和平衡力；較節約開支。

剖宮產：手術出血多，易感染，創傷面大；產後容易出現併發症；疼痛和恢復時間較長；寶寶未經產道擠壓，濕肺的發生率高於順產的寶寶；寶寶發生運動不協調的機率高。

因此，鼓勵孕媽媽儘量選擇順產。

剖宮產是不能順產時的無奈選擇

以前，生孩子是非常危險的事，被認為是「在鬼門關裏走一遭」，這讓很多即將分娩的孕媽媽心裏十分的害怕、恐懼……其實，孕媽媽不必過於擔心，古代之所以難產率很高，主要是醫療水平有限。而現在醫療水平已經得到了很大的提升，一旦孕媽媽分娩時出現難產等異常情況，醫生會在第一時間採取剖宮產手術，保證母嬰生命安全。

哪些情況一定要選擇剖宮產

孕媽媽

1. 骨盆狹窄或畸形。
2. 有軟產道的異常，如梗阻、瘢痕、子宮體部修補縫合及矯形等情況。
3. 患嚴重的妊娠高血壓疾病，無法承受自然分娩的高齡產婦。
4. 前置胎盤或胎盤早剝。
5. 有嚴重的妊娠併發症，如合併心臟病、糖尿病、慢性腎炎等。

胎寶寶

1. 胎兒過大，導致孕媽媽的骨盆無法容納胎頭。
2. 胎兒出現宮內缺氧，或者分娩過程中缺氧，短時間不能順利分娩。
3. 胎位異常，如橫位、臀位，尤其是胎足先入盆、持續性枕後位調整失敗等。
4. 產程停滯，胎兒從陰道娩出困難。
5. 多胞胎。

剖宮產手術流程一覽表

每個醫院在進行剖宮產手術順序上有所不同，一般情況遵循以下步驟：

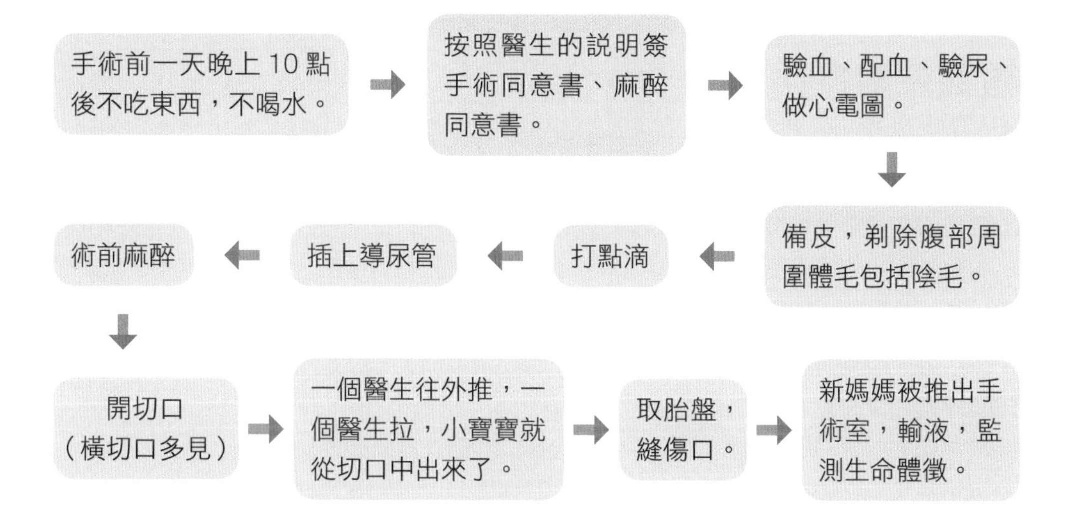

剖宮產手術開始後

手術開始：胎兒的誕生

當醫生確定麻醉藥起作用後開始手術，一般持續1～2小時。在手術開始的10分鐘左右，寶寶就會誕生，然後伴隨着響亮的啼哭，醫務人員會給寶寶進行必要的檢查，然後放到母親面前。

娩出胎盤，縫合子宮和腹壁

在胎盤娩出後，醫生會依次縫合子宮和腹部，剖宮產手術就結束了。一般情況下，手術縫合的線都採用可吸收的線，這樣就不用拆線了。

馬醫生小貼士　剖宮產後注意事項

注意休息。由於手術創傷及麻醉藥物的作用，產婦術後會極度疲勞，此時要注意休息，不要和他人過多交談。

採取去枕平臥位。手術後6小時內麻醉藥效尚未消失，可先取去枕平臥位，在藥效消失後可活動時，宜採取側臥位，使身體和床呈20～30度角，這個姿勢可以減輕對切口的牽拉。

剖宮產前要做的準備

術前要禁食

在剖宮產手術前一天或更早需住院觀察，手術前晚餐要清淡，晚上 10 點後不吃東西，12 點後不喝水，防止術中胃內容物反流引起吸入性肺炎或窒息，如有頭暈、出冷汗、虛脱等低血糖反應要及時告訴醫務人員。

此外，在剖宮產手術中會使用麻醉藥，藥物發揮作用後，會給產婦帶來一些不良反應，如噁心、嘔吐等，術前進食更容易造成誤吸，從而造成不必要的危險。

術前要多休息，保存體力

剖宮產手術雖然不像自然分娩那樣需要消耗大量的體力，但手術後的恢復會消耗大量體力，所以產前要多休息，以保存體力。

術前最好洗個澡

因為剖宮產是創傷性手術，產前洗個澡能減少細菌感染。此外，術後傷口也不宜沾水，很長一段時間不能洗澡，所以術前最好洗個澡。

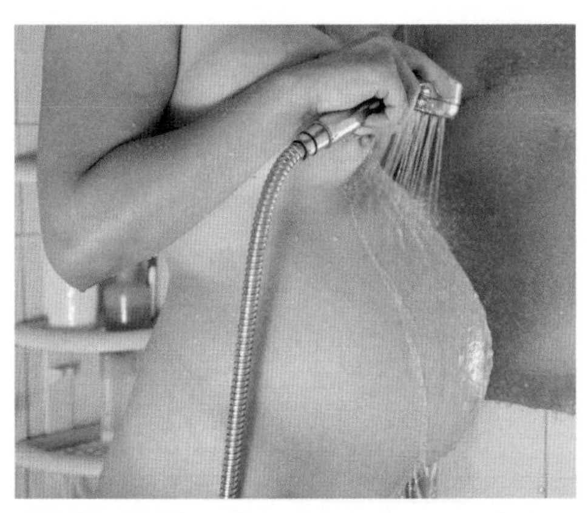

孕媽媽臨產洗澡時，要注意水溫不要太高，防止引起宮縮。

做好術前心理疏導

孕媽媽可以提前瞭解一下剖宮產的知識，加上現在剖宮產手術較成熟，孕媽媽大可放心。此外，家人要多鼓勵孕媽媽，給她吃顆「定心丸」。

養胎飲食 臨產及產程中應該怎麼吃

飲食多樣化，更有利於控制體重

孕 10 月是胎寶寶生長的最後衝刺階段，在保證胎寶寶生長發育的同時又不能讓胎寶寶長得太胖，以免胎兒太大影響分娩的順利進行。孕媽媽還要儲備胎寶寶出生所需的營養以及自身分娩要消耗的熱量，因此這個階段的飲食均衡最重要。孕媽媽可以少食多餐，增加每天進餐的次數，增加副食的種類，這樣能保證各種營養素均衡攝入，又能滿足熱量的需要。

增加大豆及豆製品等優質蛋白質的攝入

整個孕晚期對蛋白質的需求量都是比較高的，要達到每日 85 克（大約相當於 250 黃豆的量），並且增加優質蛋白質的攝入。

蛋白質是修復組織器官的基礎物質，子宮和乳房的增加，胎寶寶的生長，以及產後乳汁的分泌，都需要大量的蛋白質。

孕晚期，孕媽媽在保證蛋白質攝入總量的同時，除了瘦肉、蛋、魚類、奶及奶製品外，可增加大豆、豆腐、豆漿等植物性優質蛋白質的攝入，吸收利用率高，又不易引發肥胖。

攝入足夠的鈣，促進胎寶寶骨骼和牙齒鈣化

孕晚期，胎寶寶的牙齒和骨骼的鈣化明顯加速，胎寶寶體內的鈣大部分是在孕晚期儲存的，所以要繼續保持每天 1000 毫克的鈣量。同時注意補充維他命 D，以促進鈣的吸收。

補充富含維他命 K 的食物，有助於減少生產時出血

維他命 K 是脂溶性維他命，其主要作用是參與凝血因子的形成，有凝血和防止出血的作用，還參與胎寶寶骨骼和腎臟組織的形成。孕媽媽如果體內缺乏維他命 K，會導致血液中凝血酶減少，容易引起凝血障礙，發生出血症，因此孕晚期要重點補充維他命 K，以避免生產時的大出血。含維他命 K 豐富的食物有椰菜花、菠菜、萵筍、動物肝臟等。

分娩能量棒和電解質補水液，提供熱量

分娩能量棒質地為果凍狀，入口順滑，便於孕媽媽服用。分娩能量棒中富含單糖、雙糖、多糖、中鏈甘油三酯，極易被人體吸收，同時由於供能的作用方式和分解速度不同，既保證了分娩過程中的快速供能，也保證了持續供能，是目前國內最為領先的專業產品。

電解質補水液為半流質液體，產婦躺着也能輕鬆、順利服用，減少嗆咳發生及罹患吸入性肺炎的風險。電解質補水液富含鈉、鎂、維他命 B_1、維他命 B_2、維他命 B_6，快速補充水分，防止產婦電解質紊亂。

分娩能量棒和電解質補水液配合使用，可有效保證分娩過程中熱量和水分的供給，為自然分娩保駕護航。

越臨近分娩越要多補鐵

整個孕期都需要注意鐵的補充，臨近生產時更不能忽視，寶寶的發育需要鐵，而分娩時會流失血，同樣需要鐵的補充。

富含鐵的食物以富含血紅素鐵的豬瘦肉、牛瘦肉、豬肝、豬紅等為好。此外，植物性食物中的木耳、芹菜、菠菜等也富含非血紅素鐵，搭配富含維他命 C 的食物一同攝入，可以提高鐵的吸收率。

待產期間適當進食

待產期間孕媽媽要適當進食以補充體力，可以多吃一些富有營養、易於消化且清淡的食物，例如麵片湯、餃子、雞湯、魚湯、小米粥等。也可以隨身攜帶一些高熱量的小零食，如巧克力等，以便隨時補充分娩時消耗的體力。

第一產程：半流質食物

第一產程並不需要產婦用力，但是耗時會較長，所以應盡可能多地補充熱量，以備有足夠的精力順利度過第二產程。

孕媽媽可以多吃稀軟、清淡、易消化的半流質食物，如麵條、小米粥、餃子等，因為這些食物多以碳水化合物為主，在胃中停留時間比蛋白質和脂肪短，易於消化，不會在宮縮緊張時引起產婦的不適。

第二產程：流質食物

在即將進入第二產程時，隨着宮縮加強，疼痛加劇，體能消耗增加，這時多數產婦不願進食，可儘量在宮縮間歇適當喝點果汁、菜湯、紅糖水、藕粉等流質食物，以補充體力，增加產力。

巧克力是很多營養學家和醫生力薦的「助產大力士」，孕媽媽不妨準備一些，以備分娩時增加體能。

孕期營養廚房

什錦麵片湯

材料 餃子皮200克，小棠菜100克，番茄、雞蛋各1個，馬鈴薯半個。

調料 鹽3克，白糖2克。

做法

1. 番茄洗淨，去皮，切片；馬鈴薯洗淨，去皮切片；雞蛋打散；小棠菜洗淨；餃子皮切成四片。
2. 鍋內油熱後先炒雞蛋，炒散後放入馬鈴薯片、番茄片煸炒勻。
3. 淋入開水，大火煮開，煮開後放入麵片，改為中火煮至麵片熟透，再放入小棠菜，調入鹽、白糖攪勻，關火。

功效速查 煮得軟爛的麵片湯易消化吸收，能為待產媽媽提供碳水化合物，加入了油菜、番茄等，可提供維他命，補充營養。

紅糖小米粥

材料 小米100克，紅糖15克。

做法

1. 小米淘淨，浸泡約30分鐘。
2. 鍋中加適量水，放入小米，中火煮約20分鐘。
3. 熬至黏稠時加入紅糖，轉小火熬2分鐘即可。

功效速查 小米富含維他命B_1、氨基酸，紅糖有暖胃的作用。紅糖小米粥能暖身，幫助待產媽媽快速補充體力。

每天胎教 10 分鐘

語言胎教：讀段繞口令，增強胎寶寶對語言的敏感性

路東住着劉小柳，
路南住着牛小妞。
劉小柳拿着紅皮球，
牛小妞抱着大石榴。
劉小柳把紅皮球送給牛小妞，
牛小妞把大石榴送給劉小柳。
牛小妞臉兒樂得像紅皮球，
劉小柳笑得像開花的大石榴。

情緒胎教：小天使如約而至

經過十個月的漫漫孕期，終於要跟可愛的小天使見面了。在這十個月當中，孕媽媽是否已經將寶寶的模樣想了千百遍，那寶寶到底長甚麼樣？孕媽媽一定迫不及待地想要看看是不是和自己想像的一樣。在這令人激動緊張的時刻，孕媽媽一定要用心記錄下來。也可以將自己對寶寶的期待和祝福一起寫下來，等將來寶寶長大成人後，把這有紀念意義的禮物送給他。

寶寶的第一張名片

姓名：
出生時間：
星座：
生肖：
體重：
身長：

健康孕動 瑜伽球助順產

孕 10 月運動原則

・適當做做打開骨盆的動作，促進分娩。
・孕媽媽的身體重心會發生變化，應減少平衡性運動，避免摔倒。

轉球蹲功：打開骨盆內側

1 坐在球上，小腿垂直於地面，大腿與地面平行。
2 將骨盆內側打開，尾骨內收，輕輕浮坐在球上。
3 深吸氣，吐氣時以順時針方向轉動骨盆，自然呼吸，轉動 5 ～ 10 次後換成逆時針方向旋轉。做 5 組。

推球大步走：打開骨盆腔

1 吸氣，弓步，雙手舉球，向上伸展。
2 吐氣，挺胸，雙手抱球下落於大腿上。連續做 5 次，一共做 3 組。該動作可以打開骨盆腔，減少盆底肌下墜感。

甚麼時候去醫院待產

臨近預產期，興奮之餘不免有些擔心，到底何時去醫院？

分娩時如果沒來得及去醫院怎麼辦？

4 種情況下可出發去醫院，不跑冤枉路

有些孕媽媽因為擔心會把寶寶生在路上或生在家裏，因此早早到醫院去待產。其實，這樣做是沒有必要的，一是醫院人多嘈雜，睡不好、吃不好，會增加孕媽媽心理負擔，造成產前身心疲憊，還會增加經濟負擔。二是很多醫院的床位比較緊張，一般不會提前接收沒有臨產跡象的孕媽媽，這也會影響孕媽媽的心情。

但太晚去醫院也不好，很容易手忙腳亂，所以選擇合適的時機到醫院待產非常重要。

甚麼時候去醫院

1. 腹痛，1 小時 4 ～ 6 次或 10 分鐘 1 次。
2. 見紅，流血量大於平常月經量。
3. 見紅後腹痛逐漸頻繁且規律。
4. 早期破水（平臥，臀部墊高，立即送往醫院）。

辦理住院要準備好這些證件

臨近預產期，孕媽媽應該把住院所需證件放在一個袋子裏，和待產包放在一起，這樣在緊急情況下就不會把重要的東西落下。那麼孕媽媽辦理住院到底需要哪些證件？

馬醫生小貼士 **醫院晚上也有開放的，別擔心**

孕媽媽不要擔心半夜出現宮縮、破水等情況時無人管，醫院是 24 小時開放的，無論孕媽媽甚麼時候入院，都會在最短的時間內把孕媽媽安全地送到產房。

所需證件

- 孕婦驗血報告
- 孕婦身分證
- 丈夫身分證副本
- 母嬰健康院產前複診咭及紀錄咭（公立醫院）
- 私家醫生轉介信及按金單據（私家醫院）

分娩時來不及進醫院怎麼辦

對於生產這件事，儘量不要打無準備之戰，但是如果出現意外，比如急產來不及去醫院，要先打電話給 999，説明情況，請求派醫護人員到家裏協助分娩。如果醫護人員還沒到就已經把孩子生出來了，注意不要自行剪斷臍帶，要等待醫護人員處理。因為如果剪臍帶的剪刀消毒不徹底，很容易造成細菌感染。還需要為寶寶擦乾，保溫，避免寶寶墜地外傷。

網絡點擊率超高的問答

預產期都過了還不生怎麼辦？

馬醫生回覆：預產期是指孕 40 周，臨床上認為妊娠滿 37 周至不滿 42 足周期間分娩都屬正常妊娠範圍，達到或超過 42 周為過期妊娠。過期妊娠易發生胎兒窘迫，羊水減少，分娩困難及產傷，甚至引起胎兒死亡，故應引起重視。

如果臨近預產期還沒有動靜，孕媽媽不要着急，繼續產檢，觀察胎動、宮縮。如果預產期過了一周，一定要到醫院就診，醫生會根據情況採用超聲波檢查和藥物催生等方法。

臀圍大的孕媽媽更容易順產嗎？

馬醫生回覆：能否順產取決於骨盆、產道、產婦的精神因素、胎寶寶的大小和胎位等多方面，臀圍大的孕媽媽並不表示骨盆也大，臀圍大小並不是順產的決定因素。

陣痛開始後，總有想排便的感覺怎麼辦？

馬醫生回覆：當宮口大開、馬上要分娩的時候，就會有種想大便的感覺，這是胎寶寶在陰道裏刺激直腸而產生的感覺。如果你不能判斷情況，那麼每次有了便意都要告訴醫生，不要擅自去廁所，避免危急情況發生。

剖宮產更有利於恢復身材嗎？

馬醫生回覆：有的孕媽媽以為順產的時候骨盆完全打開，以後想恢復身材會非常困難，而剖宮產雖然挨了一刀，卻不會讓身材走樣。其實這是不科學的。因為骨盆的張開和擴大是在孕期就發生的，並不是生產那一刻才發生，而且相比而言，順產的媽媽可以更早下床活動，更有利於產後的恢復。

高齡就不能順產嗎？

馬醫生回覆：孕媽媽能否順產的4個決定因素是：產道、產力、胎兒、產婦的信心和勇氣。產婦的骨盆大小合適、胎兒胎位正、產婦有充足的產力且有自然分娩的信心，即使高齡產婦也能順產。

頭胎進行了會陰側切，生二胎時還會側切嗎？

馬醫生回覆：會陰伸縮良好時不需要。二孩媽媽即使在生二胎時也會對會陰側切感到不安，但因為已經有了生產經驗，在會陰部伸縮良好的情況下，只要胎兒的頭部能順利出來，就不需要側切。

當然，有時需要根據胎兒的情況綜合考慮，如果條件不允許，也必須進行側切。是否進行會陰側切，要根據生產時的具體情況而定，孕媽媽不用顧慮太多。

無痛分娩真的不痛嗎？會不會對胎兒有不良影響？

馬醫生回覆：無痛分娩是幾乎沒有疼痛的自然分娩，醫學上稱為「分娩鎮痛」，目前應用最為普遍的是硬膜外阻滯鎮痛分娩法，具體做法是在產婦的硬膜外腔注射適量濃度的局部麻醉藥及止痛劑，阻斷硬膜外腔組織對子宮感覺神經的支配，減少其在分娩過程中的疼痛。麻醉藥一般劑量小，不影響產婦在分娩中的配合。

無痛分娩根據產婦體質及生理條件不同，所達到的效果也不盡相同，並非所有的分娩都能做到完全無痛。在無痛分娩過程中，大多數產婦可以達到無痛且能感受到子宮收縮的狀態，也有極少數產婦在無痛分娩時還是會感到疼痛，存在無痛分娩失敗的情況。

順利的無痛分娩不會對胎兒有任何影響。硬膜外分娩鎮痛時所用藥物的劑量和濃度均較低，單位時間內進入產婦體內的藥物遠遠低於剖宮產麻醉。麻醉藥直接注入椎管內（硬膜外腔或者蛛網膜下腔）而非靜脈，吸收入母體再通過胎盤進入胎兒體內的藥物微乎其微，對胎兒沒有不良影響。

產後科學護理，
快快恢復

順產和剖宮產媽媽月子餐的注意事項

權威解讀

《中國居民膳食指南 2016（哺乳期婦女膳食指南）》

如何合理安排產褥期膳食

有些產婦在分娩後的頭一兩天感到疲勞無力或腸胃功能差，可選擇較為清淡、稀軟、易消化的食物，如麵片、掛麵、餃子、粥、蒸或煮的雞蛋及煮爛的肉菜，之後就可以過度到正常膳食。剖宮產產婦手術後約 24 小時胃腸功能開始恢復，應再給予流食 1 天，但忌用牛奶、豆漿、大量蔗糖等脹氣食品。情況好轉後給予半流食 1 ～ 2 天，再轉為普通膳食。

產褥期可比平時多吃些雞蛋、禽肉類、魚類、動物肝臟、動物血等以保證充足的優質蛋白質供給，並促進乳汁分泌，但不應過量。還必須重視蔬菜水果的攝入。

順產新媽媽分娩後就能吃東西了

順產的新媽媽生完寶寶後就可以吃東西了。此時，新媽媽身體虛弱，沒甚麼食慾，家人可以為新媽媽準備點紅糖小米粥，讓新媽媽養血補血，恢復元氣。

產後應避免立即進食高脂、高蛋白食物，初乳過於濃稠反而會引起排乳不暢。分娩後 1 周內應多吃低脂流質或半流質食物，逐漸增加鯽魚、鰱魚、豬蹄湯等高營養食物。

剖宮產新媽媽排氣後再進食

剖宮產後 6 小時內應嚴格禁食，這是因為麻醉藥藥效還沒有完全消除，全身反應低下，如果進食，可能會引起嗆咳、嘔吐等。如果實在口渴，可間隔一定時間餵少量水。

如果分娩後 6 小時還未排氣，新媽媽可以吃些排氣的食物，如蘿蔔湯、鴿子湯等，增強腸胃蠕動，減少腹脹，促進排氣，預防腸粘連。通常排氣後 1 ～ 2 天內，可進食半流食，如蒸蛋羹、稀粥、軟爛麵條等，此後可逐漸過度到正常的月子飲食。

順產和剖宮產新媽媽月子餐飲食原則

原則一：數量要精

產後吃過量的食物會讓媽媽更加肥胖，對產後恢復也沒益處，如果媽媽產後需要哺乳，可以適當增加食量。

原則二：種類要雜

吃多種多樣的食物，葷素搭配着吃，這樣營養才能更全面均衡，無論葷素，食物的種類越多越好。

原則三：食物要稀

大多數媽媽產後要母乳餵養，會分泌大量乳汁，所以一定要在食物中增加水分的攝入，流質食物是很好的選擇，如湯、粥等。

原則四：烹煮要軟

烹煮食物以細軟為主，米飯也可以軟爛一些，少吃油膩的食物。一部分媽媽產後體力透支會有牙齒鬆動的情況，應避免食用過硬的帶殼的食物。

原則五：少食多餐

坐月子期間，新媽媽腸胃虛弱，進食時不宜一次量太多，但又容易餓，因此除了正常的一日三餐外，應在兩餐之間適當加餐，以促進腸胃功能的恢復。

原則六：補充蛋白質

新媽媽飲食中應增加蛋白質的攝入，因為蛋白質可以提高乳汁的質量。一般來説，哺乳的新媽媽每日應攝入蛋白質 80 克，應選擇動物蛋白和植物蛋白搭配的方式。富含優質蛋白質的食物主要有瘦肉、魚蝦、雞蛋、牛奶、大豆等。

馬醫生小貼士 **傷口癒合前，不宜多吃深海魚**

魚類特別是深海魚體內含有豐富的有機酸，能抑制血小板凝集，不利於術後止血或傷口癒合，所以剖宮產媽媽產後頭幾天不宜過多吃深海魚。

哺乳期如何護理乳房

選擇鬆緊合適的胸罩

媽媽在哺乳期乳腺內充滿乳汁，其重量會明顯增加，更容易下垂。因此，在哺乳期間，一定要講究胸罩的選用，鬆緊合適的胸罩能發揮最佳的提托效果。睡覺時不要戴胸罩。

哺乳媽媽的胸罩大小以舒適為宜，不要過於寬大，否則起不到提托乳房的作用，也不宜太緊，否則不利於乳房健康。在材質上，應選擇吸汗、透氣、無刺激性的，最好是純棉面料，化纖材質的不宜選。

用正確的姿勢餵奶

母乳餵養時，要和寶寶「胸貼胸，腹貼腹、下頜貼乳頭、視線相對」，讓寶寶含住乳頭和大部分乳暈，而不僅僅是含住乳頭。哺乳姿勢不對會損傷乳頭，尤其不要讓寶寶含着乳頭睡覺，以免引起寶寶窒息。

乳頭內陷及時提拉

如果乳頭短小或內陷，可以每天十字提拉並撚轉乳頭 2 ～ 3 次，每次 20 ～ 30 分鐘，也可以用吸奶器吸引後再提拉，也可按照 154 頁的按摩法來矯正。

乳房脹痛應先敷

如果乳房脹痛，可以先熱敷（局部發燙就先冷敷），再沿着乳腺管呈放射狀由乳房根部向乳頭推按。如果有硬結，先按摩硬結，再推擠、疏通導管，以排出乳汁，緩解脹痛。

乳頭龜裂這樣做

1 用乳汁滋潤乳頭。哺乳後，可擠出適量乳汁塗在乳頭和乳暈上，不要着急穿衣服，先讓乳頭露在外面，直到乳頭乾燥。乳汁有抑菌的作用，且富含蛋白質，有利於乳頭皮膚的癒合。

2 對已經龜裂的乳頭，可以每日用乳頭霜或維他命 E 塗抹傷口，促進傷口癒合。

3 如果疼痛難忍，可以用乳頭罩，隔着乳頭罩哺乳，或將乳汁擠進奶瓶餵給寶寶。新生兒要選擇 S 號或 SS 號的奶嘴，以防寶寶嗆奶，或因太容易吸出而不吸媽媽的奶了。

乳頭罩的使用方法

1 使用前先用溫水清洗乳頭及乳暈。

2 將乳頭罩的一面置於乳頭上，並與乳房貼緊。寶寶吸吮時，可用手指輕壓乳頭罩四周。

適當做胸部健美操

產婦分娩後，支撐乳房的韌帶和皮膚因為長時間的拉扯很難在短時間內復原，再加上要哺餵寶寶，此時如果不注意乳房的保護，很容易導致乳房下垂。從產後第 4 周開始，做這套胸部健美操可以幫助乳房恢復往日的挺拔和美麗。

馬醫生小貼士 **可先用疼痛輕的一側乳房哺乳**

如果出現乳頭龜裂，先用疼痛輕的一側乳房哺乳，注意將乳頭及 2/3 的乳暈含在寶寶口中，還要注意變換寶寶的吃奶位置，以減輕吸吮對乳頭的刺激，防止乳頭皮膚龜裂加劇。

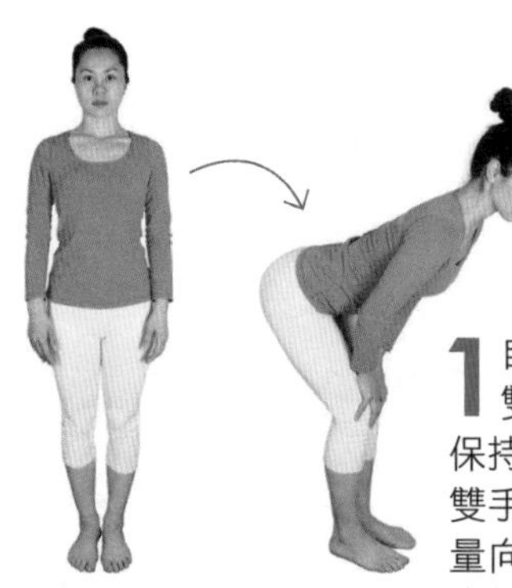

1 自然站立，雙腳併攏，雙手放於身體兩側，保持 10 秒鐘。向前彎腰，雙手放於膝蓋上，上身儘量向前，挺直背部，收縮腹部，保持 15 秒鐘。

2 身體回正，雙手握拳，雙臂屈成 90 度並貼緊身體，儘量提高，保持 10 秒鐘。

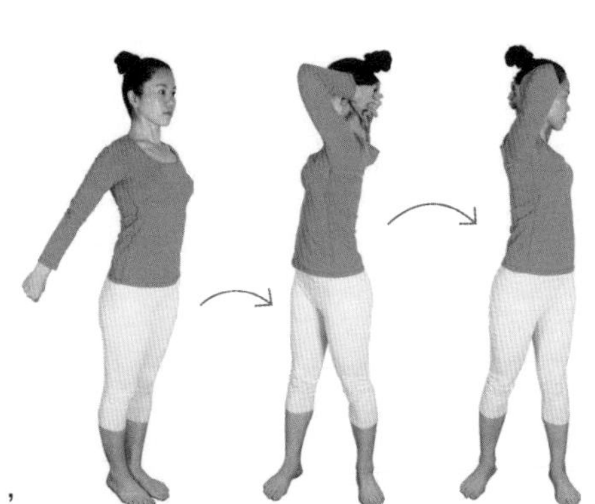

3 伸直雙臂，用力向後伸展，保持 15 秒鐘。雙腳分開，雙手抱住後腦，身體向左、右各轉 90 度，重複做 20 次。

奶水不夠看這裏，教你變成催奶師

權威解讀

《中國居民膳食指南 2016（6 月齡內嬰兒母乳餵養指南）》

堅持母乳餵養

- 產後盡早開奶，堅持新生兒第一口食物是母乳。
- 堅持 6 月齡內純母乳餵養。
- 順應餵養，建立良好的生活規律。
- 生後數日開始補充維他命 D，不需補鈣。
- 嬰兒配方奶是不能純母乳餵養時的無奈選擇。
- 監測體格指標，保持健康生長。

把握好母乳餵養時間

很多媽媽會問，「隔多久給寶寶餵奶？」、「每次要餵多長時間？」……其實這沒有統一的規定，最好還是注意觀察並預測寶寶的奶量，進行按需餵養。

大多數寶寶在吃飽後會停止吸吮動作，安然入睡或是把嘴巴從乳房上移開。媽媽可以讓寶寶先吃一側乳房的奶，直到寶寶不吃了，給寶寶拍嗝，再讓他吃另一側乳房。一般寶寶吃一側乳房的奶需要 10 ～ 15 分鐘，吃奶的時間越長，寶寶就越能吃到更多的後奶（脂肪含量高）。但關鍵是在整個哺乳過程中，寶寶要保持持續的吸吮動作。

勤讓寶寶吃，及時排空

可以讓寶寶想吃就吃，多吸吮乳頭，既可使乳汁及時排空，又能通過頻繁的吸吮刺激媽媽分泌更多的催乳素，使奶量不斷增多。

一般來說，即使開始奶水不多，只要讓寶寶多吸，加上媽媽保持愉快的心情、充足的睡眠、均衡的營養，奶水慢慢會多起來的。

兩側乳房輪換着餵奶

寶寶開始吃奶時，左右乳房輪換着餵，這樣能維持奶水的供應量。如果一次只餵一邊，那麼另一邊乳房受到的刺激會減少，泌乳量自然也會減少。所以，每次餵奶時兩側的乳房要讓寶寶輪換着吸吮，否則容易出現乳房一大一小。

避免乳頭錯覺

寶寶出生後一定要儘早吸吮媽媽的乳頭，盡可能多和媽媽待在一起，餓了就餵，避免過早用奶瓶。因為太早讓寶寶用奶瓶，他容易產生奶瓶依賴，也容易產生乳頭錯覺而拒吃母乳。

新媽媽應充分休息

媽媽夜間會起來給寶寶餵幾次奶，所以晚上往往睡不好覺。而睡眠不足也會導致奶量減少。所以，媽媽儘量根據寶寶的生活規律調整休息時間，當寶寶睡覺的時候，媽媽只要感到疲憊就可以躺下休息，做到「寶寶睡，媽媽睡」。千萬不要小看這短短的休息時間，它會讓媽媽保持充足的精力。此外，白天儘量讓家人幫忙照顧寶寶，自己抓緊時間睡個午覺。

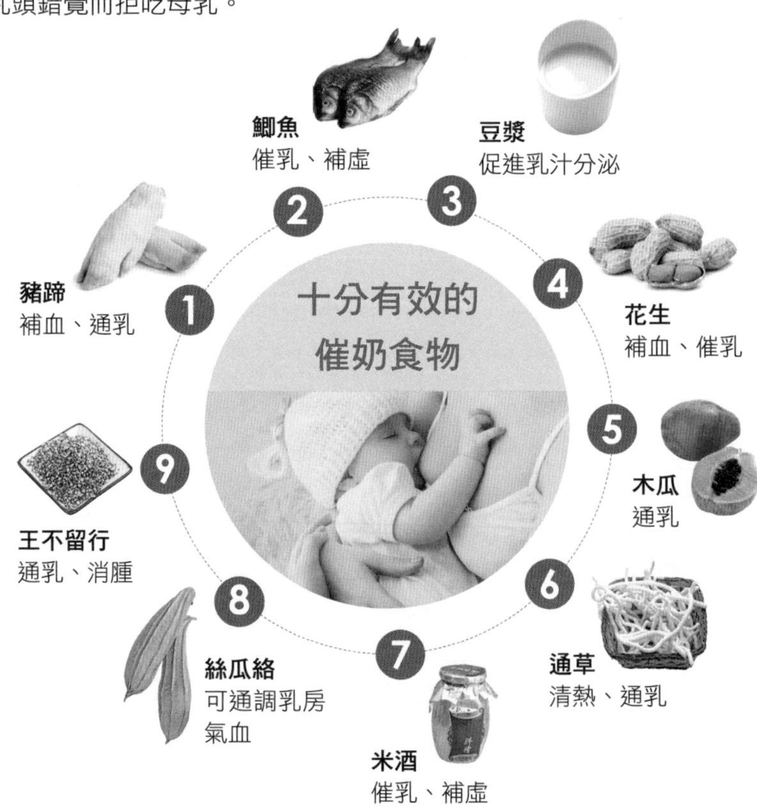

產後促進泌乳、消除乳房硬結的按摩法

按摩乳房

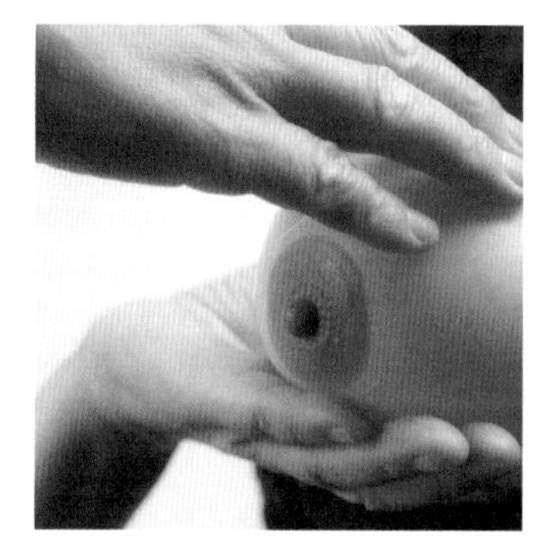

1 螺旋形按摩
從乳房的基底部開始，向乳頭方向，以螺旋狀按摩整個乳房。

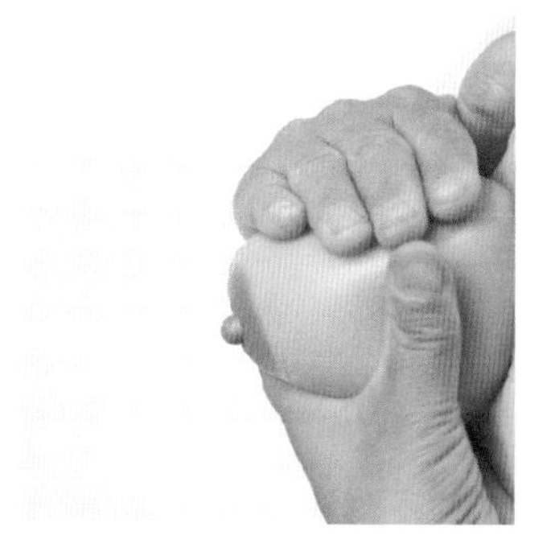

2 環形按摩
用雙手的手掌托住乳房的上下方，由基底部向乳頭方向做環形按摩。

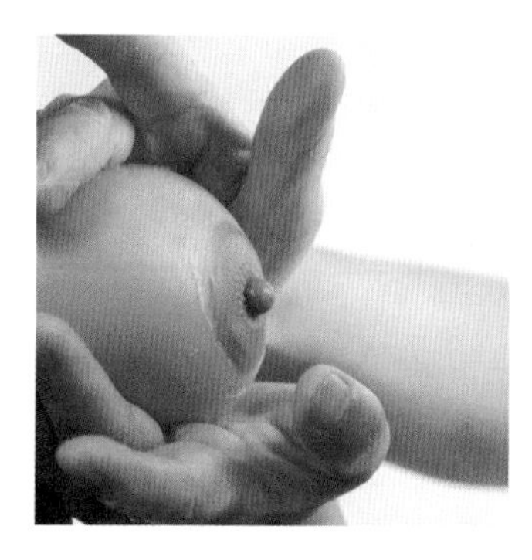

3 掌壓式按摩
雙手張開置於乳房兩側，手掌掌根、魚際用力，由乳房向乳頭方向擠壓。

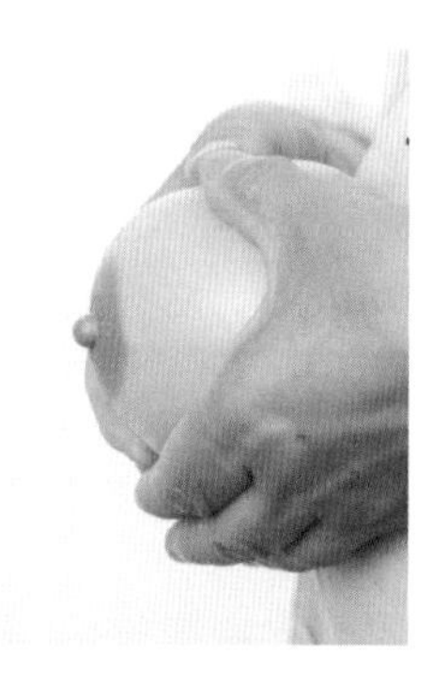

4 擠壓按摩
雙手拇指放在乳房上，四指在乳房兩側，然後由基底部向乳頭方向擠壓。

按摩乳頭

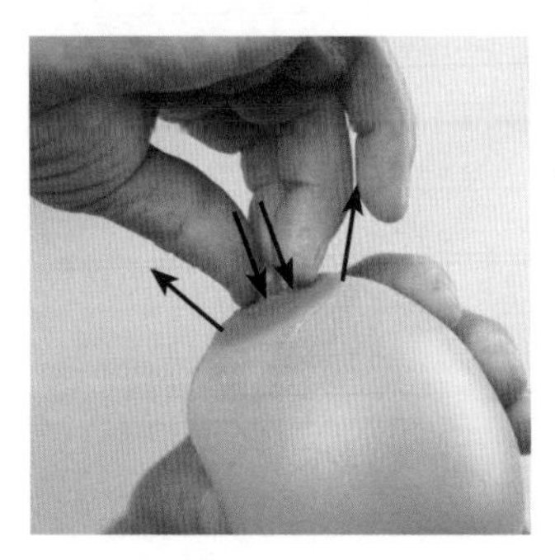

1 縱向按摩乳頭
用拇指、食指、中指的指腹順乳腺管走向來回按摩，可通暢乳腺管。

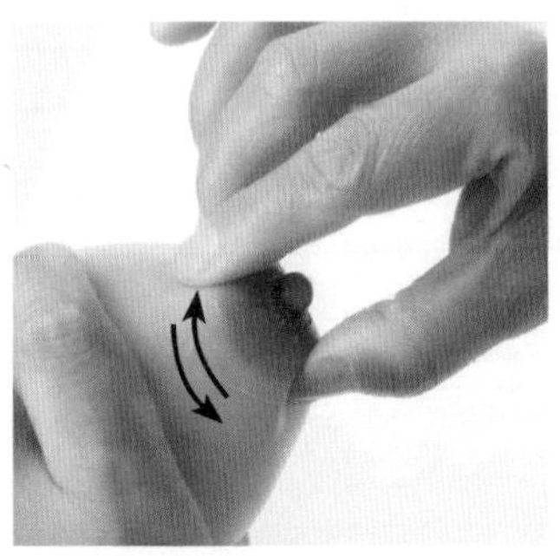

2 旋轉按摩乳頭
用手指垂直夾起乳頭，一邊壓迫着儘量讓手指收緊，一邊變化位置。需要注意，乳暈部的乳竇比較硬，按摩的時間要稍微長一點，才能使乳暈、乳竇變得柔軟。

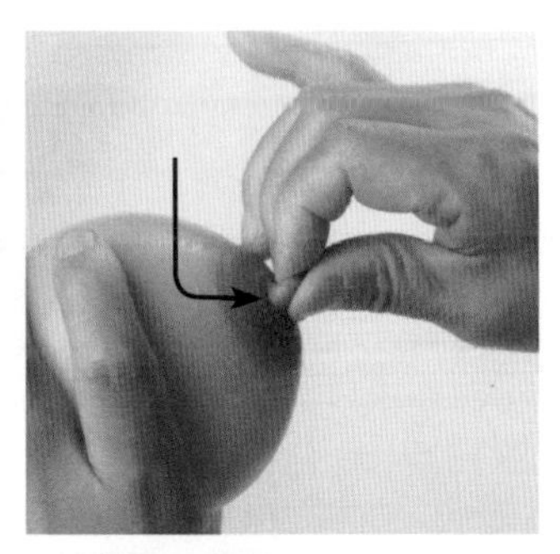

3 牽拉按摩乳頭
用拇指、食指、中指從乳暈部分向乳頭方向擠壓，擠壓時可把按摩的三指想像成寶寶的小嘴巴，能使泌乳反射得到刺激並加強。

按摩乳腺

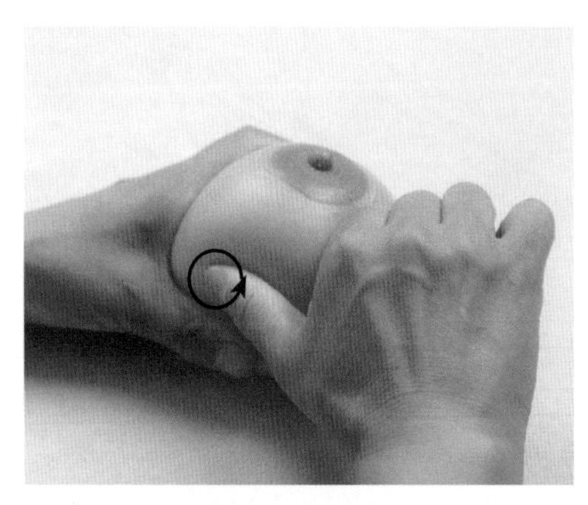

揉乳腺管，仔細地把乳腺管內的乳汁全部排出來。

馬醫生小貼士　按摩要注意這 4 點

1. 催乳按摩時，為了防止損傷皮膚，最好先用麻油或潤膚露潤滑手和乳房。

2. 用雙手全掌由乳房四周沿乳腺管輕輕向乳頭方向推撫，促進血液循環，起到疏通乳腺管的作用。

3. 若碰上乳房有硬塊，最好從沒有硬塊的部位推向硬塊部位，直至整個乳房逐漸變軟。

4. 最後用大拇指和食指在乳暈四周擠壓一番，能更有效地達到催乳的效果。

產後抑鬱：媽媽，請你不要不開心

甚麼是產後抑鬱

產後抑鬱是指產婦在分娩後出現抑鬱、悲傷、沮喪、哭泣、易激怒、煩躁、對自身及嬰兒健康過度擔憂，常失去生活自理及照料嬰兒的能力，有時還會陷入錯亂或嗜睡狀態，甚至有自殺或殺嬰傾向等一系列症狀的心理障礙，是產褥期精神綜合症中最常見的一種。通常在產後 2 周內出現，4 ～ 6 周症狀明顯。

產後為甚麼會抑鬱

引起產後抑鬱症的原因比較複雜，一般認為是多方面的，但主要是產後神經內分泌的變化和社會心理因素引發的。

神經內分泌變化

妊娠晚期，體內雌激素、孕激素顯著提高，皮質醇、甲狀腺激素也有不同程度增加，分娩後這些激素突然撤退，激素變化會擾亂大腦神經傳達系統，容易導致情緒抑鬱。

社會心理原因

對母親角色不適應、調適能力差，保守固執的產婦更容易引發此病。此外，家庭經濟狀況差、夫妻感情不和、嬰兒性別及健康狀況等都是重要的誘發因素。

怎麼防治產後抑鬱

重視產褥期保健

重視產褥期保健，尤其要重視產婦心理健康。對分娩時間長、難產或有不良妊娠結局的產婦，應給予重點心理護理，注意保護性醫療，避免精神刺激。

學會調節情緒，坦誠告訴家人實情

對產後抑鬱症，媽媽首先要學會調節自己的情緒，不要勉強自己做不喜歡的事情，心情不好的時候可以聽聽音樂、找朋友聊聊開心的事兒、做點簡單的家務分散注意力。

如果很難自己排解鬱悶，就要將自己的情況如實告訴家人，及時溝通，讓家人瞭解你最需要甚麼，千萬不要悶在心裏。勇於尋求和接受幫助，是解決產後抑鬱的積極方式。

母權下放

別總是擔心老公做不好、老人做不好，不要總以為天底下唯有媽媽才能給孩子完美的撫育。這種霸道母愛最終會反噬自己：媽媽會成為永遠脫不開身的千手觀音，永遠疲累交加。

不要強迫自己做百分百的好媽媽

身處信息時代，我們可以從網上、書上找到詳盡的育兒信息。但以科學育兒過分苛責自己，等同於自虐。在照顧寶寶時有所閃失在所難免，孩子哭了是否要去抱，是否要定時定量餵奶，因人而異，量力而行。標準是：如果媽媽因此而焦慮，可放棄書本上的育兒知識，按照天性和心情行事。

飲食上多吃「快樂食物」

1. 中醫認為，抑鬱症主要為肝火旺盛、氣血凝滯所致，可以多喝一些清熱去火的粥，如苦瓜粥、百合枸杞粥等。
2. 多食維他命 B 雜含量豐富的食物。維他命 B 雜是調節身體神經系統的重要物質，也是構成神經傳導的必需物質，能夠有效緩解心情低落、全身疲乏、食慾缺乏等症狀。雞蛋、深綠色蔬菜、牛奶、穀類、芝麻等都是不錯的選擇。
3. 多吃富含鉀離子的食物，如香蕉、瘦肉、堅果類、綠色蔬菜等，這些食物有利於穩定血壓和情緒。
4. 多吃牛奶、小米、香蕉、葵花子、南瓜子等富含色氨酸的食物，能幫助調節情緒。

到戶外散心轉換心情

媽媽可在家裏走走，放鬆一下身心。身體允許的話可以到戶外散散步，呼吸一下新鮮的空氣，會讓心情豁然開朗。

丈夫要體貼關心新媽媽

丈夫的體貼關心和溫情安慰，是緩解新媽媽產後抑鬱症最重要的良藥。這種來自愛人的關愛是任何人都無法給予的。作為丈夫，要時刻關注妻子的情緒，要及時發現問題、及時解決。新生命的到來在給爸爸帶來幸福的同時，也帶來了很多壓力，但爸爸們還是要注意控制暴躁的脾氣，保持溫柔和耐心。

嚴重抑鬱要及時進行治療

產後抑鬱症很常見，據統計，有 50% ～ 90% 的新媽媽會患不同程度的產後抑鬱症。如果新媽媽的症狀已經嚴重影響正常的生活，就需要儘快到醫院就診。在醫生的指導下服用藥物，並輔以心理諮詢。產後抑鬱症如果及時治療，效果還是相當好的。80% 以上的產後抑鬱症患者在適當的藥物和心理治療後，症狀都會得以緩解。

馬醫生小貼士

再次妊娠產後抑鬱復發率高

再次妊娠時，產後抑鬱的復發率高達 50%，所以曾患產後抑鬱症的女性，再次妊娠和分娩後，均應密切關注。

瘦身健美月子操

權威解讀

《中國居民膳食指南 2016（哺乳期婦女膳食指南）》

產後如何科學運動和鍛煉

坐月子期的運動方式可以採用月子操。月子操應根據新媽媽的分娩情況、身體狀況循序漸進地進行。順產的新媽媽一般在產後第2天就可以開始，每1～2天增加1個動作，每個動作做8～16次。6周後可選擇新的鍛煉方式。

產後6周開始可進行有氧運動如散步、慢跑等。一般從每天15分鐘逐漸增加至45分鐘，每周堅持4～5次，形成規律。對於剖宮產的新媽媽，應根據自己的身體狀況（如是否貧血，傷口恢復情況），緩慢增加有氧運動及力量訓練。

月子裏也是可以做操的，適度的運動有助於促進消化、排出惡露，同時可增強免疫力，鍛煉盆底肌肉，減少腰、腹、臀等部位脂肪堆積，避免產後肥胖，健美又強身。

手指屈伸，運動從手開始

兩手從大拇指開始，依次彎曲，再從小拇指依次展開，如此彎曲、展開練習。

深度腹式呼吸，增加腹肌彈性

仰臥，雙手貼在身體兩側，用鼻子盡可能深且慢地吸氣並收腹，胸部不動，腹部隆起，吸滿後再慢慢從口中呼出，腹部隨之慢慢下降回縮，如此反復，可增加腹肌彈性。

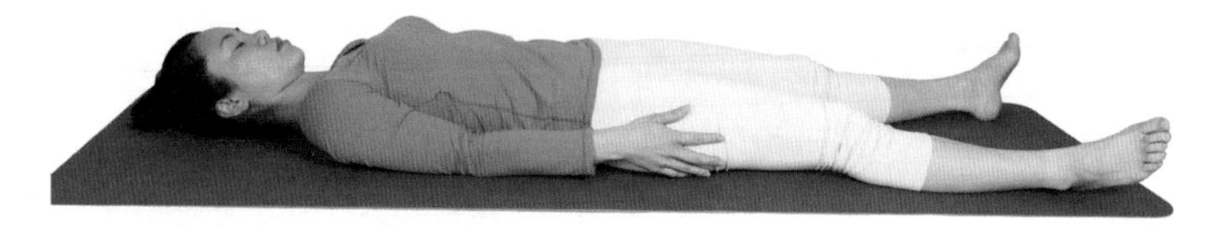

轉肩運動，緩解疲勞

站立或者坐位，屈臂，手指輕搭在肩上，肘部帶動肩膀關節順時針方向轉動 10 次，再逆時針轉動 10 次。這個動作有助於促進肩部血液循環，緩解疲勞。

全身運動，幫助恢復體形

跪姿，雙臂支撐在瑜伽墊或床上，左右腿交替向後高舉。

踏板運動，促進下肢血液循環

雙腿在空中交替做騎車蹬腿運動。最開始可以做 10 分鐘，然後根據身體適應能力逐漸增加時間。這個動作能促進下肢血液循環，防止腫脹。

註：以上動作中，屈指、呼吸、轉肩等小動作，產後第 2 天就可以開始做了，踏板運動最好在順產 3 天、剖宮產 10 天以後再開始慢慢做。

剖宮產後怎麼瘦身

產後第1天家人幫捏捏全身肌肉

剖宮產手術後，媽媽身上的麻醉藥效還沒有完全消退，會感到下肢麻麻的，這時家人要幫助媽媽捏捏四肢的肌肉，如捏捏雙臂和雙腿，能避免媽媽肌肉僵硬，為媽媽儘早排便和下床行走做準備。

產後第2天可起身坐一坐

剖宮產媽媽不能像正常陰道分娩的媽媽一樣產後24小時就下床活動，但是可以在第2天起身坐一坐，這也有助於排惡露、避免腸粘連，有利於子宮切口的癒合。

產後1周內避免劇烈的腹部運動

一般剖宮產後1周左右，腹部切口表皮雖然癒合了，但腹部多層組織未癒合，傷口比較脆弱，一定要避免仰臥起坐、彎腰負重等腹部運動。

剖宮產要待傷口癒合後再開始瘦身運動

很多人覺得剖宮產後要靜臥不動，等待體力恢復，這也是種認識謬誤。只要體力允許，要儘早下床活動並逐漸增加活動量。但是要跟順產媽媽的瘦身運動方案有所區別，一是因為刀口恢復需要時間，二是剖宮產後媽媽腰腹部比較脆弱，強行鍛煉會對身體造成損傷。建議剖宮產後6周左右，等刀口癒合後再進行瘦身運動。

產後6周逐漸恢復正常運動

剖宮產後6周進行產後檢查時，如果身體恢復正常了，再從散步逐漸過度到瑜伽、快走、慢跑等緩和的中強度的運動。但要注意，一次運動時間不能太長，建議從5分鐘開始，慢慢增加運動時間及強度。

運動方式也應從簡單到複雜，從臥式到坐式，再到全身輕微運動，最後到腹部局部拉伸，循序漸進。

產後減重的理想速度是每周0.5～1千克，減得太快對身體不利。

坐完月子
產後 42 天都查些甚麼

不一定非得在產後 42 天當天查

無論是順產還是剖宮產，懷孕後發生巨大變化的臟器都會在產後 42 天逐漸恢復，尤其是子宮。產後 42 天複查就是為了及時瞭解新媽媽身體各方面是否恢復正常，以免留下健康隱患。

產後複查不一定非得在第 42 天，如果沒有甚麼不舒服，推後幾天也無妨，產後 42 ～ 56 天檢查都可以。

新媽媽做全身檢查和婦科檢查

全身檢查：包括稱體重、量血壓、血常規及尿常規檢查、瞭解哺乳情況。如果新媽媽有體重過重、貧血、感染等情況，要及時干預和治療。孕期有高血壓、糖尿病、心臟病等內科併發症的新媽媽，產後複查時還應到相應內科做相關檢查。

婦科檢查：通過婦科內診、超聲波及陰道分泌物檢查，觀察子宮、宮頸是否已恢復至非孕狀態，有無陰道炎症等。剖宮產的媽媽還要查看腹部傷口的癒合情況。

盆底肌功能檢查：懷胎十月及分娩都會給盆底肌肉、韌帶等組織造成不同程度的損傷，容易出現漏尿、子宮脱垂等。如果盆底肌功能受損不及時治療，就會嚴重影響女性以後的生活質量。

寶寶做一次全方位「大檢閱」

產後複查除了媽媽做檢查，寶寶也要進行身體檢查。

新媽媽去體檢時，要帶着寶寶一起去醫院。媽媽去產後體檢室，寶寶去新生兒科做健康檢查。寶寶的檢查項目有測量體重、身高、頭圍、胸圍，以及檢查肌力、肌張力、聽力、智力、神經系統。醫生還會詢問寶寶吃奶、睡覺、大小便等情況，以便對寶寶做出有針對性的餵養指導。這次體檢是對寶寶生長發育情況進行的一次全方位「大檢閱」，對寶寶很重要。所以，新手爸媽要悉心準備，讓寶寶順利做完第一次體檢。

馬醫生小貼士　帶寶寶體檢時要注意的

在進行體檢前，要注意寶寶的情緒。寶寶也會像大人一樣有情緒不好的時候，所以應當避開寶寶煩躁或饑餓的時候去醫院，防止寶寶因為煩躁而不能很好地配合醫生。

這些姿勢還不會就 OUT 了

正確抱寶寶姿勢

橫抱式

適合 3 個月內的寶寶。將寶寶的頭放在左臂彎裏，肘部護着寶寶的頭和頸部；左腕和左手護着寶寶的背和腰；右小臂護着寶寶的腿部，右手托着寶寶的屁股和腰。

背面立式

適合 3 ～ 4 個月以上的寶寶。讓寶寶面朝媽媽，並坐在媽媽的一隻前臂上，媽媽的另一隻手護着寶寶的腰背部，讓寶寶的胸部緊貼在媽媽的前胸，頭部緊貼在媽媽的肩部。

仰面斜抱式

適合 2 個月以上的寶寶。媽媽坐着，將寶寶的頭放在臂彎裏，肘部護着寶寶的頭和頸部；寶寶的屁股坐在媽媽的腿上，媽媽的右手護着寶寶的腿部。

豎抱式

適合 3 個月以上的寶寶。讓寶寶面朝着媽媽，並坐在媽媽的一隻前臂上。此階段寶寶的頭部已經稍微能夠抬起了，但媽媽仍需要保護好他的頭、頸、背部。

坐抱式

適合 5 ～ 6 個月以上的寶寶。寶寶背靠在媽媽胸前，臉、手向前，媽媽一手從腋下經寶寶前胸環抱住他，另一手從寶寶一側大腿下伸向另一側抱住寶寶另側臀部和大腿。

馬醫生小貼士　抱寶寶需要注意以下 4 點

1. 媽媽應洗淨雙手、摘掉手上的戒指再抱寶寶，以免劃傷寶寶嬌嫩的肌膚。
2. 抱寶寶時，動作要輕柔、平穩，最好能夠微笑地注視着寶寶。
3. 滿 3 個月前，寶寶頸部力量很弱，所以媽媽要始終注意支撐着寶寶的頭頸部。
4. 不要久抱，寶寶骨骼生長很快，長時間抱着會抑制和影響寶寶骨骼生長。

正確哺乳姿勢

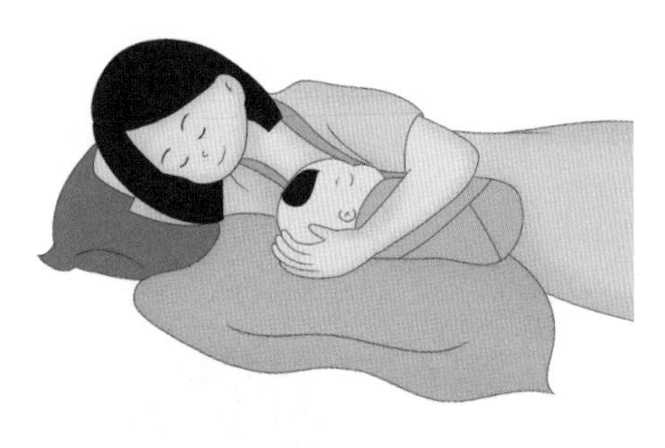

搖籃式哺乳

在有扶手的椅子上（也可靠在床頭）坐直，把寶寶抱在懷裏，胳膊肘彎曲，寶寶後背靠着媽媽的前臂，用手掌托着寶寶的頭頸部（餵右側時用左手托，餵左側時用右手托），不要彎腰或者探身。另一隻手放在乳房下呈「U」形支撐乳房，讓寶寶貼近乳房，餵奶。這是早期餵奶比較理想的方式。

側臥式哺乳

媽媽側臥在床上，讓寶寶面對乳房，一隻手攬住寶寶的身體，另一隻手幫助將乳頭送到寶寶嘴裏，然後放鬆地搭在枕側。這種方式適合早期餵奶，媽媽疲倦時餵奶，也適合剖宮產媽媽餵奶。

馬醫生小貼士　餵奶注意以下 3 點

1. 可以經常變換餵奶姿勢，既能很好地疏通乳腺，又能緩解媽媽手臂痠痛。
2. 最好不要讓寶寶含着乳頭睡覺，一次餵奶保持在 20 ～ 30 分鐘即可。
3. 餵奶時注意，別讓乳房堵住寶寶的口鼻，以防發生窒息。

足球抱式哺乳

將寶寶抱在身體一側，胳膊肘彎曲，用前臂和手掌托着寶寶的身體和頭部，讓寶寶面對乳房，另一隻手幫助將乳頭送到寶寶嘴裏。媽媽可以在腿上放個墊子，寶寶會更舒服。剖宮產、乳房較大的媽媽適合這種餵奶方式。

正確包裹寶寶的姿勢

1 把包單鋪在床上成菱形，將頂角折下約 15 厘米，讓寶寶仰面放在被子上，保證頭部枕在折疊的位置（A）。

2 把包單靠近寶寶左手的一角拉起來，蓋在寶寶的身體上，並把邊角從寶寶的右手臂內側掖進寶寶身體後面（B、C）。

3 把包單的下角（寶寶腳的方向）向上折起並蓋到寶寶的下巴以下（D）。

4 把寶寶右臂邊的一角拉向身體左側，並從左側掖進身體下面（E、F）。包裹寶寶應以保暖、舒適、寬鬆、不鬆包為原則。

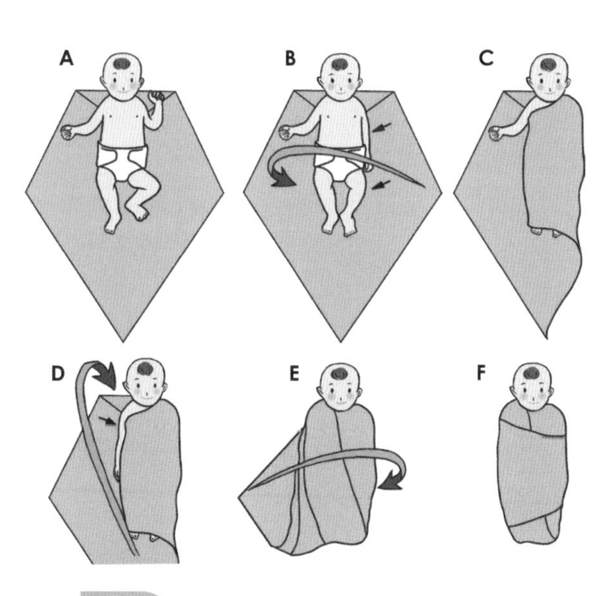

馬醫生小貼士　不能用繩子固定寶寶的身體

有些媽媽會在包裹寶寶時，在外面捆上 2 ～ 3 道繩帶，其實這是不科學的，因為這樣的包裹方法會妨礙寶寶四肢運動。此外，寶寶被捆緊後，肢體接觸不到周圍的物體，不利於寶寶觸覺的發展。

正確給寶寶拍嗝的姿勢

俯肩拍嗝（適合新生寶寶）

1. 先鋪一條毛巾在媽媽的肩膀上，防止媽媽衣服上的細菌和灰塵進入寶寶的呼吸道。
2. 右手扶着寶寶的頭和脖子，左手托住寶寶的小屁屁，緩緩豎起，將寶寶的下巴處靠在媽媽的左肩上，靠肩時注意用肩去找寶寶，不要將寶寶硬往上靠。
3. 左手托着寶寶的屁股和大腿，給他向上的力，媽媽用自己的左臉部去「扶」着寶寶以免他倒來倒去。
4. 拍嗝的右手鼓起呈接水狀，在寶寶後背的位置小幅度由下至上拍打。1～2分鐘後，如果還沒有打出嗝，可慢慢將寶寶平放在床上，再重新抱起繼續拍嗝，這樣的效果會比一直抱着拍要好。

搭臂拍嗝（適合1～3個月的寶寶）

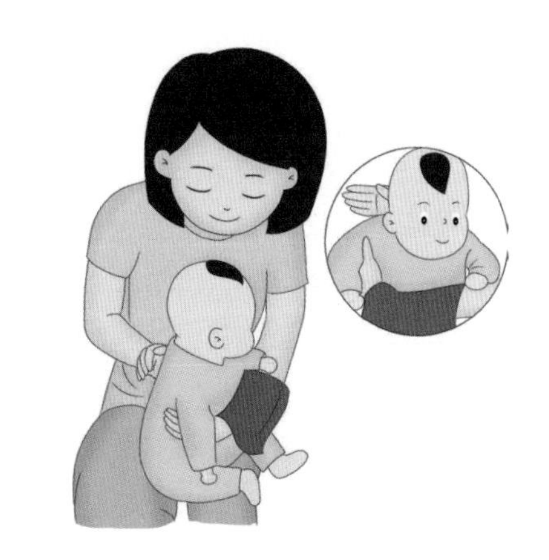

1. 兩隻手抱住寶寶的腋下，讓寶寶橫坐在媽媽大腿上。
2. 寶寶的重心前傾，媽媽將左手臂搭好毛巾，同時從寶寶的腋下穿過，環抱住寶寶的肩膀，支撐寶寶的體重，並讓寶寶的手臂搭在媽媽的左手上。讓寶寶的面部朝外，右手開始拍嗝。

面對面拍嗝（適合3個月以上的寶寶）

1. 媽媽雙腿併攏，讓寶寶端坐在大腿上，和媽媽面對面。
2. 一隻手從側面環繞住寶寶的後背，另一隻手拍寶寶後背。這種姿勢的好處是媽媽和寶寶面對面，能夠瞭解寶寶的情況，看清寶寶的面部表情變化。

產後避孕要趁早

沒來月經，也可能有排卵

月經複潮及排卵時間受哺乳影響，不哺乳的產婦往往在產後 6～10 周恢復排卵，月經複潮。哺乳的產婦一般在產後 4～6 個月恢復排卵，但有的產婦在哺乳期間月經一直不來潮。

也就是說，哺乳的女性即使內分泌還沒恢復正常，沒有來月經或月經量少，也可能已經有了排卵，不避孕就有可能受孕。有個別產婦甚至產後不到 1 個月就恢復了排卵。所以，建議產後避孕要趁早。

惡露未盡時絕對禁止性生活

惡露未盡時絕對禁止性生活，因為陰道有出血時，標誌着子宮內膜創面未癒合，過性生活會導致細菌侵入，引起產褥感染，甚至發生產後大出血。此外，在產道傷口未完全修復前過性生活，會延遲傷口的癒合，產生疼痛感，還會導致傷口裂開。

產後 6 周可以恢復性生活，但要注意避孕

產後 6 周，子宮頸口基本恢復閉合狀態，宮頸、盆腔、陰道的傷口也基本癒合。所以，原則上是可以過性生活的。但由於媽媽經歷了分娩的疼痛，加上滿腹心思都在寶寶身上，會對性生活有一些抵觸情緒。

所以，產後性生活要注意節制，因為在月經恢復之前可能就有排卵了，所以要注意避孕。

不宜使用避孕藥

正在哺乳的新媽媽不宜使用避孕藥避孕。避孕藥中的雌激素可引起胃腸道反應，影響食慾，不僅會降低泌乳量，同時也會影響乳汁中的脂肪、微量元素和蛋白質的含量，對寶寶的生長發育有很大影響。攝入含雌激素的乳汁，還可使女寶寶出現陰道上皮增生、陰唇肥厚，男寶寶乳房發育等異常。

避孕套或宮內節育環均可有效避孕

產後避孕，首選的是避孕套，當然也可以放置宮內節育器（上環）避孕。自然分娩的產婦建議產後 3 個月上環，產後 42 天如果惡露乾淨、會陰傷口癒合、子宮恢復正常，也可以上環。剖宮產的產婦需要等到半年以後再上環。

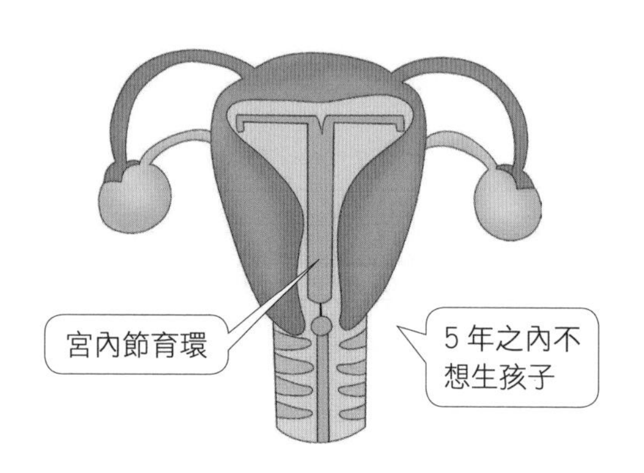

要注意，哺乳期未來月經前上環要先排除懷孕，同房 5 天內放環還可以作為緊急避孕的一種方式。正常哺乳的產婦最好在月經恢復後再上環。

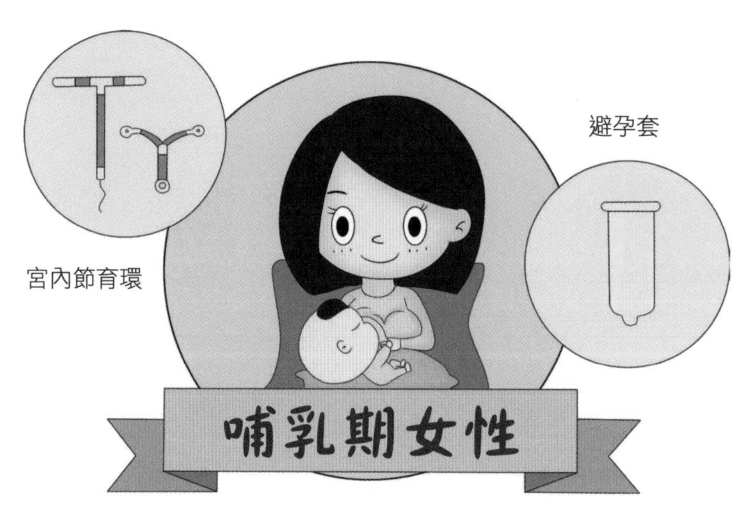

推薦兩種節育環

1 含孕激素的節育環有效避孕率達 99% 以上，但可能出現月經量減少。含吲哚美辛的節育器可減少放置節育器後月經過多等不良反應。

2 含銅的活性宮內節育器目前是中國應用最廣泛的宮內節育器。有效避孕率在 90% 以上。不良反應主要是點滴出血。

男性結紮也是很好的避孕方式

男性做輸精管結紮手術也是很可靠的避孕方式，在結紮之後，無論是性功能還是精液的形態都不會有任何變化，只不過精液裏面不含任何精子而已。但是，複通手術需要顯微吻合，比較複雜，即使複通了，由於自身免疫等原因也未必能恢復生育能力。因此，夫妻二人要商量好再做決定。

哺乳期得了乳腺炎怎麼辦

得了乳腺炎，還能繼續餵奶嗎？

自從生了娃，每天就是餵奶、餵奶、餵奶，最近得了乳腺炎，該怎麼辦？

產後乳腺炎是怎麼回事

產後乳腺炎，是發生在乳房部位的急性乳腺炎，主要表現為患側乳房紅、腫、熱、痛，局部腫塊、膿腫，體溫升高。

為甚麼會得乳腺炎

1 哺乳期間，很可能因為熟睡而錯過餵奶，或是分泌的乳汁沒有被寶寶吸光，以致大量的乳汁堆積在乳房裏，使得乳腺被濃稠的乳汁堵住，導致乳腺炎。

2 有時候胸罩過度緊繃，睡覺時壓迫，或是乳頭龜裂以致乳房感染細菌，也可能造成乳腺管阻塞，進而導致乳腺急性發炎。

定時排空乳房

媽媽得了乳腺炎後，要及時排空乳房內的乳汁，因為沒有乳汁的營養提供，可以阻止乳腺炎進一步惡化，經過一定的藥物治療很快會得到改善。

症狀輕的可繼續哺乳

急性乳腺炎是月子裏的常見病，症狀輕的新媽媽可以繼續哺乳，但要採取積極措施促使乳汁排出，或者局部用冰敷，以減少乳汁分泌。即使出現發熱，也可以哺乳，但要注意補充水分，避免脫水虛脫。

不要擠壓乳房

不少乳腺炎的發病原因都是媽媽睡覺時不小心擠壓造成的，為避免這種情況的發生，也為了更好地給寶寶哺乳，哺乳期媽媽要注意保護好乳房。首先，睡覺時不要俯臥，側身而睡時切勿使乳房受壓，最好是採取仰臥的姿勢，因為向左或向右睡都會壓迫乳房，使乳房內部軟組織受到損傷，從而引發乳腺炎或乳腺增生等疾病。

馬醫生小貼士　化膿性乳腺炎要及時看醫生

如果達到化膿性乳腺炎這樣嚴重的程度，就要去看乳腺外科，有可能需要做手術切開引流，由醫生決定能否繼續哺乳。

網絡點擊率超高的問答

生完寶寶後得了腰椎間盤突出，怎麼辦？

馬醫生回覆：孕期腹內胎寶寶不斷增大，造成孕媽媽的腰椎過度前凸，尤其是孕晚期，經常保持這種姿勢，從而增加了腰部的負擔，為腰椎間盤突出留下隱患。產後內分泌系統還沒有完全恢復，骨關節及韌帶都較鬆弛，對腰椎的約束及支撐力量減弱，容易發生腰椎間盤突出。日常注意保持正確的姿勢，做到立如松、坐如鐘、臥如弓等。飲食調理上要注意補充鈣、維他命 C、維他命 E、蛋白質、鎂、維他命 D 以及維他命 B 雜等，以增強骨骼強度、提高肌肉力量。

生完寶寶後大把大把地掉頭髮，怎麼辦？

馬醫生回覆：產後脫髮現象實屬一種生理現象，它與產婦的生理變化、精神因素及生活方式有一定的關係。一般在產後半年左右就自行停止，所以不要過分緊張。產後媽媽要保持心情愉悅，飲食起居有規律，少吃過於油膩及刺激性食物。注意產後頭髮的衛生和保養，半年內不要燙髮、染髮。如果產後脫髮嚴重，或產後 6 個月脫髮現象仍未停止，則需要請醫生檢查治療。

生完寶寶後長了好多白頭髮，這是怎麼回事？

馬醫生回覆：產後白髮增多，多與氣血虧虛有關。分娩造成產婦氣血過度耗傷，產後哺乳進一步消耗氣血，而且產後容易出現脾胃虛弱、消化吸收差，影響氣血生化。可適當多食用益精養血功效的藥食，如黑芝麻、黑豆、阿膠、紅棗、枸杞子等。

妊娠糖尿病產後還需要控制飲食嗎？

馬醫生回覆：雖然絕大多數情況下，妊娠糖尿病在分娩後會自然治癒，但是在此之後，特別是步入中老年後，再次患糖尿病的機率會變大。所以，即使產後血糖穩定，也需要健康飲食，減少患病機會。

孕產大百科

作者
馬良坤

編輯
Karen Kan　Karen Yim

美術設計
Carol

排版
劉葉青

出版者
萬里機構出版有限公司
香港鰂魚涌英皇道1065號東達中心1305室
電話：2564 7511
傳真：2565 5539
電郵：info@wanlibk.com
網址：http://www.wanlibk.com
http://www.facebook.com/wanlibk

萬里機構

萬里 Facebook

發行者
香港聯合書刊物流有限公司
香港新界大埔汀麗路 36 號
中華商務印刷大廈 3 字樓
電話：2150 2100
傳真：2407 3062
電郵：info@suplogistics.com.hk

承印者
中華商務彩色印刷有限公司
香港新界大埔汀麗路 36 號

出版日期
二零一九年五月第一次印刷

ISBN 978-962-14-7027-0

本中文繁體字版本經出版者中國輕工業出版社授權出版，
並在香港、澳門地區發行。